국가유산관련법령
문제풀이

머리말

'국가유산수리기술자'라는 크나큰 목표를 세우고 그것을 향해 가는 과정에서 노심초사 애쓰고 계신 분들에게 먼저 "혼자 가면 빨리 갈 수 있지만, 함께 가면 멀리 그리고 끝까지 갈 수 있다."라는 말을 드리고 싶습니다.

올해는 국가유산수리기술자로 명칭이 변경된 후 치르는 두 번째 시험입니다. 무난하게 출제된 지난 회보다는 이번 44회에서는 난이도가 다소 높아질 것으로 예측됩니다.

이 교재는 무엇보다도 국가유산수리기술자 필기시험을 준비하는 데 목적을 두고 최대한 짧은 시간 안에 효과적으로 학습할 수 있도록 다음과 같이 구성하였습니다.

> **첫째,** 적중률 높은 문제를 수록하고 직접 풀이함으로써 문제풀이와 개념이해를 동시에 정복할 수 있도록 하였습니다.
>
> **둘째,** 출제가 예상되는 문제를 중점적으로 정리하여 단기간에 가장 중요한 내용들을 습득할 수 있도록 정리하였습니다.
>
> **셋째,** 지난 회의 기출문제를 출제경향의 흐름에 맞도록 전면적인 해설과 함께 수록하였고, 출제 가능성이 높은 모의고사 2회분을 추가로 수록하였습니다. 이는 고득점을 올리는 데 매우 유용하게 활용될 것입니다.

이 교재를 가장 잘 활용하는 방법은 "반복학습"이므로 여러번 꼼꼼히 풀어보면서 숙지하여 반드시 목표를 이루시기를 진심으로 기원합니다.

끝으로 출판에 지원과 협조를 아끼지 아니하신 예문사에 감사의 마음을 전합니다.

> **소통의 장**
> (모든 법령 개정의 내용과 기타 시험에 필요한 내용들은 아래의 장에서 확인할 수 있습니다.)
> **國家遺産** 관련 **法令** 국가고시방
> **Daum 카페** : cafe.daum.net/hasangsam

2025. 06.

하상삼, 拜

INFORMATION

시험정보

국가유산수리기술자의 종류별 자격시험의 필기시험 과목 및 시험방법 예정(제9조제2항 본문 관련)

종류	공통과목(2과목)	전공과목(3과목)	
	선택형	선택형	논술형
1. 보수기술자	국가유산관련법령, 한국사	한국건축사	한국건축구조, 한국건축보수실무
2. 단청기술자	국가유산관련법령, 한국사	한국건축사	단청개론, 단청보수실무
3. 실측설계기술자	국가유산관련법령, 한국사	한국건축사	한국건축실측, 한국건축설계제도실무
4. 조경기술자	국가유산관련법령, 한국사	조경사	전통조경, 전통조경설계 및 시공실무
5. 보존과학기술자	국가유산관련법령, 한국사	화학	보존과학개론, 국가유산보존실무
6. 식물보호기술자	국가유산관련법령, 한국사	토양학	수목생리, 식물보호실무

[비고]
"국가유산관련법령"이란 「문화유산의 보존 및 활용에 관한 법률」 및 같은 법 시행령·시행규칙, 「자연유산의 보존 및 활용에 관한 법률」 및 같은 법 시행령·시행규칙, 「국가유산수리 등에 관한 법률」 및 같은 법 시행령·시행규칙, 「매장유산 보호 및 조사에 관한 법률」 및 같은 법 시행령·시행규칙, 「문화유산위원회 규정」, 「고도 보존 및 육성에 관한 특별법」 및 같은 법 시행령·시행규칙, 「문화유산과 자연환경자산에 관한 국민신탁법」 및 같은 법 시행령, 「무형유산의 보전 및 진흥에 관한 법률」 및 같은 법 시행령·시행규칙을 말한다.

국가유산수리기술자 자격시험 한국사능력검정시험 유효기간 폐지 (안내)

2025년도 제43회 국가유산수리기술자 자격시험부터 한국사능력검정시험의 유효기간(성적 인정기간)이 폐지됨을 알려드립니다.

이에 따라, 2025년도 제43회 국가유산수리기술자 자격시험부터는 「국가유산수리 등에 관한 법률 시행령」에서 규정하는 기준등급(3급 이상)을 한번만 취득하면, 취득 시점과 무관하게 인정받을 수 있습니다.

다만, 기존과 동일하게 국가유산수리기술자 자격시험의 필기시험 원서접수 마감일까지 점수가 확인된 시험에 한하여 인정합니다.

※ 기타 궁금하신 사항은 국가유산청 수리기술과 042-481-4973으로 문의하여 주시기 바랍니다.

차 례

예상문제

PART 01　문화유산의 보존 및 활용에 관한 법률 및 같은 법 시행령·시행규칙

제1장 총칙 ··· 3
제2장 문화유산보존정책의 수립 및 추진 ··· 8
제3장 문화유산보호의 기반 조성 ·· 12
제3장의2 문화유산지능정보화 기반 구축 ··· 21
제3장의3 문화유산디지털콘텐츠의 보급 활성화 ··· 22
제4장 국가지정문화유산 ·· 23
제5장 일반동산문화유산 ·· 40
제6장 국유문화유산에 관한 특례 ·· 41
제7장 국외 소재 문화유산 ·· 42
제8장 시·도 지정문화유산 ·· 43
제9장 문화유산매매업 등 ·· 45
제10장 문화유산의 상시적 예방관리 ·· 48
제11장 보칙 ··· 50
제12장 벌칙 ··· 51

PART 02　자연유산의 보존 및 활용에 관한 법률 및 같은 법 시행령·시행규칙

제1장 총칙 ··· 53
제2장 자연유산 보호정책의 수립 및 추진 ··· 56
제3장 자연유산의 지정 및 관리 ·· 58
제4장 자연유산의 보존·관리 및 활용 ··· 64
제5장 보칙 ··· 66
제6장 벌칙 ··· 67

PART 03　국가유산수리 등에 관한 법률 및 같은 법 시행령·시행규칙

제1장 총칙 · 68
제2장 국가유산수리기술자 및 국가유산수리기능자 · 79
제3장 국가유산수리업등의 운영 · 83
제4장 전통건축수리기술진흥재단 등 · 113
제5장 감독 · 114
제6장 보칙 · 121
제7장 벌칙 · 123

PART 04　매장유산 보호 및 조사에 관한 법률 및 같은 법 시행령·시행규칙

제1장 총칙 · 124
제2장 매장유산 지표조사 · 128
제3장 매장유산의 발굴 및 조사 · 129
제4장 발견신고된 매장유산의 처리 등 · 133
제5장 매장유산 조사기관 · 139
제6장 보칙 · 141
제7장 벌칙 · 142

PART 05　문화유산위원회 규정 / 144

PART 06　고도 보존 및 육성에 관한 특별법 및 같은 법 시행령·시행규칙 / 150

PART 07　문화유산과 자연환경자산에 관한 국민신탁법 및 같은 법 시행령 / 164

차 례

PART 08 무형유산의 보전 및 진흥에 관한 법률 및 같은 법 시행령 · 시행규칙

제1장 총칙 · · · · · · 172
제2장 무형유산 정책의 수립 및 추진 · · · · · · 174
제3장 국가무형유산의 지정 등 · · · · · · 176
제4장 보유자 및 보유단체 등의 인정 · · · · · · 178
제5장 전수교육 및 공개 · · · · · · 182
제6장 시 · 도무형유산 · · · · · · 185
제7장 무형유산의 진흥 · · · · · · 186
제8장 유네스코 협약 이행 · · · · · · 188
제9장 보칙 · · · · · · 189
제10장 벌칙 · · · · · · 190

기출문제

2025년도 제43회 기출문제 · · · · · · 193

모의고사

제1회 모의고사 · · · · · · 217
제2회 모의고사 · · · · · · 226
제1회 모의고사 정답 및 해설 · · · · · · 234
제2회 모의고사 정답 및 해설 · · · · · · 245

[부록] 국가유산기본법

CHAPTER 01 　총칙

01. 목적 ··· 257
02. 기본이념 ··· 257
03. 정의 ··· 257
04. 국가와 지방자치단체의 책무 ··· 258
05. 국민의 권리와 의무 ··· 258
06. 다른 법률과의 관계 ··· 258

CHAPTER 02 　국가유산 보호 기반 조성

01. 국가유산 보호 정책의 기본원칙 ··· 259
02. 기본계획의 수립 ··· 259
03. 위원회의 설치 · 운영 ··· 259
04. 조사 · 연구 ··· 260
05. 국가유산에 대한 경비지원 ··· 260
06. 인력 양성 등 ··· 260

CHAPTER 03 　국가유산 보존 · 관리

01. 국가유산의 지정 · 등록 ··· 261
02. 포괄적 보호체계의 마련 ··· 261
03. 역사문화환경의 보호 ··· 261
04. 고도 및 역사문화권의 보존 · 육성 ··· 262
05. 매장유산의 발굴 ··· 262
06. 국가유산의 수리 ··· 262

차 례

07. 국가유산의 매매 등 ··· 263
08. 자격 관리 ·· 263
09. 재난 예방 및 대응 ·· 263
10. 기후변화 대응 ·· 263

CHAPTER 04 　국가유산 활용·진흥

01. 국민의 국가유산복지 증진 ··· 264
02. 국가유산정보 관리 ·· 264
03. 국가유산 교육 ·· 264
04. 국가유산 홍보 ·· 265
05. 산업 육성 ·· 265

CHAPTER 05 　국가유산 세계화

01. 국가유산 국제교류협력의 촉진 등 ·· 266
02. 남북한 간 국가유산 교류 협력 ··· 266
03. 외국유산의 보호 ·· 267
04. 세계유산등의 등제 및 보호 ··· 267

CHAPTER 06 　보칙

01. 국가유산진흥원의 설치 ··· 269
02. 국유에 속하는 국가유산의 관리 ··· 270
03. 국가유산의 날 ·· 271
04. 과태료 ·· 271

예상문제

PART 01 | 문화유산의 보존 및 활용에 관한 법률
　　　　　및 같은 법 시행령·시행규칙
PART 02 | 자연유산의 보존 및 활용에 관한 법률
　　　　　및 같은 법 시행령·시행규칙
PART 03 | 국가유산수리 등에 관한 법률
　　　　　및 같은 법 시행령·시행규칙
PART 04 | 매장유산 보호 및 조사에 관한 법률
　　　　　및 같은 법 시행령·시행규칙
PART 05 | 문화유산위원회 규정
PART 06 | 고도 보존 및 육성에 관한 특별법
　　　　　및 같은 법 시행령·시행규칙
PART 07 | 문화유산과 자연환경자산에 관한
　　　　　국민신탁법 및 같은 법 시행령
PART 08 | 무형유산의 보존 및 진흥에 관한 법률
　　　　　및 같은 법 시행령·시행규칙

PART 01 / 문화유산의 보존 및 활용에 관한 법률 및 같은 법 시행령·시행규칙

제1장 총칙

01 문화유산의 보존 및 활용에 관한 법률은 문화유산을 보존하여 민족문화를 (①)하고, 이를 (②)할 수 있도록 함으로써 국민의 문화적 향상을 도모함과 아울러 인류문화의 발전에 기여함을 목적으로 한다.
( ) 안에 들어갈 말은?

정답 ① 계승, ② 활용

02 문화유산의 보존 및 활용에 관한 법령상, 문화유산의 정의이다. ( )안에 들어갈 말은?
우리 역사와 전통의 산물로서 문화의 고유성, 겨레의 정체성 및 국민생활의 변화를 나타내는 유형의 문화적 유산에 해당하는 (①), (②), (③)을 말한다.

정답 ① 유형문화유산, ② 기념물, ③ 민속문화유산

03 문화유산의 보존 및 활용에 관한 법령상, 문화유산교육의 정의와 거리가 있는 것을 고르시오.
① 문화유산의 역사적·예술적·학술적·경관적 가치습득을 통하여 문화유산 애호의식을 함양하고 민족 정체성을 확립하는 등에 기여하는 교육을 말한다.
② 문화예술을 교육내용으로 하거나 교육과정에 활용하는 문화예술교육을 포함한다.
③ 문화유산에 대한 보호의식을 함양하고 문화유산의 보호활동을 장려하는 교육을 의미한다.
④ 문화유산교육의 유형에는 학교문화유산교육과 사회문화유산교육으로 나누어진다.

해설 ② 문화유산교육의 범위에서 문화예술을 교육내용으로 하거나 교육과정에 활용하는 문화예술교육은 제외한다.

정답 ②

※ (4~7) 아래의 주어진 내용을 보고서 다음 문제에 알맞은 답을 고르시오.

지정문화유산 \ 구분	유형문화유산	(㉠)	민속문화유산
국가지정문화유산	보물 · 국보	사적	국가민속문화유산
시 · 도지정문화유산	• (㉡)은(는) 그 관할구역에 있는 문화유산으로서 국가지정문화유산으로 지정되지 아니한 문화유산 중 • (㉢)가 있다고 인정되는 것을 시 · 도 지정문화유산으로 지정할 수 있다.		
(㉣)	• (㉤)이나 (㉥)의 지정에 따라 지정되지 아니한 문화유산 중 • (㉦)보존을 위하여 필요하다고 인정하는 것을 시 · 도시사가 지정한 문화유산		

04 문화유산의 보존 및 활용에 관한 법령상, (㉠)에 들어갈 내용은 무엇인가?

정답 ㉠ 기념물

05 문화유산의 보존 및 활용에 관한 법령상, (㉡)과 (㉢)에 알맞은 것은?

정답 ㉡ 시 · 도지사, ㉢ 보존가치

06 문화유산의 보존 및 활용에 관한 법령상, (㉣)에 알맞은 것은?

① 국가등록문화유산 ② 시 · 도 등록 문화유산
③ 문화유산자료 ④ 임시지정문화유산
⑤ 일반동산문화유산

정답 ③

07 문화유산의 보존 및 활용에 관한 법령상, (㉤), (㉥), (㉦)에 들어갈 내용은?

정답 ㉤ 국가지정문화유산
㉥ 시 · 도지정문화유산
㉦ 향토문화

08 문화유산의 보존 및 활용에 관한 법령상, 지정문화유산이 아닌 것을 찾으시오.

① 국가유산청장이 지정한 국가지정문화유산
② 보존과 활용을 위한 조치가 특별히 필요한 것을 국가유산청장이 등록한 국가등록문화유산
③ 특별시장·광역시장·특별자치시장·도지사 또는 특별자치도지사가 지정한 시·도지정문화유산
④ 향토문화 보존상 필요하다고 인정하는 것을 시·도지사가 지정한 문화유산자료

해설 지정문화유산
　　1. 국가지정문화유산
　　2. 시·도지정문화유산
　　3. 문화유산자료

정답 ②

09 문화유산의 보존 및 활용에 관한 법령상, 국가지정문화유산에 대한 설명 중 맞지 않는 것을 고르시오.

① 보물·국보
② 사적·명승
③ 국가민속문화유산
④ 국가유산청장이 지정한 문화유산

해설 명승 : 자연유산의 보존 및 활용에 관한 법률에 해당

정답 ②

10 문화유산의 보존 및 활용에 관한 법령상, 지정문화유산에 대한 내용으로 (　　) 안에 맞는 내용을 고르시오.

> 시·도지사는 그 관할구역에 있는 문화유산으로서 국가지정문화유산으로 지정되지 아니한 문화유산 중 (　　)가 있다고 인정되는 것을 시·도지정문화유산으로 지정할 수 있다.

① 보존가치
② 보전활용
③ 보존활용
④ 보전가치

정답 ①

11 다음은 문화유산의 보존 및 활용에 관한 법령상, 지정문화유산에 대한 내용이다. (   ) 안에 들어갈 내용으로 옳은 것을 고르시오.

> 국가지정문화유산이나 시·도지정문화유산의 지정에 따라 지정되지 아니한 문화유산 중 (가)보존을 위하여 필요하다고 인정하는 것을 시·도지사가 지정한 문화유산을 (나)라 한다.

(가)	(나)
① 향토문화	문화유산자료
② 지역문화	문화유산자료
③ 지방문화	문화유산자료
④ 향방문화	문화유산자료

정답 ①

12 문화유산의 보존 및 활용에 관한 법령상, 문화유산자료에 대한 설명이다. 옳은 것을 고르시오.

① 문화유산자료는 국가지정문화유산에 속한다.
② 문화유산자료는 시·도지정문화유산에 속한다.
③ 문화유산자료는 향토문화보존상 필요하다고 인정하는 것을 시·도지사가 지정할 수 있다.
④ 문화유산자료는 국가유산청장이 지정한다.

정답 ③

13 문화유산의 보존 및 활용에 관한 법령상, 다음 중 부적절한 내용은?

① 문화유산을 보호하기 위하여 지정한 건물이나 시설물을 보호물이라 한다.
② 보호구역이란 지상에 고정되어 있는 유형물이나 일정한 지역이 문화유산으로 지정된 경우에 해당 지정문화유산의 점유면적을 포함한 지역을 말한다.
③ 문화유산 주변의 자연경관이나 역사적·문화적인 가치가 뛰어난 공간으로서 문화유산과 함께 보호할 필요성이 있는 주변환경을 역사문화환경이라 한다.
④ 건설공사란 토목공사, 건축공사, 조경공사 또는 토지나 해저의 원형변경이 수반되는 공사를 말한다.

정답 ②

14 문화유산의 보존 및 활용에 관한 법령상, 아래의 내용 중에서 옳지 않은 것을 고르시오.

① 국외소재문화유산은 외국에 소재하는 문화유산으로서 대한민국과 역사적·문화적으로 직접적 관련이 있는 것을 말한다.
② 문화유산지능정보화란 문화유산데이터의 생산·수집 등에 문화유산지능정보 기술을 적용·융합하여 문화유산의 보존·관리 및 활용을 효율화·고도화하는 것을 말한다.
③ 문화유산데이터란 문화유산지능정보화를 위하여 비정형의 정보를 배제하는 것을 말한다.
④ 문화유산디지털콘텐츠는 디지털콘텐츠 및 멀티미디어콘텐츠를 말한다.

해설 문화유산데이터
1. 문화유산지능정보화를 위하여 정보처리 능력을 갖춘 장치를 통하여 생성 또는 처리되어
2. 기계에 의한 판독이 가능한 형태로 존재하는 정형 또는 비정형의 정보를 말한다.

정답 ③

15 다음 ( ) 안에 들어갈 용어는?

> 문화유산의 보존 및 활용에 관한 법률에서 문화유산의 보존·관리 및 활용은 ( )을(를) 기본원칙으로 한다.

① 원형유지 ② 가치유지
③ 생성유지 ④ 물질보전

정답 ①

16 문화유산의 보존 및 활용에 관한 법률에서 아래 내용 중 맞지 않는 내용을 고르시오.

① 국가는 문화유산의 보존·관리 및 활용을 위한 종합적인 시책을 수립·추진하여야 한다.
② 지방자치단체는 국가의 시책과 지역적 특색을 고려하여 문화유산의 보존·관리 및 활용을 위한 시책을 수립·추진하여야 한다.
③ 국민은 문화유산의 보존·관리를 위하여 국가와 지방자치단체의 시책에 적극 협조하여야 한다.
④ 국가와 지방자치단체는 각종 개발사업을 계획하고 시행하는 경우 문화유산이나 문화유산의 보호물·보호구역 및 역사문화환경이 훼손되지 아니하도록 노력하여야 한다.
⑤ 문화유산의 보존·관리 및 활용에 관하여 다른 법률에 특별한 규정이 없는 경우를 제외하고는 문화유산의 보존 및 활용에 관한 법률에서 정하는 바에 따른다.

정답 ⑤

17 문화유산의 보존 및 활용에 관한 법령상, 문화유산전담관의 업무와 가장 거리가 먼 것을 고르시오.

① 문화유산 관련 법령에 따른 관할 지역 문화유산의 보존을 위한 시책의 수립
② 문화유산 관련 법령에 따른 관할 지역 문화유산의 연구 계획의 추진
③ 문화유산 관리 전문인력에 대한 지도
④ 문화유산의 관리를 위한 시책의 수립·시행을 위하여 문화유산위원회의 위원장이 필요하다고 인정하는 업무

정답 ④

18 문화유산의 보존 및 활용에 관한 법령상, 문화유산 관리 전문인력의 공무원으로 보기 어려운 것을 고르시오.

① 학예연구관
② 학예연구사
③ 다군 이상의 전문경력관
④ 문화유산 관련 업무를 2년 이상 수행한 공무원

정답 ③

제2장　문화유산보존정책의 수립 및 추진

19 문화유산의 보존 및 활용에 관한 법령상, 문화유산기본계획의 수립에 대한 내용으로 바르지 못한 것을 고르시오.

① 국가유산청장은 시·도지사와의 협의를 거쳐 문화유산의 보존·관리 및 활용을 위하여 종합적인 기본계획을 10년마다 수립하여야 한다.
② 문화유산 안전관리에 관한 사항은 종합적인 기본계획에 포함하여야 할 사항이다.
③ 국가유산청장이 문화유산기본계획을 수립하는 경우에 소유자, 관리자 또는 관리단체 및 관련 전문가의 의견을 들어야 한다.
④ 국가유산청장은 문화유산기본계획을 수립하면 시·도지사에게 알리고 관보 등에 고시하여야 한다.
⑤ 국가유산청장은 문화유산기본계획을 수립하기 위하여 필요하면 시·도지사에게 관할구역의 문화유산에 대한 자료를 제출하도록 요청할 수 있다.

해설 종합적인 기본계획 : 5년마다 수립

정답 ①

20 문화유산의 보존 및 활용에 관한 법령상, 문화유산기본계획(이하 "기본계획"이라 한다)의 수립에 관한 설명으로 옳지 않은 것은? [2025년도 제43회 기출문제]

① 국가유산청장은 관계 중앙행정기관의 장 및 시장·군수·구청장과의 협의를 거쳐 기본계획을 5년마다 수립하여야 한다.
② 기본계획에는 남북한 간 문화유산 교류 협력에 관한 사항이 포함되어야 한다.
③ 국가유산청장은 기본계획을 수립하는 경우 관리자 또는 관리단체 및 관련 전문가 등의 의견을 들어야 한다.
④ 국가유산청장은 기본계획을 수립하면 이를 시·도지사에게 알리고, 관보 등에 고시하여야 한다.

정답 ①

21 문화유산의 보존 및 활용에 관한 법령상, 문화유산기본계획의 수립 시에 종합적인 기본계획에 포함하여야 할 사항으로 가장 옳은 내용을 고르시오.

① 해당 연도의 사업추진 방향
② 문화유산디지털콘텐츠에 관한 사항
③ 주요사업별 추진방침
④ 주요사업별 세부계획

해설

종합적인 기본계획에 포함하여야 할 사항	연도별 시행계획에 포함되어야 할 사항
1. 문화유산보존에 관한 기본 방향 및 목표 2. 이전의 기본계획에 관한 분석평가 3. 문화유산보수·정비 및 복원에 관한 사항 4. 문화유산의 역사문화환경보호에 관한 사항 5. 문화유산 안전관리에 관한 사항 6. 문화유산 관련 시설 및 구역에서의 감염병 등에 대한 위생·방역 관리에 관한 사항 7. 문화유산 기록정보화에 관한 사항 8. 문화유산지능정보화에 관한 사항 9. 문화유산디지털콘텐츠에 관한 사항 10. 문화유산 보존에 사용되는 재원의 조달에 관한 사항 11. 국외소재 문화유산 환수 및 활용에 관한 사항 12. 남북한 간 문화유산 교류 협력에 관한 사항 13. 문화유산교육에 관한 사항 14. 문화유산의 보존·관리 및 활용 등을 위한 연구개발에 관한 사항 15. 그 밖에 문화유산의 보존·관리 및 활용에 필요한 사항	1. 해당 연도의 사업추진 방향에 관한 사항 2. 주요 사업별 추진 방침 3. 주요 사업별 세부 계획 4. 전문인력의 배치에 관한 사항 5. 그 밖에 문화유산의 보존·관리 및 활용을 위하여 필요한 사항

정답 ②

22 문화유산의 보존 및 활용에 관한 법령상, 문화유산의 연구개발에 대한 아래 내용의 ( ) 안을 완성하시오.

> ① 국가유산청장은 문화유산의 보존·관리 및 활용 등의 연구개발을 효율적으로 추진하기 위하여 고유연구 외에 (㉠) 등을 실시할 수 있다.
> ② 공동연구는 분야별 연구과제를 선정하여 대학, 산업체, (㉡), 정부출연연구기관 등과 협약을 맺어 실시한다.
> ③ 국가유산청장은 공동연구의 수행에 필요한 비용의 전부 또는 일부를 예산의 범위에서 출연하거나 지원할 수 있다.
> ④ 연구개발 사업의 기초가 되는 사업은 공동연구의 대상사업이다.

정답 ㉠ 공동연구, ㉡ 지방자치단체

23 문화유산의 보존 및 활용에 관한 법령상, 문화유산 기본계획 수립을 위한 의견청취 대상자의 내용으로 가장 적합하지 않은 것을 고르시오.
① 지정문화유산이나 등록문화유산의 소유자 또는 관리자
② 지정문화유산이나 등록문화유산의 관리 단체
③ 문화유산위원회의 위원 및 전문위원
④ 그 밖에 문화유산과 관련된 전문적인 지식이나 경험을 가진 자로서 국가유산청장이 정하여 고시하는 자

해설 문화유산위원회의 위원(전문위원은 조문에 없다)

정답 ③

24 문화유산의 보존 및 활용에 관한 법령상, 문화유산 보존 시행계획 수립의 내용으로 적절하지 않은 것을 고르시오.
① 국가유산청장 및 시·도지사는 기본계획에 관한 연도별 시행계획을 수립·시행하여야 한다.
② 사업계획에는 전문인력의 배치에 관한 사항이 포함되어야 한다.
③ 시·도지사는 해당 연도의 시행계획 및 전년도의 추진실적을 매년 12월 31일까지 국가유산청장에게 제출하여야 한다.
④ 국가유산청장 및 시·도지사는 시행계획을 수립한 때에는 해당연도의 시행계획을 매년 1월 31일까지 공표하여야 한다.

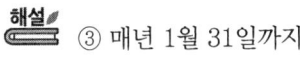
③ 매년 1월 31일까지
④ 매년 2월 말까지

정답 ③, ④

25. 문화유산의 보존 및 활용에 관한 법령상, 문화유산위원회의 조사·심의 사항으로 옳지 않은 것을 찾으시오.

① 국가지정문화유산의 지정에 관한 사항
② 국가유산기본계획에 관한 연도별 시행계획의 수립 및 공표에 관한 사항
③ 국가지정문화유산의 역사문화환경보호에 관한 사항
④ 매장유산의 발굴에 관한 사항
⑤ 국가지정문화유산의 보존·관리에 관한 전문적 사항으로서 중요하다고 인정되는 사항

해설
1. 문화유산위원회의 조사·심의사항
   (1) 기본계획에 관한 사항
   (2) 국가지정문화유산의 지정과 그 해제에 관한 사항
   (3) 국가지정문화유산의 보호물 또는 보호구역 지정과 그 해제에 관한 사항
   (4) 국가지정문화유산의 현상변경에 관한 사항
   (5) 국가지정문화유산의 국외 반출에 관한 사항
   (6) 국가지정문화유산의 역사문화환경 보호에 관한 사항
   (7) 국가등록문화유산의 등록, 등록말소 및 보존에 관한 사항
   (8) 근현대문화유산지구의 지정, 구역의 변경 및 지정의 해제에 관한 사항
   (9) 매장유산 발굴 및 평가에 관한 사항
   (10) 국가지정문화유산의 보존·관리에 관한 전문적 또는 기술적 사항으로서 중요하다고 인정되는 사항
   (11) 그 밖에 문화유산의 보존·관리 및 활용 등에 관하여 국가유산청장이 심의에 부치는 사항
2. 문화유산 보존 시행계획 수립
   (1) 국가유산청장 및 시·도지사는 문화유산기본계획에 관한 연도별 시행계획을 수립·시행하여야 한다.
   (2) 시·도지사는 연도별 시행계획을 수립하거나 시행을 완료한 때에는 그 결과를 국가유산청장에게 제출하여야 한다.
   (3) 국가유산청장 및 시·도지사는 연도별 시행계획을 수립한 때에는 이를 공표하여야 한다.

정답 ②

제3장　문화유산보호의 기반 조성

26 문화유산의 보존 및 활용에 관한 법령상, 문화유산보호의 기반 조성에 의한 문화유산기초조사에 대한 내용으로 거리가 있는 것을 고르시오.

① 국가 및 지방자치단체는 문화유산의 멸실방지 등을 위하여 현존하는 문화유산의 현황, 관리실태 등에 대하여 조사하고 그 기록을 작성하여야 한다.
② 국가유산청장 및 지방자치단체의 장은 조사를 위하여 필요한 경우 직접 조사하거나 문화재의 소유자, 관리자 또는 조사발굴과 관련된 단체 등에 대하여 관련 자료의 제출을 요구할 수 있다.
③ 국가유산청장 및 지방자치단체의 장은 지정문화유산이 아닌 문화유산에 대하여 조사를 할 경우에는 해당 문화유산의 소유자 또는 관리자의 사전 동의를 받아야 한다.
④ 국가유산청장은 조사가 끝난 후 60일 안에 결과보고서를 작성하여야 한다. 조사의 기간이 1년을 초과할 때에는 중간 보고서를 조사가 시작된 후 1년이 되는 때마다 작성하여야 한다.

해설 ① 조사하고 그 기록을 작성할 수 있다.

정답 ①

27 문화유산의 보존 및 활용에 관한 법령상, 문화유산 정보체계의 구축범위에 해당하지 않는 것은?

① 문화유산의 명칭, 소재지, 소유자 등이 포함된 기본 현황자료
② 문화유산의 보존·관리 및 활용에 관한 자료
③ 문화유산 조사·발굴 및 연구자료
④ 사진, 도면, 동영상 등 해당 문화유산의 이해에 도움이 되는 자료
⑤ 그 밖에 문화유산 정보가치가 있는 자료로서 문화체육관광부장관이 필요하다고 인정하는 사항

해설 ⑤ 국가유산청장

정답 ⑤

28 문화유산의 보존 및 활용에 관한 법령상, 건설공사 시의 문화유산 보호에 관한 설명으로 옳지 않은 것은?

① 건설공사로 인하여 문화유산이 훼손, 멸실 또는 수몰될 우려가 있을 때에는 필요한 조치를 하여야 한다.
② 문화유산의 역사문화환경 보호를 위하여 필요한 사항에 대하여는 건설공사의 시행자가 필요한 조치를 하여야 한다.
③ 건설공사의 시행자는 관할 시·도지사의 지시에 따라 조치를 취하여야 한다.
④ 문화유산보호를 위한 조치에 필요한 경비는 그 건설공사의 시행자가 부담한다.

해설 건설공사로 인하여 문화유산이 훼손, 멸실 또는 수몰될 우려가 있거나 그 밖에 문화유산의 역사문화환경보호를 위하여 필요한 때에는 그 건설공사의 시행자는 국가유산청장의 지시에 따라 필요한 조치를 하여야 한다. 이 경우 그 조치에 필요한 경비는 그 건설공사의 시행자가 부담한다.

정답 ③

29 문화유산의 보존 및 활용에 관한 법령상, 건설공사에 관한 설명으로 옳은 것은?

① 역사문화환경 보존지역에서 수목을 식재하는 공사는 건설공사에 해당하지 않는다.
② 건설공사로 인하여 문화유산이 수몰될 우려가 있을 때에는 그 건설공사의 시행자는 시·도지사의 지시에 따라 필요한 조치를 하여야 한다.
③ 지정문화유산의 외곽 경계로부터 500미터 밖에서 건설공사를 하게 되는 경우에도 역사 문화환경 보존지역의 범위는 지정문화유산의 외곽 경계로부터 500미터를 초과하여 정할 수 없다.
④ 건설공사 시의 문화유산 보호를 위한 조치에 필요한 경비는 그 건설공사의 시행자가 부담한다.

정답 ④

30 문화유산의 보존 및 활용에 관한 법령상, 역사문화환경 보존지역의 범위는 해당 지정문화유산의 역사적·예술적·학문적·경관적 가치와 그 주변환경 및 그 밖에 문화유산보호에 필요한 사항 등을 고려하여 그 외곽 경계로부터 (　　)으로(하여) 한다. (　　) 안에 맞는 것은?

① 500미터 안　　　　② 500미터 밖
③ 500미터 초과　　　④ 500미터 미만
⑤ 500미터 이상

정답 ①

31 문화유산의 보존 및 활용에 관한 법령상, 주민지원사업 계획수립과 시행에 관한 아래의 내용에서 거리가 있는 것을 찾으시오.

① 시·도지사는 국가유산청장과 협의하여 역사문화환경 보존지역에 거주하는 주민의 생활환경을 개선하고 복리를 증진하기 위한 지원사업에 관한 계획을 수립·시행하여야 한다.
② 복리증진사업은 주민지원사업의 한 종류이다.
③ 도로, 주차장, 상하수도 등 기반시설 개선사업도 주민지원사업의 한 종류이다.
④ 시·도지사는 주민지원사업 계획수립 과정에 역사문화환경 보존지역의 주민 의견을 청취하고, 그 의견을 반영하도록 노력하여야 한다.

해설 ① 수립·시행할 수 있다.

정답 ①

32 문화유산의 보존 및 활용에 관한 법령상, 주민지원사업 계획의 수립·시행절차 등에서 시·도지사가 국가유산청장에게 협의를 요청해야 하는 내용에서 가장 거리가 먼 것을 고르시오.

① 주민지원사업의 목적
② 주민지원사업의 필요성
③ 주민지원사업의 비대상지역의 현황
④ 주민지원사업의 추진계획

정답 ③

33 문화유산의 보존 및 활용에 관한 법령상, 국가유산청장 및 시·도지사가 "도난" 대응매뉴얼을 마련하여야 하는 문화유산을 모두 고른 것은?

> ㄱ. 지정문화유산 중 동산에 해당하는 문화유산
> ㄴ. 등록문화유산 중 동산에 해당하는 문화유산
> ㄷ. 분묘(墳墓)
> ㄹ. 등록문화유산 중 건축물

① ㄱ, ㄴ
② ㄴ, ㄷ
③ ㄱ, ㄴ, ㄷ
④ ㄱ, ㄴ, ㄷ, ㄹ

해설 화재 등 대응매뉴얼 마련 등
국가유산청장 및 시·도지사는 지정문화유산 및 등록문화유산의 특성에 따른 화재 등 대응매뉴얼을 마련하고, 이를 그 소유자, 관리자 또는 관리단체가 사용할 수 있도록 조치하여야 한다.
1. 화재 및 재난 대응매뉴얼을 마련하여야 하는 문화유산의 범위
   (1) 지정문화유산 중 목조건축물류, 석조건축물류, 분묘(墳墓), 조적조(組積造) 및 콘크리트조 건축물류
   (2) 지정문화유산 안에 있는 목조건축물과 보호구역 안에 있는 목조건축물. 다만, 화장실, 휴게시설 등 중요도가 낮은 건축물은 제외한다.
   (3) 세계유산 안에 있는 목조건축물. 다만, 화장실, 휴게시설 등 중요도가 낮은 건축물은 제외한다.
   (4) 등록문화유산 중 건축물. 다만, 다른 법령에 따라 화재 및 재난에 대비한 매뉴얼 등을 마련한 경우에는 화재 및 재난 대응매뉴얼을 마련한 것으로 본다.
2. 도난 대응매뉴얼을 마련하여야 하는 문화유산의 범위
   (1) 지정문화유산 중 동산에 해당하는 문화유산
   (2) 등록문화유산 중 동산에 해당하는 문화유산

정답 ①

34 문화유산의 보존 및 활용에 관한 법령상, 화재등 대응메뉴얼을 마련하여야 하는 문화유산의 범위에 해당하지 않는 것은?(단, 화장실, 휴게시설 등 중요도가 낮은 건축물은 고려하지 않음) [2025년도 제43회 기출문제]
① 지정문화유산 중 석조건축물류
② 보호구역 안에 있는 목조건축물
③ 「국가유산기본법」에 따른 세계유산 안에 있는 목조건축물
④ 매장유산으로 토지에 분포되어 있는 문화유산

정답 ④

35 문화유산의 보존 및 활용에 관한 법령상, 지정문화유산 등에 있어서 금연구역의 지정에 관한 설명으로 옳지 않은 것은?
① 지정문화유산 등의 소유자, 관리자 또는 관리단체는 지정문화유산 등 해당 시설 또는 지역 전체를 금연구역으로 지정할 수 있다.
② 지정문화유산 등의 소유자, 관리자 또는 관리단체는 지정문화유산 등의 주거용 건축물에 대해 화재의 우려가 없는 경우에 한정하여 금연구역과 흡연구역을 구분하여 지정할 수 있다.
③ 지정문화유산 등의 금연구역과 흡연구역을 알리는 표지의 설치 기준 및 방법 등은 문화체육관광부령 또는 시·도조례로 정한다.

④ 지정문화유산 등의 금연구역에서 흡연을 한 사람에게는 10만 원 이하의 과태료를 부과한다.

해설 ① (금연구역으로) 지정하여야 한다.

정답 ①

36 문화유산의 보존 및 활용에 관한 법령상, 문화유산 보호의 기반 조성에서 아래의 내용 중 거리가 있는 것을 고르시오.

① 국가유산청장은 화재 등 문화유산 피해에 대하여 효과적으로 대응하기 위하여 문화유산 방제 관련 정보를 정기적으로 수집하여 이를 데이터베이스화하여 구축·관리하여야 한다.
② 국가유산청장은 문화유산을 보호·보급하거나 널리 알리기 위하여 필요하다고 인정하면 관련단체를 지원·육성하여야 한다.
③ 국가유산청장은 문화유산매매업자 등을 대상으로 문화유산매매업자가 준수하여야 할 사항과 문화유산 관련 소양 등에 관한 교육을 실시하여야 한다.
④ 국가유산청장은 장애인이 문화유산에 쉽게 접근할 수 있도록 점자표시, 안내보조 등의 보조서비스 제공 및 편의시설 설치 등 필요한 시책을 마련하여야 한다.

해설 ② 관련단체를 지원·육성할 수 있다.

정답 ②

37 문화유산의 보존 및 활용에 관한 법령상, 문화유산 전문인력의 양성에서 장학금을 지급받고 있는 자의 신고사유와 장학금의 지급중지사유가 같은 것을 아래에서 모두 고르시오.

ㄱ. 본인의 성명·주소 등이 변경된 경우
ㄴ. 전공학과 또는 연구분야를 변경한 경우
ㄷ. 학업 및 연구성적이 매우 불량한 경우
ㄹ. 수학 또는 연구를 중단한 경우
ㅁ. 연구실적보고서를 제출하지 아니한 경우
ㅂ. 신체적·정신적 장애나 그 밖의 사유로 계속적인 수학 또는 연구를 할 수 없게 된 경우

① ㄱ, ㄷ, ㅂ
② ㄴ, ㄹ, ㅂ
③ ㄷ, ㅁ, ㅂ
④ ㄹ, ㅁ, ㅂ

해설

신고사유	장학금 지급중지 또는 반환	장학금 반환을 명할 수 있는 경우
• 전공학과 또는 연구분야를 변경한 경우 • 수학 또는 연구를 중단한 경우	• 좌동 • 좌동	• 정당한 사유 없이 수학 또는 연구를 중단한 경우 • 정당한 사유 없이 전공학과 또는 연구분야를 변경한 경우
• 신체적·정신적 장애나 그 밖의 사유로 계속적인 수학 또는 연구를 할 수 없게 된 경우 • 본인의 성명·주소 등이 변경된 경우	• 좌동 • 학업 및 연구성적이 매우 불량한 경우 • 정당한 사유 없이 성적증명서 또는 연구실적보고서를 제출하지 아니한 경우	• 교육 수료 증명서 또는 연구보고서를 제출하지 아니한 경우

정답 ②

38 문화유산의 보존 및 활용에 관한 법령상, 비상시 문화유산 보호에 대한 내용으로 바르지 않은 것은?

① 전시·사변 또는 이에 준하는 비상사태 시 문화유산의 보호에 필요하다고 인정되면, 국가유산청장은 이를 안전한 지역으로 이동·매몰 또는 그 밖의 필요한 조치를 할 수 있다.
② 전시·사변 또는 이에 준하는 비상사태 시 문화유산 보호를 위하여 필요하면 이를 국외로 반출할 수 있다.
③ 국외로 반출 시 미리 국무회의의 심의를 거쳐야 한다.
④ 이동·매몰 또는 그 밖의 필요한 조치 또는 명령의 이행으로 인하여 손실을 받은 자에 대해서는 전쟁의 피해 등 불가항력으로 인한 경우에도 보상을 한다.

해설 비상시의 문화유산 보호
1. 국가유산청장은 전시·사변 또는 이에 준하는 비상사태 시 문화유산의 보호에 필요하다고 인정하면 국유문화유산과 국유 외의 지정문화유산 및 임시지정문화유산을 안전한 지역으로 이동·매몰 또는 그 밖에 필요한 조치를 하거나 해당 문화유산의 소유자, 보유자, 점유자, 관리자 또는 관리단체에 대하여 그 문화유산을 안전한 지역으로 이동·매몰 또는 그 밖에 필요한 조치를 하도록 명할 수 있다.
2. 국가유산청장은 전시·사변 또는 이에 준하는 비상사태 시 문화유산 보호를 위하여 필요하면 수출 등의 금지에도 불구하고 이를 국외로 반출할 수 있다. 이 경우에는

미리 국무회의 심의를 거쳐야 한다.
3. 제1항에 따른 조치 또는 명령의 이행으로 인하여 손실을 받은 자에 대한 보상에 관하여는 손실의 보상을 준용한다. 다만, 전쟁의 피해 등 불가항력으로 인한 경우에는 예외로 한다.

정답 ④

39 문화유산의 보존 및 활용에 관한 법령상, 국무회의의 심의를 거쳐야 하는 사항에 해당하는 것은?

① 국가유산청장이 국가지정문화유산 지정 여부를 결정할 경우
② 국가유산청장이 국가등록문화유산에 대하여 보존과 활용의 필요가 없거나 그 밖에 특별한 사유가 있어 그 등록을 말소할 경우
③ 국가유산청장이 전시·사변 또는 이에 준하는 비상사태 시 문화유산 보호를 위하여 문화유산을 국외로 반출할 경우
④ 국가유산청장이 시·도지사에게 시·도지정문화유산이나 문화유산자료로 지정·보존할 것을 권고하거나, 시·도등록문화유산으로 등록·보호할 것을 권고할 경우

정답 ③

40 문화유산의 보존 및 활용에 관한 법령상, 문화유산 교육의 실태조사에 대한 내용으로 맞지 않는 것을 찾으시오.

① 국가유산청장은 문화유산교육 관련 정책의 수립·시행을 위하여 문화유산교육 현황 등에 대한 실태조사를 실시할 수 있다.
② 지역별·유형별 문화유산교육 프로그램 현황은 문화유산교육 현황 등에 대한 실태 조사의 범위에 속한다.
③ 실태조사의 실시에서 정기조사는 5년마다 실시하고 수시조사는 국가유산청장이 문화유산교육 관련 정책의 수립·변경을 위하여 필요하다고 인정하는 경우에 실시한다.
④ 국가유산청장은 실태조사를 위하여 필요한 경우 관계 중앙행정기관의 장, 또는 지방자치단체의 장에게 필요한 자료의 제출을 요청할 수 있다.

해설 ③ 정기조사 : 3년마다 실시

정답 ③

41 문화유산의 보존 및 활용에 관한 법령상, 문화유산교육센터의 지정 등에 관한 내용으로 틀린 것을 찾으시오.

① 국가유산청장은 지역 문화유산교육을 활성화하기 위하여 문화유산교육을 목적으로 하거나 문화유산교육을 실시할 능력이 있다고 인정되는 기관 또는 단체를 문화유산교육지원센터로 지정할 수 있다.
② 지원센터는 소외계층 등 지역주민에 대한 문화유산교육 등의 사업을 수행한다.
③ 국가유산청장은 지정된 지원센터가 지정요건을 충족하지 못한 경우 그 지정을 취소하거나 3개월의 범위에서만 그 업무의 정지를 명할 수 있다.
④ 국가유산청장은 정하는 바에 따라 문화유산교육에 관한 업무를 지원센터 및 그 밖에 정하는 기관에 위탁할 수 있다.

해설 ③ 6개월의 범위에서

정답 ③

42 문화유산의 보존 및 활용에 관한 법령상, 지정된 문화유산교육지원센터의 제재사유 중 그 지정을 취소하여야 하는 것은?

① 지정요건을 충족하지 못한 경우
② 3년간 문화유산교육실적이 없는 경우
③ 업무수행능력이 현저히 부족하다고 인정하는 경우
④ 거짓이나 그 밖의 부정한 방법으로 지정을 받은 경우

정답 ④

43 문화유산의 보존 및 활용에 관한 법령상, 문화유산교육의 지원, 프로그램의 개발·보급 및 인증 등에 관한 내용으로 거리가 있는 것을 고르시오.

① 국가 및 지방자치단체는 국민들의 문화유산에 대한 이해와 관심을 높이기 위하여 문화유산교육 내용의 연구·개발 및 문화유산교육 활동을 위한 시설·장비를 지원할 수 있다.
② 국가유산청장 및 지방자치단체는 모든 국민에게 다양한 문화유산교육의 기회를 제공하기 위하여 문화유산교육 프로그램을 개발·보급할 수 있다.
③ 문화유산교육 프로그램을 개발·운영하는 자는 국가유산청장에게 문화유산교육 프로그램에 대한 인증을 신청할 수 있으며, 인증의 유효기간은 인증을 받은 날부터 5년으로 한다.
④ 국가유산청장은 인증한 문화유산교육 프로그램이 인증기준에 적합하지 아니한 경우 그 인증을 취소할 수 있다.

해설 ③ 인증을 받은 날부터 3년으로 한다.

정답 ③

44 문화유산의 보존 및 활용에 관한 법령상, 문화유산교육 프로그램의 개발·운영 및 인증에 관한 설명이다. ( )에 들어갈 내용은?

> 문화유산교육 프로그램을 개발·운영하는 자는 국가유산청장에게 문화유산교육 프로그램에 대한 인증을 신청할 수 있으며, 인증의 유효기간은 (ㄱ)부터 (ㄴ)년으로 한다.

① ㄱ : 인증을 받은 날, ㄴ : 2
② ㄱ : 인증을 받은 날, ㄴ : 3
③ ㄱ : 인증을 받은 다음 날, ㄴ : 2
④ ㄱ : 인증을 받은 다음 날, ㄴ : 3

해설 문화유산교육 프로그램의 개발·보급 및 인증 등
1. 국가유산청장 및 지방자치단체는 모든 국민에게 다양한 문화유산교육의 기회를 제공하기 위하여 문화유산교육 프로그램을 개발·보급할 수 있다.
2. 문화유산교육 프로그램을 개발·운영하는 자는 국가유산청장에게 문화유산교육 프로그램에 대한 인증을 신청할 수 있다.
3. 국가유산청장은 인증을 신청한 문화유산교육 프로그램이 교육내용·교육과목·교육시설 등 인증기준에 부합하는 경우 이를 인증할 수 있다.
4. 인증의 유효기간은 인증을 받은 날부터 3년으로 한다.

정답 ②

45 문화유산의 보존 및 활용에 관한 법령상, 지정문화유산 등의 기증에 대한 내용으로 옳지 않은 것을 고르시오.

① 지정문화유산 및 등록문화유산의 소유자는 국가유산청에 해당 문화유산을 기증할 수 있다.
② 국가유산청장은 문화유산을 기증받는 경우에는 문화유산수증심의위원회의 심의를 거쳐 수증 여부를 결정할 수 있다.
③ 국가유산청장은 문화유산의 기증이 있을 때에는 「기부금품의 모집 및 사용에 관한 법률」에도 불구하고 이를 접수할 수 있다.
④ 국가유산청장은 기증에 현저한 공로가 있는 자에 대하여 시상(施賞)을 하거나 「상훈법」에 따른 서훈을 추천할 수 있으며, 문화유산 관련 전시회 개최 등의 예우를 할 수 있다.

해설 ② 수증여부를 결정하여야 한다.

정답 ②

제3장의2   문화유산지능정보화 기반 구축

46 문화유산의 보존 및 활용에 관한 법령상, 문화유산지능정보화 기반 구축의 내용으로 옳지 않은 것을 고르시오.

① 국가유산청장은 객관적이고 과학적인 문화유산의 보존·관리 및 활용 등을 위하여 문화유산지능정보화 정책을 수립하고 시행하여야 한다.
② 국가유산청장은 문화유산지능정보화의 효율적 추진을 위하여 문화유산데이터의 생산·수집·저장·가공·분석 등의 사업을 추진할 수 있다.
③ 국가유산청장은 문화유산지능정보화의 효율적 추진을 위하여 문화유산지능정보기술의 개발 및 보급 사업을 추진할 수 있다.
④ 국가유산청장은 문화유산지능정보화의 추진을 위하여 문화유산데이터 및 메타데이터의 체계적인 관리를 포함한 문화유산지능정보서비스플랫폼을 구축·운영할 수 있다.

해설 ④ 구축·운영하여야 한다.

정답 ④

47 문화유산의 보존 및 활용에 관한 법령상, 문화유산지능정보화 정책을 수립할 때 포함해야 할 사항을 고르시오.

① 문화유산지능정보기술 및 문화유산데이터에 포함된 지식재산권의 보호
② 문화유산지능정보기술에 필요한 데이터의 디지털화
③ 문화유산데이터의 유통·거래시스템 구축·운영
④ 문화유산데이터의 이용활성화를 위한 문화유산데이터의 가공·활용

해설 문화유산지능정보화 정책의 수립 시 포함되어야 할 사항
    1. 문화유산지능정보화의 기반구축
    2. 문화유산지능정보화 관련 산업의 지원·육성
    3. 문화유산지능정보화 관련 전문인력의 양성
    4. 문화유산지능정보기술 및 문화유산데이터에 포함된 지식재산권의 보호
    5. 문화유산데이터 수집을 위한 초연결지능정보통신망의 구축·지원
    6. 그 밖에 객관적이고 과학적인 문화유산의 보존·관리 및 활용 등을 위하여 국가유산청장이 문화유산지능정보화 정책에 포함할 필요가 있다고 인정하는 사항

정답 ①

제3장의3　문화유산디지털콘텐츠의 보급 활성화

48 문화유산의 보존 및 활용에 관한 법령상, 문화유산디지털콘텐츠의 정책의 추진, 수집, 개발, 협동개발·연구 촉진에 대한 내용이다. 거리가 있는 것을 찾으시오.

① 국가와 지방자치단체는 문화유산디지털콘텐츠의 수집·개발·활용 등 보급 활성화를 위한 정책을 수립하고 추진하여야 한다.
② 국가유산청장은 문화유산디지털콘텐츠의 수집을 위하여 문화유산디지털콘텐츠의 소유자 또는 관리자에게 그 소유·관리 목록의 제출을 요청할 수 있다.
③ 국가유산청장은 문화유산디지털콘텐츠의 개발을 위하여 문화유산디지털콘텐츠의 제작 및 개발 등의 사업을 추진하여야 한다.
④ 국가유산청장은 문화유산디지털콘텐츠의 개발·연구를 위하여 인력, 시설, 기자재, 자금 및 정보 등의 공동활용을 통한 협동개발과 협동연구를 촉진시킬 수 있도록 노력하여야 한다.

해설 ③ 문화유산디지털콘텐츠의 제작 및 개발 등의 사업을 추진할 수 있다.

정답 ③

49 문화유산의 보존 및 활용에 관한 법령상, 문화유산디지털콘텐츠의 공공정보 이용 촉진에 관한 아래 내용을 보고 (　) 안을 완성하시오.

> 국가유산청장과 지방자치단체의 장은 공공정보의 이용 촉진을 위하여 그 이용 (㉠)·(㉡) 등을 정하고 이를 공개하여야 한다.
> [국가유산청장과 지방자치단체의 장은 공공정보의 이용 촉진을 위해 다음 각 호의 사항을 미리 공개해야 한다.]
> 1. 공공정보의 이용 조건 및 기준
> 2. 공공정보의 이용 방법 및 절차
> 3. 공공정보의 제공 방식 및 형태
> 4. 공공정보의 이용에 따른 사용료 또는 (㉢)
> 5. 그 밖에 국가유산청장 또는 지방자치단체의 장이 공공정보의 이용과 관련하여 필요하다고 인정하는 사항

정답 ㉠ 조건, ㉡ 방법, ㉢ 수수료

50 문화유산의 보존 및 활용에 관한 법령상, 문화유산디지털콘텐츠의 보급 활성화에 대한 내용으로 바르지 못한 것을 고르시오.

① 국가유산청장은 문화유산디지털콘텐츠 이용 활성화를 위하여 영상 문화유산디지털콘텐츠의 개발·보급을 위한 방송채널 운영 등의 사업을 추진할 수 있다.
② 국가유산청장은 문화유산디지털콘텐츠플랫폼의 구축·운영에 따른 문화유산 디지털콘텐츠플랫폼의 문화유산디지털콘텐츠 전부 또는 일부를 복제 또는 간행하여 판매 또는 배포하거나 이용자에게 복제 또는 출력하여 제공할 수 있다.
③ 국가유산청장은 문화유산디지털콘텐츠플랫폼의 구축·운영에 따른 문화유산디지털콘텐츠플랫폼의 운영 업무를 전통건축수리기술진흥재단에 위탁할 수 있다.
④ 국가유산청장은 문화유산디지털콘텐츠의 이용 활성화 등에 관한 국제적 동향을 파악하고 문화유산디지털콘텐츠 관련 기술과 인력의 국제교류 지원 등에 관한 국제협력을 추진할 수 있다.

해설 ③「국가유산 기본법」에 따른 국가유산진흥원에 위탁한다.

정답 ③

제4장 국가지정문화유산

[제1절 지정]

51 문화유산의 보존 및 활용에 관한 법령상, 보물의 유형별 분류기준이 아닌 것을 찾으시오.
① 건축문화유산
② 기록문화유산
③ 미술문화유산
④ 과학문화유산
⑤ 공예문화유산

해설 보물의 유형별 분류기준
1. 건축문화유산
   1) 목조군 : 궁궐(宮闕), 사찰(寺刹), 관아(官衙), 객사(客舍), 성곽(城郭), 향교(鄕校), 서원(書院), 사당(祠堂), 누각(樓閣), 정자(亭子), 주거(住居), 정자각(丁字閣), 재실(齋室) 등
   2) 석조군 : 석탑(石塔), 승탑(僧塔 : 고승의 사리를 모신 탑), 전탑(塼塔 : 벽돌로 쌓은 탑), 비석(碑石), 당간지주[幢竿支柱 : 괘불(掛佛)이나 불교적 내용을 그린

깃발을 건 장대를 지탱하기 위해 좌우로 세운 기둥], 석등(石燈), 석교(石橋 : 돌다리), 계단(階段), 석단(石壇), 석빙고(石氷庫 : 돌로 만든 얼음 창고), 첨성대(瞻星臺), 석굴(石窟), 석표(石標 : 마을 등 영역의 경계를 표시하는 돌로 만든 팻말), 석정(石井) 등

　3) 분묘군 : 분묘 등의 유구(遺構 : 옛 구조물의 흔적) 또는 건조물 및 부속물
　4) 조적조군·콘크리트조군 : 성당(聖堂), 교회(敎會), 학교(學校), 관공서(官公署), 병원(病院), 역사(驛舍) 등

2. 기록문화유산
　1) 전적류(典籍類) : 필사본, 목판 및 목판본, 활자 및 활자본 등
　2) 문서류(文書類) : 공문서, 사문서, 종교 문서 등

3. 미술문화유산
　1) 회화 : 일반회화[산수화, 인물화, 풍속화, 기록화, 영모(翎毛 : 새나 짐승을 그린 그림)·화조화(花鳥畵 : 꽃과 새를 그린 그림) 등], 불교회화(괘불, 벽화 등)
　2) 서예 : 이름난 인물의 필적(筆跡), 사경(寫經 : 불교의 교리를 손으로 베껴 쓴 경전), 어필(御筆 : 임금의 필적), 금석(金石 : 금속이나 돌 등에 새겨진 글자), 인장(印章), 현판(懸板), 주련(柱聯 : 기둥 장식 글귀) 등
　3) 조각 : 암벽조각(암각화 등), 능묘조각, 불교조각(마애불 등)
　4) 공예 : 도·토공예, 금속공예, 목공예, 칠공예, 골각공예, 복식공예, 옥석공예, 피혁공예, 죽공예, 짚풀공예 등

4. 과학문화유산
　1) 과학기기
　2) 무기·병기(총통, 화기) 등

정답 ⑤

52 문화유산의 보존 및 활용에 관한 법령상, 보물의 유형별 분류기준에서 맞지 않는 것을 찾으시오.

① 건축문화유산 : 목조군, 석조군, 분묘군 등
② 기록문화유산 : 전적류, 문서류
③ 공예문화유산 : 회화, 서예, 공예 등
④ 과학문화유산 : 과학기기, 무기·병기 등

해설 ③ 회화, 서예, 조각, 공예 등은 미술문화유산이다.

정답 ③

53 문화유산의 보존 및 활용에 관한 법령상, 국가지정문화유산의 지정절차가 바르게 전개된 것은?

① 조사요청 → 예고 → 조사 → 문화유산위원회 심의 → 지정여부결정 → 이의제기
② 조사요청 → 조사 → 예고 → 문화유산위원회 심의 → 지정여부결정 → 이의제기
③ 조사요청 → 조사 → 문화유산위원회 심의 → 예고 → 지정여부결정 → 이의제기
④ 조사요청 → 조사 → 문화유산위원회 심의 → 지정여부결정 → 예고 → 이의제기

해설

조사요청	문화유산위원회의 해당 분야 문화유산위원이나 전문위원 등 관계전문가 3명 이상에게 조사를 요청
조사	조사요청을 받은 사람은 조사를 한 후 조사보고서를 작성하여 국가유산청장에게 제출
예고	문화유산위원회의 심의 전에 그 심의할 내용과 해당 문화유산(동산에 속하는 문화유산은 제외한다)에 관한 지형도면 또는 지적도를 관보에 30일 이상 예고
문화유산 위원회 심의	예고가 끝난 날부터 6개월 안에 문화유산위원회 심의를 거쳐
지정여부결정	국가지정문화유산 지정여부결정
이해관계자의 이의제기 등	이해관계자의 이의제기 등 부득이한 사유로 6개월 안에 지정여부를 결정하지 못한 경우에 그 지정여부를 다시 결정할 필요가 있으면 관보에 30일 이상 예고를 하는 절차를 다시 거쳐야 한다.

정답 ②

54 문화유산의 보존 및 활용에 관한 법령상, 보물의 지정기준에서 서로 짝이 맞지 않는 것은?

① 분묘군 : 분묘 등의 유구 또는 건조물, 부속물
② 문서류 : 공문서, 사문서, 종교 문서 등
③ 조각 : 암벽조각, 능묘조각, 불교조각
④ 회화 : 필적, 사경, 어필, 금석 등

정답 ④

55 문화유산의 보존 및 활용에 관한 법령상, 국보의 지정절차에 관한 설명으로 옳지 않은 것은?

① 해당 문화유산을 국보로 지정하려면 문화유산위원회의 해당 분야 문화유산위원 등 관계전문가 3명 이상에게 해당 문화유산에 대한 조사를 요청하여야 한다.
② 조사요청을 받은 사람은 조사를 한 후 조사보고서를 작성하여 문화체육관광부 장관에게 제출하여야 한다.
③ 국가유산청장은 조사보고서를 검토하여 해당 문화유산이 국보로 지정될 만한 가치가 있다고 판단되면 문화유산위원회 심의 전에 그 심의할 내용을 관보에 30일 이상 예고하여야 한다.
④ 예고가 끝난 날부터 6개월 안에 문화유산위원회의 심의를 거쳐 국보의 지정 여부를 결정하여야 한다.
⑤ 국가유산청장은 이해관계자의 이의 제기 등 부득이한 사유로 6개월 안에 지정 여부를 결정하지 못한 경우에 그 지정여부를 다시 결정할 필요가 있으면 관보에 30일 이상 예고 및 예고가 끝난 날부터 6개월 안에 문화유산위원회 심의를 거치는 지정절차를 다시 거쳐야 한다.

해설 국가지정문화유산의 지정기준 및 절차

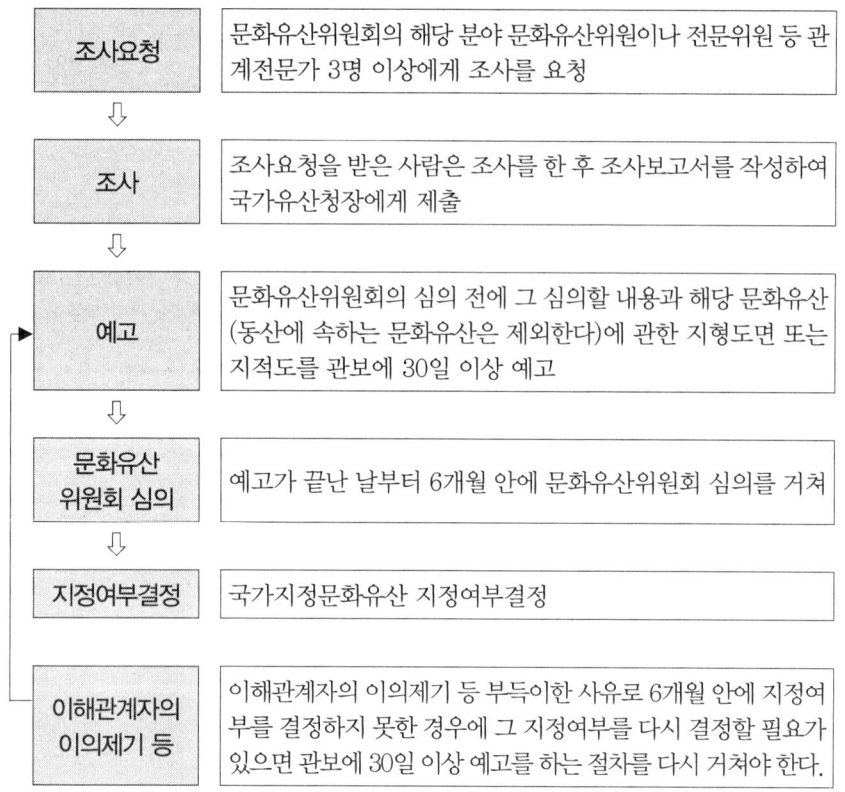

정답 ②

56 문화유산의 보존 및 활용에 관한 법령상, 국보의 지정기준 중 맞지 않는 것은?

① 보물에 해당하는 문화유산 중 특히 역사적·학술적·예술적 가치가 큰 것
② 보물에 해당하는 문화유산 중 제작연대가 오래되었으며, 그 시대의 대표적인 것
③ 특히 보존가치가 큰 것
④ 보물에 해당하는 문화유산 중 조형미나 제작기술이 특히 우수하여 그 유례가 많은 것

정답 ④

57 문화유산의 보존 및 활용에 관한 법령상, 기념물에 해당하는 것은?

① 보물
② 사적
③ 국보
④ 민속문화유산

해설 국가유산청장은 문화유산위원회의 심의를 거쳐 기념물 중 중요한 것을 사적으로 지정할 수 있다.

정답 ②

58 문화유산의 보존 및 활용에 관한 법령상, 아래에서 제시하는 내용으로 타당한 것을 고르시오.

> ㄱ. 한국의 전통적 생활 양식이 보존된 곳
> ㄴ. 고유민속행사가 거행된 곳으로 민속적 풍경이 보존된 곳
> ㄷ. 한국건축사 연구에 중요한 자료를 제공하는 민가군이 있는 곳
> ㄹ. 한국의 전통적인 전원생활의 면모를 간직하고 있는 곳
> ㅁ. 역사적 사실 또는 전설·설화와 관련이 있는 곳
> ㅂ. 옛 성터의 모습이 보존되어 고풍이 현저한 곳

① 집단민속문화유산 구역 지정
② 국보·보물 및 국가민속문화유산 구역 지정
③ 사적의 보호구역 지정
④ 천연기념물 보호구역 지정

해설 민속문화유산이 일정한 구역에 집단적으로 소재한 경우에는 민속문화유산의 개별적인 지정을 갈음하여 그 구역을 제시된 기준에 따라 집단민속문화유산 구역으로 지정할 수 있다.

정답 ①

59 문화유산의 보존 및 활용에 관한 법령상, 국가지정문화유산으로 지정을 할 때 보호물 또는 보호구역의 지정에 대한 내용으로 바르지 않은 것을 고르면?

① 국가지정문화유산으로 지정을 할 때 문화유산 보호를 위하여 특히 필요하면 보호물 또는 보호구역을 지정하여야 한다.
② 인위적 또는 자연적 조건의 변화 등으로 인하여 조정이 필요하다고 인정하면 지정된 보호물 또는 보호구역을 조정할 수 있다.
③ 보호물 또는 보호구역을 지정하거나 조정한 때에는 지정 또는 조정 후 매 10년이 되는 날 이전에 그 지정 및 조정의 적정성을 검토하여야 한다.
④ 보호물 또는 보호구역의 지정은 국가유산청장이 한다.

해설 국가유산청장은 보물 및 국보의 지정, 사적의 지정, 국가민속문화유산 지정을 할 때 문화유산 보호를 위하여 특히 필요하면 이를 위한 보호물 또는 보호구역을 지정할 수 있다.

정답 ①

60 다음 ( ) 안에 알맞은 말은?

> 국보, 보물 또는 국가민속문화유산의 소유자가 해제 통지를 받으면 그 통지를 받은 날부터 ( )일 이내에 해당 지정문화유산 지정서를 국가유산청장에게 반납하여야 한다.

① 7
② 10
③ 15
④ 30
⑤ 60

정답 ④

61 문화유산의 보존 및 활용에 관한 법령상, 국가지정문화유산의 지정 시 지정의 효력 발생 시기에 대한 것으로 옳지 않은 것은?

① 보호물과 보호구역을 포함한 국가지정문화유산을 지정하면 그 취지를 관보에 고시하여야 한다.
② 그 취지를 관보에 고시하고, 지체 없이 해당 문화유산의 소유자에게 알려야 하며, 소유자가 없거나 분명하지 아니하면 그 점유자 또는 관리자에게 이를 알려야 한다.
③ 국가지정문화유산을 지정하거나 그 지정을 해제하는 경우 국가지정문화유산의 종류, 명칭, 수량, 소재지 또는 보관장소 등의 사항을 고시하여야 한다.
④ 국가지정문화유산 지정의 경우에 그 문화유산의 소유자는 그 지정의 통지를 받은 날부터 그 효력이 발생한다.

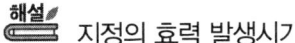 지정의 효력 발생시기

보물 및 국보, 사적, 국가민속문화유산, 보호물 또는 보호구역의 지정의 규정에 따른 지정의 경우에
1. 그 문화유산의 소유자, 점유자 또는 관리자에 대하여는
2. 관보에 고시한 날부터 그 효력이 발생한다.

정답 ④

62 문화유산의 보존 및 활용에 관한 법령상, 임시지정할 수 있는 문화유산의 내용과 거리가 있는 것은?

① 보물
② 국보
③ 국가무형문화유산
④ 사적
⑤ 국가민속문화유산

 국가유산청장은 보물 및 국보, 사적 또는 국가민속문화유산 지정에 따라 지정할 만한 가치가 있다고 인정되는 문화유산이
1. 지정 전에 원형보존을 위한 긴급한 필요가 있고 문화유산위원회의 심의를 거칠 시간적 여유가 없으면 중요문화유산으로 임시지정할 수 있다.
2. 중요문화유산으로 임시지정을 하는 경우에는 국보와 보물, 사적, 국가민속문화유산으로 구분하여 지정해야 한다.

정답 ③

63 문화유산의 보존 및 활용에 관한 법령상, 국가지정문화유산의 지정에 관한 설명으로 옳은 것은? [2025년도 제43회 기출문제]

① 국가유산청장은 해당 문화유산을 국가지정문화유산으로 지정하려면 문화유산위원회의 해당 분야 문화유산위원 등 관계 전문가 2명 이상에게 해당 문화유산에 대한 조사를 요청해야 한다.
② 국보의 지정은 그 문화유산의 소유자, 점유자 또는 관리자에 대하여는 관보에 고시한 날부터 그 효력을 발생한다.
③ 국가유산청장은 지정된 보물이 국가지정문화유산으로서의 가치를 상실하여 지정을 해제할 필요가 있을 때에는 문화유산위원회의 심의를 거치지 않고 지체 없이 그 지정을 해제하여야 한다.
④ 국가유산청장이 문화유산을 중요문화유산으로 임시지정한 경우, 그 효력은 관보에 고시한 날부터 발생한다.

정답 ②

64 문화유산의 보존 및 활용에 관한 법령상, 국무회의의 심의를 거쳐야 하는 사항에 해당하는 것을 고르시오.

① 국가유산청장이 보물·국보를 지정할 경우
② 국가유산청장이 전시에 문화유산보호를 위하여 문화유산을 국외로 반출할 경우
③ 국가유산청장이 국가등록문화유산에 대하여 그 등록을 말소할 경우
④ 국가유산청장이 시·도지사에게 시·도 등록문화유산으로 등록할 것을 권고할 경우

정답 ②

[제2절 보존·관리 및 활용]

65 문화유산의 보존 및 활용에 관한 법령상, 국가지정문화유산의 관리에 관한 내용으로 옳지 않은 것은?

① 소유자는 자기 재산에 대한 주의의무로써 관리하여야 한다.
② 소유자는 관리자를 선임할 수 있다.
③ 소유자가 분명하지 아니할 경우 관리단체를 지정할 수 있다.
④ 관리단체로 지정된 지방자치단체는 관리업무를 위탁할 수 있다.

해설

1. 소유자 관리의 원칙
   (1) 국가지정문화유산의 소유자는 선량한 관리자의 주의로써 해당 문화유산을 관리·보호하여야 한다.
   (2) 국가지정문화유산의 소유자는 필요에 따라 그에 대리하여 그 문화유산을 관리·보호할 관리자를 선임할 수 있다.
2. 관리단체에 의한 관리
   (1) 국가유산청장은 국가지정문화유산의 소유자가 분명하지 아니하거나 그 소유자 또는 관리자에 의한 관리가 곤란 또는 적당하지 아니하다고 인정하면 해당 국가지정문화유산 관리를 위하여 지방자치단체나 그 문화유산을 관리하기에 적당한 법인 또는 단체를 관리단체로 지정할 수 있다. 이 경우 국유에 속하는 국가지정문화유산 중 국가가 직접 관리하지 아니하는 문화유산의 관리단체는 관할 특별자치도 또는 시·군·구(자치구를 말한다)가 된다. 다만, 문화유산이 2개 이상의 시·군·구에 걸쳐 있는 경우에는 관할 특별시·광역시·도(특별자치시와 특별자치도는 제외한다)가 관리단체가 된다.
   (2) 관리단체로 지정된 지방자치단체는 국가유산청장과 협의하여 그 문화유산을 관리하기에 적당한 법인 또는 단체에 해당 문화유산의 관리업무를 위탁할 수 있다.
3. 국가에 의한 특별 관리
   (1) 국가유산청장은 국가지정문화유산에 대하여 소유자·관리자 또는 관리단체에 의한 관리가 곤란하거나 적당하지 아니하다고 인정하면 문화유산위원회의 심의를

거쳐 해당 문화유산을 특별히 직접 관리·보호할 수 있다.
    (2) 국가에 의한 특별관리에 따른 국가지정문화유산의 관리·보호에 필요한 경비는 국가가 부담한다.

정답 ①

66 문화유산의 보존 및 활용에 관한 법령상, 관리단체에 의한 관리에서 거리가 있는 것은?

① 국가지정문화유산의 소유자가 분명하지 아니하거나 소유자 또는 관리자에 의한 관리가 곤란 또는 적당하지 아니하다고 인정하면 문화유산을 관리하기에 적당한 법인 또는 단체를 관리단체로 지정할 수 있다.
② 관리단체를 지정하면 지체 없이 그 취지를 관보에 고시하고, 국가지정문화유산의 소유자 또는 관리자와 해당 관리단체에 이를 알려야 하며, 누구나 지정된 관리단체의 관리행위를 방해하여서는 아니 된다.
③ 국가지정문화유산을 관리하도록 지정된 관리단체는 해당 국가지정문화유산의 효율적인 보존·관리 및 활용을 위하여 국가유산청장과 협의하여 문화유산별 종합정비계획을 수립하여야 한다.
④ 문화유산의 종합정비계획의 수립 시 문화유산의 보수·복원 등 보존·관리 및 활용에 관한 사항들을 포함하여야 하며, 수립하는 정비계획은 문화유산의 원형을 보존하는 데 중점을 두어야 한다.

해설 ③ 관리단체는 문화유산별 종합정비계획을 수립할 수 있다.

정답 ③

67 문화유산의 보존 및 활용에 관한 법령상, 문화유산별 종합정비계획의 수립 시 포함하여야 할 사항을 모두 고른 것은?

ㄱ. 정비계획의 목적과 범위에 관한 사항
ㄴ. 문화유산에 관한 고증 및 학술조사에 관한 사항
ㄷ. 문화유산의 관리·운영 인력 및 투자 재원(財源)의 확보에 관한 사항

① ㄷ
② ㄱ, ㄴ
③ ㄴ, ㄷ
④ ㄱ, ㄴ, ㄷ

해설 문화유산별 종합정비계획의 수립 시 포함 사항
(수립하는 정비계획은 문화유산의 원형을 보존하는 데 중점을 두어야 한다.)
1. 정비계획의 목적과 범위에 관한 사항
2. 문화유산의 역사문화환경에 관한 사항
3. 문화유산에 관한 고증 및 학술조사에 관한 사항
4. 문화유산의 보수·복원 등 보존·관리 및 활용에 관한 사항
5. 문화유산의 관리·운영 인력 및 투자 재원(財源)의 확보에 관한 사항
6. 그 밖에 문화유산의 정비에 필요한 사항

정답 ④

68 문화유산의 보존 및 활용에 관한 법령상, 국가지정문화유산의 허가사항에 대한 내용으로 거리가 있는 것을 고르시오.
① 국가지정문화유산에 대한 허가사항은 국가유산청장의 허가를 받아야 한다. 허가사항을 변경하려는 경우에도 같다.
② 국가지정문화유산에 대한 허가사항은 보물, 국보, 국가무형문화유산, 기념물, 국가민속문화유산에 대하여 적용이 된다.
③ 국가지정문화유산과 시·도 지정문화유산의 역사문화환경 보존지역이 중복되는 지역에서 국가유산청장의 허가를 받은 경우에는 시·도지사의 허가를 받은 것으로 본다.
④ 국가지정문화유산의 보존에 영향을 미칠 우려가 있는 행위에 관하여 허가할 사항 중 경미한 사항의 변경허가에 대하여는 시·도지사에게 위임할 수 있다.

해설 ② 국가무형문화유산은 제외

정답 ②

69 문화유산의 보존 및 활용에 관한 법령상, 국가지정문화유산 보호구역 안에서 국가유산청장의 허가를 받아야 하는 행위가 아닌 것은?
① 수목을 심거나 제거하는 행위
② 지목변경의 행위
③ 동물을 사육하거나 번식하는 등의 행위
④ 토석, 골재채취 행위

국가지정문화유산에 대한 허가사항(허가권자 : 국가유산청장)
1. 국가지정문화유산의 현상을 변경하는 행위
  (보호물 및 보호구역을 포함한다.)
  (1) 국가지정문화유산, 보호물 또는 보호구역을 수리, 정비, 복구, 보존처리 또는 철거하는 행위
  (2) 국가지정문화유산, 보호물 또는 보호구역 안에서 하는 다음의 행위
    ① 건축물 또는 도로·관로·전선·공작물·지하구조물 등 각종 시설물을 신축, 증축, 개축(改築), 이축(移築) 또는 용도변경(지목변경의 경우는 제외한다)하는 행위
    ② 수목(樹木)을 심거나 제거하는 행위
    ③ 토지 및 수면의 매립·간척·땅파기·구멍뚫기·땅깎기·흙쌓기 등 지형이나 지질의 변경을 가져오는 행위
    ④ 수로, 수질 및 수량에 변경을 가져오는 행위
    ⑤ 소음·진동을 유발하거나 대기오염물질·화학물질·먼지·빛 또는 열 등을 방출하는 행위
    ⑥ 오수(汚水)·분뇨·폐수 등을 살포, 배출, 투기하는 행위
    ⑦ 동물을 사육하거나 번식하는 등의 행위
    ⑧ 토석, 골재 및 광물과 그 부산물 또는 가공물을 채취, 반입, 반출, 제거하는 행위
    ⑨ 광고물 등을 설치, 부착하거나 각종 물건을 쌓는 행위
2. 국가지정문화유산의 보존에 영향을 미칠 우려가 있는 행위
  (동산에 속하는 문화유산은 제외한다)
3. 국가지정문화유산을 탁본 또는 영인하거나 그 보존에 영향을 미칠 우려가 있는 촬영행위

정답 ②

70 문화유산의 보존 및 활용에 관한 법령상, 국가국가지정문화유산, 보호물 또는 보호구역 안에서 하는 행위 중 국가유산청장의 허가를 받아야 하는 사항을 모두 고른 것은?

[2025년도 제43회 기출문제]

> ㄱ. 토지 및 수면의 매립
> ㄴ. 수로, 수질 및 수량에 변경을 가져오는 행위
> ㄷ. 국가지정문화유산 보호구역에 안내판을 설치하는 행위
> ㄹ. 동물을 사육하는 행위

① ㄱ, ㄷ　　　　　　　　② ㄱ, ㄴ, ㄷ
③ ㄴ, ㄷ, ㄹ　　　　　　④ ㄱ, ㄴ, ㄷ, ㄹ

정답 ②

71 문화유산의 보존 및 활용에 관한 법령상, 국가유산청장의 허가사항 중, 국가지정문화유산을 탁본 또는 영인하거나 그 보존에 영향을 미칠 우려가 있는 촬영 행위로서 정하는 행위에서 벗어나는 것을 고르시오.

① 국가지정문화유산을 다른 장소로 옮겨 촬영하는 행위
② 국가지정문화유산을 원거리에서 촬영 장비의 접촉 없이 촬영하는 행위
③ 빛 등이 지나치게 방출되어 국가지정문화유산의 보존에 영향을 줄 수 있는 촬영 행위
④ 촬영 장비의 충돌·추락 등으로 국가지정문화유산에 물리적 충격을 줄 수 있는 촬영 행위

 ② 국가지정문화유산의 표면에 촬영 장비를 접촉하여 촬영하는 행위

정답 ②

72 문화유산의 보존 및 활용에 관한 법령상, 국가지정문화유산의 허가사항의 취소와 관련된 것들이다. 허가취소의 대상, 허가사항의 취소사유에 대한 내용으로 바르지 않은 것은?

① 허가사항과 문화유산의 국외전시 등 국제적 문화교류를 목적으로 반출하되, 그 반출한 날부터 2년 이내에 다시 반입할 것을 조건으로 하는 수출 등의 금지는 허가 취소의 대상이다.
② 허가사항이나 허가조건을 위반한 때는 허가사항의 취소사유에 해당한다.
③ 허가사항의 이행이 불가능하거나 현저히 공익을 해할 우려가 있다고 인정되는 때는 허가사항의 취소사유가 된다.
④ 국가지정문화유산에 대하여 허가를 받은 자가 착수 신고를 하지 아니하고 허가기간이 지난 때에는 그 허가가 취소되지 않은 것으로 본다.

 1. 허가취소의 대상과 허가사항의 취소사유

허가취소의 대상	허가사항의 취소사유
(1) 허가사항 (2) 수출 등의 금지 　① 문화유산의 국외전시 등 문화교류를 목적으로 반출하되, 그 반출한 날부터 2년 이내에 다시 반입할 것을 조건으로 국가유산청장의 허가를 받으면 그러하지 아니하다. 　② 2년의 범위에서 그 반출기간의 연장을 허가할 수 있다.	(1) 허가사항이나 허가조건을 위반한 때 (2) 속임수나 그 밖의 부정한 방법으로 허가를 받은 때 (3) 허가사항의 이행이 불가능하거나 현저히 공익을 해할 우려가 있다고 인정되는 때

2. 국가지정문화유산에 대하여 허가를 받은 자가 착수신고를 하지 아니하고 허가기간이 지난 때에는 그 허가가 취소된 것으로 본다.

정답 ④

73 문화유산의 보존 및 활용에 관한 법령상, 신고 사항에 있어서 소유자와 관리자가 각각 신고서에 서명을 하여야 하는 경우를 고르시오.
① 보관장소가 변경된 경우
② 소유자 또는 관리자의 성명이나 주소가 변경된 경우
③ 국가지정문화유산의 소유자가 변경된 경우
④ 관리자를 선임하거나 해임한 경우

정답 ④

74 문화유산의 보존 및 활용에 관한 법령상, 행정명령에 대한 내용으로 바르지 않은 것은?
① 행정명령의 명령권자는 국가유산청장과 지방자치단체의 장이다.
② 국가지정문화유산과 역사문화환경 보존지역의 관리·보호를 위하여 필요하다고 인정 시 행정명령을 내릴 수 있다.
③ 국가지정문화유산의 소유자, 관리자, 또는 관리단체에 대한 문화유산보존에 필요한 긴급한 조치는 행정명령의 내용에서 제외된다.
④ 국가지정문화유산의 소유자, 관리자 또는 관리단체에 대한 수리, 그 밖에 필요한 시설의 설치나 장애물의 제거는 행정명령의 내용에 포함이 된다.
⑤ 행정명령을 받은 자가 명령을 이행하지 아니하는 경우 대집행할 수 있다.

정답 ③

75 문화유산의 보존 및 활용에 관한 법령상, 국가지정문화유산의 정기조사에 대하여 다소 거리가 있는 것을 찾으시오.

① 국가지정문화유산과 역사문화환경 보존지역의 관리·보호를 위하여 5년마다 정기적으로 조사하여야 한다.
② 정기조사 후 보다 깊이 있는 조사가 필요하다고 인정하면 그 소속 공무원에게 해당 국가지정문화유산에 대하여 재조사하게 할 수 있다.
③ 정기조사와 재조사를 하는 경우에는 미리 그 문화유산의 소유자, 관리자, 관리단체에 알려야 한다.
④ 조사를 하는 공무원은 소유자, 관리자, 관리단체에 문화유산의 공개, 현황자료의 제출, 문화유산 소재장소 출입 등 조사에 필요한 범위에서 협조를 요구할 수 있다.

> **해설** ① 국가지정문화유산의 현상, 관리, 그 밖의 환경보전상황 등에 관하여 정기적으로 조사하여야 한다.
> - 조사권자 : 국가유산청장
> - 정기조사 : 3년마다 실시
> [다만, 아래의 어느 하나에 해당하는 국가지정문화유산에 대해서는 5년마다 실시한다.]
> 1. 건물 안에 보관하여 관리하는 국가지정문화유산
> 2. 국가 또는 지방자치단체가 직접 관리하는 국가지정문화유산
> 3. 소유자 또는 관리자 등이 거주하고 있는 건축물류 국가지정문화유산
> 4. 직전 정기조사에서 보존상태가 양호한 것으로 조사된 국가지정문화유산

정답 ①

76 문화유산의 보존 및 활용에 관한 법령상, 행정명령의 이행 또는 조치로 인하여 손실을 받은 자의 손실보상의 범위에 속하는 것을 모두 고르시오.

> ㄱ. 국가지정문화유산의 관리상황이 그 문화유산의 보존상 적당하지 아니하다고 인정되는 경우 그 소유자 등에 대한 일정한 행위의 금지나 제한에 대한 명령을 이행하여 손실을 받은 자
> ㄴ. 정기조사를 하는 공무원은 소유자등에 문화유산의 공개, 현황자료의 제출, 문화유산 소재 장소 출입 등 조사에 필요한 범위에서 협조를 요구할 수 있는데, 이에 따른 조사행위로 인하여 손실을 받은 자
> ㄷ. 국가지정문화유산의 소유자 등에 대한 수리, 그 밖에 필요한 시설의 설치나 장애물의 제거에 대한 명령을 이행하여 손실을 받은 자
> ㄹ. 국가지정문화유산의 소유자 등에 대한 문화유산 보존에 필요한 긴급한 조치에 대한 명령을 이행하여 손실을 받은 자

① ㄱ, ㄴ, ㄷ, ㄹ ② ㄱ, ㄷ, ㄹ
③ ㄱ, ㄴ ④ ㄴ

손실보상의 범위

1. 행정명령의 이행 또는 조치로 인하여 손실을 받은 자

순위	행정명령	손실보상의 범위
(1)	국가지정문화유산의 관리사항이 그 문화유산의 보존상 적당하지 아니하거나 특히 필요하다고 인정되는 경우 소유자, 관리자 또는 관리단체에 대한 일정한 행위의 금지나 제한	~에 대한 명령을 이행하여 손실을 받은 자
(2)	국가지정문화유산의 소유자, 관리자 또는 관리단체에 대한 수리, 그 밖에 필요한 시설의 설치나 장애물의 제거	~에 대한 명령을 이행하여 손실을 받은 자
(3)	국가지정문화유산의 소유자, 관리자, 또는 관리단체에 대한 문화유산 보존에 필요한 긴급한 조치	~에 대한 명령을 이행하여 손실을 받은 자
(4)	허가사항에 따른 허가를 받지 아니하고 국가지정문화유산의 현상을 변경하거나 보존에 영향을 미칠 우려가 있는 행위 등을 한 자에 대한 행위의 중지 또는 원상회복 조치	국가유산청장 또는 지방자치단체의 장은 국가지정문화유산의 소유자, 관리자 또는 관리단체가 규정에 따른 명령을 이행하지 아니하거나, 그 소유자 등에게 조치를 하는 것이 적당하지 아니하다고 인정되면 국가의 부담으로 직접 조치를 할 수 있는 바, 이의 조치로 인하여 손실을 받은 자

2. 조사에 따른 조사행위로 인하여 손실을 받은 자
   (1) 정기조사에 따른 조사행위로 인하여 손실을 받은 자
   (2) 직권에 의한 조사를 하는 경우, 조사통지, 조사의 협조 요구 및 조사상 필요한 행위 범위 등에서 관하여 정기조사의 내용을 준수하는 바, 이에 따른 조사행위로 인하여 손실을 받은 자

정답 ②

77 문화유산의 보존 및 활용에 관한 법령상, 국가가 보상하여야 할 손실이 아닌 것은?

① 국가지정문화유산의 관리 상황이 그 문화유산의 보존상 적당하지 아니하여 지방자치단체의 장이 그 관리·보호를 위하여 그 소유자에 대하여 일정한 행위의 금지를 한 경우 이를 이행함으로써 받은 손실
② 국가유산청장이 국가지정문화유산의 관리·보호를 위하여 직접 행한 장애물 제거 조치로 인하여 받은 손실
③ 국가지정문화유산에 대한 정기조사를 하는 공무원이 그 문화유산의 현상을 훼손하지 아니하는 범위에서 행한 발굴로 인하여 받은 손실
④ 허가를 받지 아니하고 국가지정문화유산의 현상을 변경한 자가 그 원상회복 조치 명령을 받고 이를 이행함으로써 받은 손실

정답 ④

[제3절 공개 및 관람료]

78 문화유산의 보존 및 활용에 관한 법령상, 공개 및 관람료에 대하여 아래의 것 중에서 바르지 못한 것을 고르시오.

① 보물 등 국가지정문화유산은 특별한 사유가 없으면 이를 공개할 수 있다.
② 국가지정문화유산의 보존과 훼손방지를 위하여 필요할 시 문화유산의 전부나 일부의 공개를 제한할 수 있다.
③ 국가지정문화유산의 소유자 또는 보유자는 문화유산을 공개하는 경우 관람료를 징수할 수 있다. 관리단체가 지정된 경우에는 관리단체가 징수권자가 된다.
④ 관람료는 해당 국가지정문화유산의 소유자, 보유자, 또는 관리단체가 정한다.

해설 ① 국가지정문화유산은 해당 문화유산의 공개를 제한하는 경우 외에는 특별한 사유가 없으면 이를 공개하여야 한다.

정답 ①

79 문화유산의 보존 및 활용에 관한 법령상, 보조금에 대한 내용으로 맞지 않는 것은?

① 국가는 경비의 전부나 일부를 보조금으로 보조하여야 한다.
② 국가지정문화유산의 소유자, 관리자 또는 관리단체에 대한 문화유산보존에 필요한 긴급한 조치에 필요한 경비를 지원할 수 있다.
③ 국가지정문화유산의 보존·관리 및 활용 또는 기록 작성을 위하여 필요한 경비를 보조금으로 지원할 수 있다.
④ 관리단체에 의한 관리에 의하여 관리단체가 그 문화유산을 관리할 때 필요한 경비를 보조금으로 지원할 수 있다.
⑤ 보조금을 보조하는 경우 그 문화유산의 수리나 그 밖의 공사를 감독할 수 있다.

정답 ①

80 문화유산의 보존 및 활용에 관한 법령상, 관람료와 보조금 및 경비 지원에 관한 설명으로 옳지 않은 것은?

① 국가지정문화유산을 공개하는 경우, 관리단체가 지정되었더라도 관람료의 징수권자는 그 국가지정문화유산의 소유자가 된다.
② 국가 또는 지방자치단체는 지역주민 등에 대하여 국가지정문화유산의 관람료를 감면할 수 있다.
③ 국가는 관리단체가 그 문화유산을 관리할 때 필요한 경비를 보조할 수 있으며, 이 경우 국가유산청장은 그 문화유산의 수리나 그 밖의 공사를 감독할 수 있다.
④ 지방자치단체는 그 관할구역에 있는 국가지정문화유산으로서 지방자치단체가 소유하거나 관리하지 아니하는 문화유산에 대한 관리 등에 필요한 경비를 부담할 수 있다.

해설
1. 관람료 징수권자
    (1) 국가지정문화유산의 소유자는 문화유산을 공개하는 경우 관람자로부터 관람료를 징수할 수 있다.
    (2) 다만, 관리단체가 지정된 경우에는 관리단체가 징수권자가 된다.
    (3) 관람료는 해당 국가지정문화유산의 소유자 또는 관리단체가 정한다.
    (4) 국가 또는 지방자치단체는 관람료의 징수에도 불구하고 국가가 관리하는 국가지정문화유산의 경우 문화체육관광부령으로, 지방자치단체가 관리하는 국가지정문화유산의 경우 조례로 각각 정하는 바에 따라 지역주민 등에 대하여 관람료를 감면할 수 있다.
2. 보조금
    (1) 국가는 경비의 전부나 일부를 보조할 수 있다.
    (2) 보조를 하는 경우 그 문화유산의 수리나 그 밖의 공사를 감독할 수 있다.

3. 지방자치단체의 경비부담
   (1) 지방자치단체는 그 관할구역에 있는 국가지정문화유산으로서 지방자치단체가 소유하거나 관리하지 아니하는 문화유산에 대한 보존·관리 및 활용 등에 필요한 경비를
   (2) 부담하거나 보조할 수 있다.

정답 ①

제5장 일반동산문화유산

81 문화유산의 보존 및 활용에 관한 법령상, 일반동산문화유산의 범위에 해당하는 것을 모두 고르시오.
① 미술 분야
② 전적 분야
③ 생활기술 분야
④ 자연사 분야

정답 ①, ②, ③, ④

82 문화유산의 보존 및 활용에 관한 법령상, 일반동산문화유산의 수출금지 등의 예외가 아닌 것은?
① 「박물관 및 미술관 진흥법」에 따라 설립된 박물관 등이 외국의 박물관 등에 일반동산문화유산을 반출한 날부터 5년 이내에 다시 반입하는 경우
② 외국정부가 인증하는 박물관이나 문화유산 관련 단체가 자국의 박물관 등에서 전시할 목적으로 국내에서 일반동산문화유산을 구입 또는 기증받아 반출하는 경우
③ 일반동산문화유산의 국외전시 등 국제적 문화교류를 목적으로 국가유산청장의 허가를 받은 경우는 예외로 인정된다.
④ 허가받은 자는 허가된 일반동산문화유산을 반출한 후 이를 다시 반입한 경우 국가유산청장에게 신고하여야 한다.

해설 ① 10년 이내에 다시 반입하는 경우

정답 ①

83 문화유산의 보존 및 활용에 관한 법령상, 일반동산문화유산을 확인하려면 전문가의 감정을 받아야 하는데, 감정하는 사람의 자격에 대한 내용으로 가장 부적절한 것은?
① 문화유산위원회의 위원 또는 전문위원
② 동산문화유산관계 분야의 학사이상 학위소지자로서 그 해당 문화유산 분야의 경력이 3년인 사람
③ 대학의 동산문화유산 관계 분야 학과의 조교수 이상인 사람
④ 동산문화유산 관계 분야의 저서가 있는 사람
⑤ 동산문화유산 관계 분야에서 공인될 수 있는 업적이 있는 사람

정답 ⑤

제6장 국유문화유산에 관한 특례

84 문화유산의 보존 및 활용에 관한 법령상, 아래의 보기 중에서 국유문화유산에 관한 특례를 모두 고르시오.

ㄱ. 관리청과 총괄청	ㄴ. 회계간의 무상관리 전환
ㄷ. 절차 및 방법의 특례	ㄹ. 처분의 제한
ㅁ. 양도 및 사권 설정의 금지	

① ㄱ, ㄴ
② ㄱ, ㄴ, ㄷ
③ ㄱ, ㄴ, ㄷ, ㄹ
④ ㄱ, ㄴ, ㄷ, ㄹ, ㅁ

정답 ④

85 문화유산의 보존 및 활용에 관한 법령상, 국유문화유산에 대하여 바르게 설명한 것은?
① 국가유산청장 외의 중앙관서의 장이 관리하고 있는 행정재산의 경우 관리청을 정할 때에는 당해 국유문화유산을 소재하는 시·도지사의 의견을 들어야 한다.
② 소속을 달리하는 회계로부터 관리전환을 받을 때는 국유재산법에 의해 무상으로 하여야 한다.
③ 국유문화유산은 [국유재산법(제8조)과 물품관리법(제7조)에도 불구하고] 원칙적으로 국가유산청장이 관리·총괄한다.
④ 국유문화유산(그 부지는 제외)는 「문화유산의 보존 및 활용에 관한 법률」에 특별한 규정이 없으면 이를 양도하거나 사권을 설정할 수 없다.

① 국유문화유산이 국가유산청장 외의 중앙관서의 장이 관리하고 있는 행정재산인 경우 또는 국가유산청장 외의 중앙관서의 장이 관리하여야 할 특별한 필요가 있는 경우에는 국가유산청장은 관계기관의 장 및 기획재정부장관과 협의하여 그 관리청을 정한다. 국가유산청장은 관리청을 정할 때에는 문화유산위원회의 의견을 들어야 한다.
② 회계간의 무상관리 전환 : 국유문화유산을 관리하기 위하여 소속을 달리하는 회계로부터 관리전환을 받을 때에는 국유재산법에도 불구하고 무상으로 할 수 있다.
③ 관리청과 총괄청 : 국유에 속하는 문화유산은 국가유산청장이 관리·총괄한다.
④ 양도 및 사권설정의 금지 : 국유문화유산(그 부지를 포함)은 「문화유산의 보존 및 활용에 관한 법률」에 특별한 규정이 없으면 이를 양도하거나 사권을 설정할 수 없다.
⑤ 절차 및 방법의 특례와 처분의 제한

정답 ③

제7장 국외 소재 문화유산

86 문화유산의 보존 및 활용에 관한 법령상, 국외 소재 문화유산에 대한 내용으로 부적절한 것은?

① 국가는 국외 소재 문화유산의 보호·환수 등을 위하여 노력하여야 한다.
② 국가유산청장은 국외 소재 문화유산의 현황, 보존·관리실태, 반출경위 등에 관하여 조사·연구를 실시하여야 한다.
③ 국가유산청장은 조사·연구의 효율적 수행을 위하여 관련 기관에 필요한 자료의 제출과 정보제공 등을 요청할 수 있다.
④ 국외 소재 문화유산 보호 및 환수를 위하여 필요하면 관련 기관 또는 단체를 지원·육성할 수 있다.

정답 ②

87 문화유산의 보존 및 활용에 관한 법령상, 국외소재문화유산재단에 관한 설명으로 옳지 않은 것은?

① 국외소재문화유산재단에 관하여 「문화유산의 보존 및 활용에 관한 법률」에 규정한 것 외에는 「민법」 중 재단법인에 관한 규정을 준용한다.
② 국외소재문화유산재단은 한국담당 학예사의 파견 및 교육훈련 사업을 한다.
③ 국외소재문화유산재단은 외국박물관 한국실 운영 지원 사업을 한다.
④ 국립중앙박물관 산하에 국외소재문화유산재단을 설립한다.

해설 ④ 국가유산청 산하에 국외소재문화유산재단을 설립한다.

정답 ④

88 문화유산의 보존 및 활용에 관한 법령상, 국외소재문화유산에서 금전 등의 기부에 대한 내용이 바르지 못한 것을 고르시오.
① 누구든지 국외소재문화유산의 환수·활용을 위하여 금전 및 그 밖의 재산을 국외문화유산재단에 기부할 수 있다.
② 국외문화유산재단은 기부가 있을 때에는 접수한 기부금을 별도 계정으로 관리하여야 한다.
③ 국외문화유산재단은 기부금품의 접수 및 처리 상황 등을 국가유산청장에게 보고하여야 한다.
④ 국가유산청장은 기부로 국외소재문화유산의 환수·활용에 현저한 공로가 있는 자에 대하여 시상(施賞) 등의 예우를 하여야 한다.

해설 ④ 예우를 할 수 있다.

정답 ④

제8장 시·도 지정문화유산

89 문화유산의 보존 및 활용에 관한 법령상, 시·도지정문화유산에 관한 설명으로 옳은 것은?
① 시·도지사는 그 관할구역에 있는 문화유산으로서 국가지정문화유산으로 지정된 문화유산을 포함하여 보존가치가 있다고 인정되는 것을 시·도 지정문화유산으로 지정할 수 있다.
② 시·도지정문화유산과 문화유산자료의 지정 및 해제절차, 보호 등에 필요한 사항은 문화체육관광부령으로 정한다.
③ 시·도지사의 관할구역에 있는 문화유산의 보존·관리와 활용에 관한 사항을 결정하기 위하여 시·도에 문화유산위원회를 둘 수 있다.
④ 시·도지정문화유산이 국유 또는 공유재산이면 그 보존을 위하여 필요한 경비는 국가나 해당지방 자치단체가 부담한다.

정답 ④

90 문화유산의 보존 및 활용에 관한 법령상, 시·도 지정문화유산의 설명으로 옳은 것은?

① 시·도 지정문화유산의 보존·관리·활용을 위해서 경비의 전부를 지원받아야 한다.
② 시·도에 문화유산위원회를 둘 수 있다.
③ 시·도지사는 보고 등의 사유가 발생하면 그날부터 15일 이내에 국가유산청장에게 보고하여야 한다.
④ 시·도 지정문화유산에 필요한 사항은 「문화유산의 보존 및 활용에 관한 법률」의 시행규칙으로 정한다.

해설
① 경비 부담
  ㉠ 시·도 지정문화유산이나 문화유산자료가 국유 또는 공유재산이면 그 보존상 필요한 경비는 국가나 해당 지방자치단체가 부담한다.
  ㉡ 국가나 지방자치단체는 국유 또는 공유재산이 아닌 시·도 지정문화유산이나 문화유산자료의 보존·관리·수리·활용 또는 기록 작성을 위한 경비의 전부 또는 일부를 보조할 수 있다.
② 시·도지사의 관할구역에 있는 문화유산의 보존·관리와 활용에 관한 사항을 조사·심의하기 위하여 시·도에 문화유산위원회를 둔다.
③ 시·도 지정문화유산 지정 등의 보고(15일 이내에 국가유산청장에게 보고하여야 할 사항)
  ㉠ 시·도 지정문화유산이나 문화유산자료를 지정하거나 그 지정을 해제한 경우
  ㉡ 시·도 지정문화유산 또는 문화유산자료의 소재지나 보관 장소가 변경된 경우
  ㉢ 시·도 지정문화유산이나 문화유산자료의 전부 또는 일부가 멸실·유실·도난 또는 훼손된 경우 등
④ 해당 지방자치단체의 조례로 정한다.

정답 ③

91 문화유산의 보존 및 활용에 관한 법령상, 시·도문화유산위원회의 조직과 운영 등에 관한 사항을 조례로 정할 때 포함하여야 할 사항이 아닌 것은?

① 위원회 운영 예산에 관한 사항
② 위원의 위촉과 해촉에 관한 사항
③ 분과위원회의 설치와 운영에 관한 사항
④ 문화유산의 보존·관리 및 활용과 관련된 조사·심의에 관한 사항

정답 ①

제9장 문화유산매매업 등

92 문화유산의 보존 및 활용에 관한 법령상, 문화유산매매업 등에 관한 것으로 (   ) 안에 알맞은 것을 고르시오.

> 동산에 속하는 유형문화유산이나 민속문화유산으로서 제작된 지 (㉠)년 이상 된 것에 대하여 (㉡) 또는 교환하는 것을 업으로 하려는 자는 (㉢)에게 문화유산매매업의 허가를 받아야 한다.

① ㉠ 100, ㉡ 매매, ㉢ 시·도지사
② ㉠ 50, ㉡ 매매, ㉢ 특별자치시장·특별자치도지사, 시장·군수 또는 구청장
③ ㉠ 100, ㉡ 위탁, ㉢ 시·도지사
④ ㉠ 50, ㉡ 위탁, ㉢ 특별자치시장·특별자치도지사, 시장·군수 또는 구청장

정답 ②

93 문화유산의 보존 및 활용에 관한 법령상, 문화유산매매업의 허가에 관한 내용으로 옳은 것을 찾으시오.

① 동산·부동산에 속하는 유형문화유산으로서 제작된 지 30년 이상된 것의 매매를 업으로 하려는 자는 허가를 받아야 한다.
② 문화유산매매업의 허가권자는 국가유산청장, 특별자치시장, 특별자치도지사, 시장·군수·구청장이다.
③ 허가가 취소된 날부터 2년이 지나지 아니한 자는 문화유산매매업자가 될 수 없다.
④ 문화유산매매업자로서의 지위를 승계받은 자는 정하는 바에 따라 특별자치시장, 특별자치도지사, 시장·군수 또는 구청장에게 신고하여야 한다.

해설
① 동산에 속하는 50년 이상
② 국가유산청장은 아니다.
③ 3년

정답 ④

94 문화유산의 보존 및 활용에 관한 법령상, 문화유산매매업을 허가할 수 있는 권한이 없는 자는?

① 특별자치시장
② 특별자치도지사
③ 경찰청장
④ 군수
⑤ 구청장

정답 ③

95 문화유산의 보존 및 활용에 관한 법령상, 문화유산매매업의 허가를 받을 수 있는 자는?

① 미술관에서 2년 동안 문화유산을 취급한 자
② 지방자치단체에서 1년 6개월 동안 문화유산을 취급한 자
③ 문화유산매매업자에게 고용되어 2년 6개월 동안 문화유산을 취급한 자
④ 전문대학에서 현대미술학을 6개월 전공한 자

해설 문화유산매매업자의 자격요건
(1) 국가, 지방자치단체, 박물관 또는 미술관에서 2년 이상 문화유산을 취급한 자
(2) 전문대학 이상의 대학(대학원을 포함)에서 역사학·고고학·인류학·미술사학·민속학·서지학·전통공예학 또는 문화유산관리학 계통의 전공과목을 일정 학점 이상 이수한 사람
(3) 「학점인정 등에 관한 법률」에 따라 문화유산 관련 전공과목을 일정 학점 이상을 이수한 것으로 학점인정을 받은 사람
(4) 문화유산매매업자에게 고용되어 3년 이상 문화유산을 취급한 자
(5) 고미술품 등의 유통·거래를 목적으로 「상법」에 따라 설립된 법인으로서 제(1)부터 제(4)까지의 자격 요건 중 어느 하나를 갖춘 대표자 또는 임원을 1명 이상 보유한 법인

정답 ①

96 문화유산의 보존 및 활용에 관한 법령상, 문화유산매매업의 허가를 받을 수 없는 자는?
[2025년도 제43회 기출문제]

① 국가, 지방자치단체, 박물관 또는 미술관에서 2년 이상 문화유산을 취급한 사람
② 전문대학에서 문화유산관리학 계통의 전공과목을 18학점 이상 이수한 사람
③ 문화유산매매업자에게 고용되어 2년 간 문화유산을 취급한 사람
④ 「학점인정 등에 관한 법률」에 따라 문화유산 관련 전공과목을 18학점 이상 이수한 것으로 학점인정을 받은 사람

정답 ③

97 다음은 문화유산의 보존 및 활용에 관한 법령상, 문화유산매매업자의 준수사항이다. 거리가 있는 것은?

① 매매·교환 등에 관한 장부 비치
② 사용설명서 구비
③ 거래 내용의 기록
④ 해당 문화유산의 실물사진 부착

 문화유산매매업자는 매매·교환 등에 관한 장부를 갖추어 두고 그 거래내용을 기록하며, 해당 문화유산을 확인할 수 있도록 실물사진을 촬영하여 붙여 놓아야 한다.

정답 ②

98 문화유산의 보존 및 활용에 관한 법령상, 문화유산매매업 등에서 허가를 취소하여야 하는 경우가 아닌 것을 고르시오.

① 거래사실을 거짓으로 기록하거나 장부를 파기하거나 양도한 경우
② 거짓이나 그 밖의 부정한 방법으로 허가를 받은 경우
③ 무허가 수출 등의 죄·손상 또는 은닉 등의 죄 및 도굴 등의 죄를 위반하여 벌금이상의 처벌을 받은 경우
④ 영업정지기간 중에 영업을 한 경우

해설 1. 허가를 취소하여야 하는 경우
　　(1) 거짓이나 그 밖의 부정한 방법으로 허가를 받은 경우
　　(2) 무허가 수출 등의 죄·손상 또는 은닉 등의 죄 및 도굴 등의 죄를 위반하여 벌금 이상의 처벌을 받은 경우
　　(3) 영업정지기간 중에 영업을 한 경우
2. 허가취소 또는 영업의 정지
　　(1년 이내의 기간을 정하여 영업의 전부 또는 일부의 정지를 명할 수 있다)
　　(4) 자격 요건으로 문화유산매매업을 허가받은 법인이 해당 자격 요건을 상실한 경우. 다만, 해당 법인이 3개월 이내에 자격 요건에 해당하는 자를 대표자 또는 임원으로 선임하는 경우에는 그러하지 아니하다.
　　(5) 명의 대여 등의 금지 사항을 위반한 경우
　　(6) 준수사항을 위반한 경우

정답 ①

99 문화유산의 보존 및 활용에 관한 법령상, (   ) 안에 적당한 것은?

- 문화유산매매업자는 문화유산의 보존상황, 매매 또는 교환현황을 기록한 서류를 첨부하여 다음 해 (㉠)까지 특별자치시장·특별자치도지사, 시장·군수·구청장에게 그 실태를 신고하여야 한다.
- 문화유산매매업자에게 실태를 신고받은 특별자치시장·특별자치도지사, 시장·군수·구청장은 이를 시·도지사(특별자치시장과 특별자치도지사를 제외)를 거쳐 다음 해 (㉡)까지 국가유산청장에게 보고하여야 한다.

	㉠	㉡
①	12월 31일	1월 31일
②	1월 31일	2월 말일
③	1월 말일	2월 28일
④	1월 31일	3월 31일

정답 ②

제10장 문화유산의 상시적 예방관리

100 문화유산의 보존 및 활용에 관한 법령상, 문화유산돌봄사업에서 맞지 않는 것을 고르시오.
① 무형문화유산을 포함한 지정문화유산
② 등록문화유산
③ 임시지정문화유산
④ 역사적·문화적·예술적 가치가 높은 문화유산

해설 국가와 지방자치단체는 아래의 어느 하나에 해당하는 문화유산의 보존을 위하여 상시적인 예방관리 사업을 실시할 수 있다.
1. 지정문화유산
2. 등록문화유산
3. 임시지정문화유산
4. 그 밖에 역사적·문화적·예술적 가치가 높은 문화유산으로서 다음 각 호의 요건을 모두 갖춘 문화유산
   (1) 시·도지사가 시장·군수·구청장과의 협의를 거쳐 국가유산청장에게 추천한 문화유산일 것
   (2) 국가유산청장이 문화유산돌봄사업의 대상으로 할 필요가 있다고 인정하는 문화유산일 것

정답 ①

101 문화유산의 보존 및 활용에 관한 법령상, 문화유산돌봄사업의 범위가 아닌 것을 고르시오.

① 문화유산의 주기적인 모니터링
② 문화유산 관람환경 개선을 위한 일상적·예방적 관리
③ 문화유산 주변지역 환경정비 및 재해예방
④ 문화유산 전문인력 양성 및 지원

정답 ④

102 문화유산의 보존 및 활용에 관한 법령상, 중앙문화유산돌봄센터에 대한 내용이 바르지 못한 것은?

① 국가유산청장은 문화유산돌봄사업에 대하여 업무를 종합적이고 효율적으로 수행하기 위하여 중앙문화유산돌봄센터를 설치·운영한다.
② 국가유산청장은 중앙문화유산돌봄센터의 운영을 전통건축수리기술진흥재단에 위탁할 수 있다.
③ 전통건축수리기술진흥재단은 지역문화유산돌봄센터의 장에게 자료 또는 의견의 제출을 요청할 수 있다.
④ 국가유산청장은 중앙문화유산돌봄센터의 운영을 위탁하는 경우에 비용의 전부 또는 일부를 보조할 수 있다.

해설 ② 위탁한다.

정답 ②

103 문화유산의 보존 및 활용에 관한 법령상, 지역문화유산돌봄센터에 대한 내용으로 맞지 않는 것을 찾으시오.

① 시·도지사는 지역여건에 적합한 문화유산돌봄사업의 업무를 효율적으로 실시하기 위하여 문화유산 관련 기관 또는 단체를 지역문화유산돌봄센터로 지정할 수 있다.
② 시·도지사는 지역문화유산돌봄센터가 거짓이나 그 밖의 부정한 방법으로 지정을 받은 경우에 그 지정을 취소할 수 있다.
③ 시·도지사는 지정기준을 모두 충족했다고 인정되는 경우에는 해당 기관 또는 단체를 지역문화유산돌봄센터로 지정할 수 있다.
④ 시·도지사는 지역문화유산돌봄센터의 지정을 취소한 경우에는 그 사실을 해당 시·도의 인터넷 홈페이지에 게시해야 한다.

해설 ② 지정을 취소하여야 한다.

정답 ②

제11장 보칙

104 문화유산의 보존 및 활용에 관한 법령상, 권리·의무의 승계에 대한 내용이다. (   ) 안에 들어갈 내용은?

> 국가지정문화유산의 소유자가 변경된 때에는 새 소유자는 전 소유자의 (   )·(   )을(를) 승계한다.

정답 권리·의무

105 문화유산의 보존 및 활용에 관한 법령상, 포상금에 대한 내용이다. 죄를 범한 자를 수사기관에 제보하거나 체포에 공로가 있는 자는 포상금의 지급 대상자이다. 포상금의 지급기준으로 (㉠)에 알맞은 금액은?

등급	포상금액	
	제보한 자	체포에 공로가 있는 자
1등급	2,000만 원	400만 원
2등급	1,500만 원	300만 원
3등급	1,000만 원	200만 원
4등급	500만 원	100만 원
5등급	(㉠)	50만 원

① 400만 원
② 300만 원
③ 250만 원
④ 100만 원
⑤ 50만 원

정답 ③

106 문화유산의 보존 및 활용에 관한 법령상, 문화유산의 매매 등 거래행위에 관한 경우로 민법의 선의취득에 관한 규정을 적용하지 아니하는 경우로 틀린 것을 찾으시오.

① 국가유산청장이 지정한 문화유산
② 시·도지사가 지정한 문화유산
③ 도난물품인 사실이 공고된 문화유산
④ 유실물이라는 사실이 국가유산청 홈페이지에 게재된 문화유산
⑤ 그 출처를 알 수 없는 중요한 부분이나 기록을 인위적으로 훼손한 문화유산

해설 민법의 선의취득에 관한 규정을 적용하지 아니한 경우
1. 문화유산의 매매 등 거래행위에 관한 경우에 비적용
2. 다만, 양수인이 경매나 문화유산매매업자 등으로부터 선의로 이를 매수한 경우에는 피해자 또는 유실자는 양수인이 지급한 선의취득의 대가를 변상하고 반환을 청구할 수 있다.
3. 선의취득의 비적용 사항
   (1) 국가유산청장이나 시·도지사가 지정한 문화유산
   (2) 도난물품 또는 유실물인 사실이 공고된 문화유산
   (3) 그 출처를 알 수 있는 중요한 부분이나 기록을 인위적으로 훼손한 문화유산

정답 ⑤

제12장 벌칙

107 문화유산의 보존 및 활용에 관한 법령상, 벌칙에서 5년 이상의 유기징역에 처하는 것은?
① 무허가 수출 등의 죄에서 수출 등의 금지 위반 시
② 일반동산문화유산 수출 등의 금지
③ 손상 또는 은닉 등의 죄
④ 사적 등에의 일수죄
⑤ 그 밖의 일수죄

정답 ①

108 문화유산의 보존 및 활용에 관한 법령상, 벌칙에 대한 내용이다. 지정된 금연구역에서 누구든지 흡연을 하여서는 아니 된다. 이를 위반 시 부과되는 과태료는 얼마인가?
① 3만 원 이하   ② 5만 원 이하
③ 7만 원 이하   ④ 10만 원 이하
⑤ 20만 원 이하

정답 ④

109 문화유산의 보존 및 활용에 관한 법령상, 벌칙에서 과태료의 부과 대상이 되는 자는?

① 문화유산매매업의 폐업신고를 하지 아니한 자
② 국가지정문화유산을 손상, 절취 또는 은닉하거나 그 밖의 방법으로 그 효용을 해한 자
③ 거짓의 신고 또는 보고를 한 자
④ 거짓이나 그 밖의 부정한 방법으로 지정문화유산 또는 임시지정문화유산으로 지정하게 한 자

정답 ①

※ 문화유산의 보존 및 활용에 관한 법령상, 벌칙의 내용 중에서 (   ) 안을 완성하시오.(110~111)

110 무허가 수출 등의 죄에 따라 해당 문화유산을 몰수할 수 없을 때에는 해당 문화유산의 (   )을 추징한다.

정답 감정가격

111 과태료는 (   ), 시·도지사 또는 시장·군수·구청장이 부과·징수한다.

정답 국가유산청장

PART 02 자연유산의 보존 및 활용에 관한 법률 및 같은 법 시행령·시행규칙

제1장 총칙

※ ( ) 안에 들어갈 적절한 단어를 쓰시오.(1~2)

01 「자연유산의 보존 및 활용에 관한 법률」은 역사적·경관적·학술적 가치를 지닌 자연유산을 체계적으로 (㉠)·(㉡)하고 지속가능하게 활용하는 것을 목적으로 한다.

정답 ㉠ 보존, ㉡ 관리

02 자연유산의 보존 및 활용에 관한 법령상, 자연유산의 정의는 (㉠) 또는 (㉡)과의 상호작용으로 조성된 문화적 유산을 의미한다.

정답 ㉠ 자연물, ㉡ 자연환경

03 자연유산의 보존 및 활용에 관한 법령상, "자연유산"에 해당하는 것은?

[2025년도 제43회 기출문제]

① 동물(그 서식지, 번식지 및 도래지를 포함한다)
② 식물(그 서식지, 도래지를 포함한다)
③ 자연의 뛰어난 경치에 인문적 가치가 부여된 자연경관
④ 자연환경과 별도로 사회·경제·문화적 요인 상호 간의 조화를 보여주는 역사문화경관

정답 ①

※ 자연유산의 보존 및 활용에 관한 법령상, 아래의 보기에서 물음에 답하시오.(4~6)

> ㄱ. 동물(그 서식지, 번식지 및 도래지를 포함한다)
> ㄴ. 식물(그 군락지를 포함한다)
> ㄷ. 지형, 지질, 생물학적 생성물 또는 자연현상
> ㄹ. 천연보호구역
> ㅁ. 자연경관
> ㅂ. 역사문화경관
> ㅅ. 복합경관

04 보기에서 자연유산에 해당하는 것을 모두 고르시오.
① ㄱ, ㄷ, ㅁ, ㅂ, ㅅ
② ㄱ, ㄴ, ㅁ, ㅂ, ㅅ
③ ㄱ, ㄴ, ㄷ, ㅁ, ㅅ
④ ㄱ, ㄴ, ㄷ, ㄹ, ㅁ, ㅂ, ㅅ

정답 ④

05 보기에서 천연기념물에 해당하는 것을 모두 고르시오.
① ㄱ, ㄴ, ㄷ, ㄹ
② ㄱ, ㄴ, ㄷ, ㅁ
③ ㄴ, ㄹ, ㅁ, ㅂ
④ ㄴ, ㅁ, ㅂ, ㅅ

정답 ①

06 보기에서 명승에 해당하는 것을 모두 고르시오.
① ㄱ, ㄷ, ㄹ
② ㄷ, ㄹ, ㅁ
③ ㄹ, ㅁ, ㅂ
④ ㅁ, ㅂ, ㅅ

정답 ④

07 「자연유산의 보존 및 활용에 관한 법률」의 정의에서 사용하는 천연기념물에 대한 용어의 뜻이다. (　) 안에 알맞은 것을 고르시오.

> 1. 아래의 자연유산 중 역사적 · 경관적 · 학술적 가치가 인정되어
>   ① 동물
>   ② 식물
>   ③ 지형
>   ④ (　가　)
> 2. (　나　)이 지정하고 고시한 것을 말한다.

	가	나
①	자연구역	문화체육관광부장관
②	역사문화구역	국가유산청장
③	복합구역	문화체육관광부장관
④	천연보호구역	국가유산청장

정답 ④

08 「자연유산의 보존 및 활용에 관한 법률」의 정의에서 사용하는 명승에 대한 용어의 뜻이다. (　) 안에 알맞은 것을 고르시오.

> 1. 아래의 자연유산 중 역사적 · 경관적 · 학술적 가치가 인정되어
>   ① 자연경관 : 자연 그 자체로서 (　가　) 가치가 인정되는 공간
>   ② 역사문화경관 : 자연환경과 사회 · 경제 · 문화적 요인 간의 조화를 보여주는 공간
>   ③ 복합경관 : 자연의 뛰어난 경치에 인문적 가치가 부여된 공간
> 2. (　나　)이 지정하고 고시한 것을 말한다.

	가	나
①	심미적	국가유산청장
②	미시적	문화체육관광부장관
③	자연적	국가유산청장
④	전통적	문화체육관광부장관

정답 ①

09 「자연유산의 보존 및 활용에 관한 법률」에서 우리나라 고유의 역사 · 문화 · 사상 등을 담아 수목을 식재하거나 건축물을 배치하는 등 전통적인 기법으로 외부공간을 조성하는 것을 무엇이라 하는가?

① 전통조경
② 자연조경
③ 심미조경
④ 경관조경

정답 ①

10 자연유산의 보존 및 활용에 관한 법령상, 자연유산 보호의 기본원칙에 어긋나는 것은?

① 인위적인 간섭을 최대한 배제하되, 자연적인 변화 등 자연유산의 고유한 특성을 반영할 것
② 자연유산의 보존 · 관리는 지속가능한 활용과 조화를 이룰 것
③ 자연환경과 문화적 요인간의 조화를 보여줄 것
④ 국민의 재산권을 과도하게 제한하지 아니할 것

정답 ③

제2장 자연유산 보호정책의 수립 및 추진

11 자연유산의 보존 및 활용에 관한 법령상, 자연유산 보호계획의 수립에서 거리가 있는 것을 찾으시오.

① 국가유산청장은 관계 중앙행정기관의 장 및 시 · 도지사와 협의를 거쳐 자연유산의 체계적인 보존 · 관리 및 활용을 위하여 자연유산 보호계획을 5년마다 수립하여야 한다.
② 국가유산청장은 보호계획을 수립하는 경우 소유자 등 및 관계전문가의 의견을 들어야 한다.
③ 국가유산청장은 수립한 보호계획을 시 · 도지사에게 통지하고, 관보 등에 고시하여야 한다.
④ 국가유산청장은 보호계획의 수립 및 변경을 위하여 필요한 경우에는 시 · 도지사에게 관할 구역의 자연유산에 대한 자료를 제출하도록 요청하여야 한다.

정답 ④

12 자연유산의 보존 및 활용에 관한 법령상, 자연유산의 조사에 대한 내용이다. 옳은 것을 고르시오.

① 국가유산청장은 자연유산의 보존·관리 및 활용을 위하여 자연유산의 현황, 관리 및 활용 실태 등에 대하여 조사하고 그 기록을 작성할 수 있다.
② 국가유산청장은 조사의 효율적 실시를 위해 필요하다고 인정하는 경우에는 자연유산의 소유자 등에게 조사를 위하여 필요한 구역의 출입 등에 대한 협조를 요청하여야 한다.
③ 국가유산청장은 조사가 끝난 후 30일 이내에 조사기간 등에 관한 사항 등이 포함된 결과보고서를 작성해야 한다.
④ 국가유산청장은 조사의 대상이 천연기념물 등이 아닌 자연유산인 경우에는 사후에 해당 자연유산의 소유자 또는 관리자의 동의를 받아야 한다.

해설 ② 요청할 수 있다.
③ 60일 이내
④ 사후가 아닌 사전에

정답 ①

13 자연유산의 보존 및 활용에 관한 법령상, 역사문화환경 보존지역의 보호에서 틀린 것을 찾으시오.

① 시·도지사는 천연기념물 등의 역사문화환경 보호를 위하여 국가유산청장과 협의하여 조례로 역사문화환경 보존지역을 정하여야 한다.
② 역사문화환경 보존지역의 범위는 해당 천연기념물 등의 역사적·경관적·학술적 가치와 그 외곽 경계로부터 500미터 이내로 한다.
③ 국가유산청장은 천연기념물 등의 지정 고시가 있는 날부터 3개월 안에 역사문화환경 보존지역에서 천연기념물 등의 보존에 영향을 미칠 우려가 있는 구체적인 행위기준을 정하여 고시하여야 한다.
④ 구체적인 행위기준이 고시된 지역에서 그 행위기준의 범위에서 행하여지는 건설공사에 관하여는 약식영향진단을 생략한다.

해설 ③ 지정 고시가 있는 날부터 6개월 안에

정답 ③

제3장　자연유산의 지정 및 관리

14 자연유산의 보존 및 활용에 관한 법령상, 천연기념물의 내용이다. 보기에 (　) 안을 채우시오.

> 동물·식물을 천연기념물로 지정하는 경우에는 해당 종의 서식지·번식지·도래지로서 중요한 지역이거나 해당 지역이 개발 등에 노출되는 등 동물·식물이 훼손될 위험이 있으면 (㉠)과 그 (㉡)을 함께 천연기념물로 지정할 수 있다.

정답 ㉠ 종, ㉡ 지역

15 자연유산의 보존 및 활용에 관한 법령상, 명승의 지정에서 아래 내용 중 가장 알맞은 것을 고르시오.

> 국가유산청장은 자연유산위원회의 심의를 거쳐 역사적·경관적·학술적 가치가 높은 것으로 자연환경과 사회·경제·문화적 요인간의 조화를 보여주는 공간 또는 생활장소를 (　)으로 지정할 수 있다.

① 자연경관　　　　　　　　② 역사문화경관
③ 복합경관　　　　　　　　④ 기록경관

해설 국가유산청장은 자연유산위원회의 심의를 거쳐 아래의 어느 하나에 해당하는 자연유산 중
1. 역사적·경관적·학술적 가치가 높은 것으로
   (1) 자연경관 : 자연 그 자체로서 심미적 가치가 인정되는 공간
   (2) 역사문화경관 : 자연환경과 사회·경제·문화적 요인간의 조화를 보여주는 공간 또는 생활장소
   (3) 복합경관 : 자연의 뛰어난 경치에 인문적 가치가 부여된 공간
2. 보존의 필요성이 있는 것을 명승으로 지정할 수 있다.

정답 ②

16 자연유산의 보존 및 활용에 관한 법령상, 자연유산의 유형별 분류기준에서 복합경관과 다소 거리가 있는 것을 고르시오.

① 명산, 바위, 동굴, 암벽 등　　　② 계곡, 폭포, 용천, 동천 등
③ 정원, 원림 등 인공경관　　　　④ 구비문학, 구전 등

해설 ③ 정원, 원림 등 인공경관 : 역사문화경관

정답 ③

17 자연유산의 보존 및 활용에 관한 법령상, 국가유산청장의 허가를 받아야 하는 행위가 아닌 것은? [2025년도 제43회 기출문제]
① 명승의 소재지에 경고판을 설치하는 행위
② 천연기념물을 포획하는 행위
③ 천연기념물에 위치추적기를 부착하는 행위
④ 명승을 철거하는 행위

정답 ①

18 자연유산의 보존 및 활용에 관한 법령상, 허가에 대한 내용으로 바르지 못한 것을 찾으시오.
① 천연기념물을 포획, 채취하는 행위를 하려는 자는 국가유산청장의 허가를 받아야 한다.
② 국가유산청장은 허가 또는 변경허가를 하는 경우 해당 천연기념물 또는 명승의 역사적·경관적·학술적 가치에 미치는 영향을 최소화하기 위하여 필요한 조건을 붙일 수 있다.
③ 국가유산청장은 허가한 사항 중 경미한 사항의 변경허가에 관하여는 시장·군수·구청장에게 위임할 수 있다.
④ 국가유산청장은 허가 또는 변경허가의 신청을 받은 날부터 30일 이내에 허가 여부를 신청인에게 통지하여야 한다.

해설 ③ 시장·군수·구청장이 아니라 시·도지사이다.

정답 ③

19 자연유산의 보존 및 활용에 관한 법령상, 허가 취소에 관한 내용으로 허가를 취소하여야 하는 것에 해당하는 것을 찾으시오.
① 거짓이나 그 밖의 부정한 방법으로 허가를 받은 때
② 허가사항을 위반한 때
③ 허가조건을 위반한 때
④ 허가사항의 이행이 불가능하거나 현저히 공익을 해할 우려가 있다고 인정되는 때

정답 ①

20 자연유산의 보존 및 활용에 관한 법령상, 천연기념물 수출 등의 금지에서 틀린 것을 찾으시오.

① 천연기념물은 국외로 수출하거나 반출할 수 없다.
② 학술연구의 목적으로 천연기념물을 반출하는 것에 해당하는 경우에는 그 반출한 날부터 3년 이내에 다시 반입할 것을 조건으로 국가유산청장의 허가를 받아 천연기념물을 반출할 수 있다.
③ 국가유산청장은 허가의 신청을 받은 날부터 30일 이내에 허가여부를 신청인에게 통지하여야 한다.
④ 국가유산청장이 정한 기간 내에 허가 또는 변경허가여부나 민원처리 관련 법령에 따른 처리기한의 연장을 신청인에게 통지하지 아니하면 그 기간이 끝난 날의 다음 날에 허가 또는 변경허가를 한 것으로 본다.

② 반출한 날부터 2년 이내

정답 ②

---

21 자연유산의 보존 및 활용에 관한 법령상, 국가유산청장이 명승의 공개를 제한하는 경우 고시하여야 하는 사항을 모두 고른 것은? [2025년도 제43회 기출문제]

> ㄱ. 해당 명승의 명칭 및 소재지
> ㄴ. 공개가 제한되는 기간 및 범위
> ㄷ. 공개가 제한되는 사유
> ㄹ. 공개 제한 위반 시의 제재 내용
> ㅁ. 추가적인 정보를 제공하는 인터넷 홈페이지의 주소

① ㄱ, ㄴ, ㄷ
② ㄱ, ㄹ, ㅁ
③ ㄴ, ㄷ, ㄹ, ㅁ
④ ㄱ, ㄴ, ㄷ, ㄹ, ㅁ

정답 ④

22 자연유산의 보존 및 활용에 관한 법령상, 정기조사에서 바르지 못한 것은?

① 국가유산청장은 천연기념물 또는 명승의 보존·관리 및 활용 현황 등에 관하여 3년마다 조사하여야 한다.
② 국가유산청장은 정기조사 결과 해당 천연기념물 또는 명승의 보존·관리 및 활용에 뚜렷한 변화가 있는 경우에는 추가로 조사하게 할 수 있다.
③ 국가유산청장은 조사를 시행하는 경우에는 조사 개시 3일 전까지 해당 천연기념물 또는 명승의 소유자 등에게 조사 시기, 기간, 방법 등을 알려야 한다.
④ 누구든지 조사를 방해하여서는 아니 된다.

해설 ① 5년

정답 ①

23 자연유산의 보존 및 활용에 관한 법령상, 질병관리에 대한 내용으로 거리가 있는 것을 고르시오.

① 국가유산청장은 천연기념물인 동물이 질병에 걸리거나 질병을 전파·확산하지 아니하도록 관리하여야 한다.
② 천연기념물인 동물의 소유자 등은 전염병의 예방접종에 관한 사항 등을 포함한 연도별 질병관리계획을 수립·시행하여야 한다.
③ 천연기념물인 동물의 소유자 등은 수립한 질병관리계획을 매년 2월 말까지 국가유산청장에게 제출하여야 한다.
④ 천연기념물인 동물의 소유자 등은 전염병 등 질병예방을 위하여 정기적인 질병진단 등의 사항을 시행하여야 한다.

해설 ③ 매년 1월 31일까지

정답 ③

24 자연유산의 보존 및 활용에 관한 법령상, 천연기념물인 동물의 치료 등에 관한 설명으로 옳지 않은 것은?

① 천연기념물인 동물이 조난당하면 구조를 위한 운반, 약물 투여, 수술, 사육 및 야생 적응훈련 등은 시·도지사가 지정하는 동물치료소에서 하게 할 수 있다.
② 시·도지사는 동물치료소를 지정취소하는 경우에는 문화체육관광부장관에게 보고하여야 한다.
③ 천연기념물 동물치료소의 운영자는 천연기념물인 동물의 조난 등으로 인하여 긴급한 보호 또는 치료가 필요한 경우에는 먼저 치료한 후 지체 없이 그 결과를 국가유산청장에게 보고하여야 한다.
④ 지방자치단체는 천연기념물인 동물을 치료한 동물치료소에 예산의 범위에서 치료에 드는 비용을 지급할 수 있다.

해설 ② 문화체육관광부 장관이 아니라 국가유산청장에게 통지하여야 한다.

정답 ②

25 자연유산의 보존 및 활용에 관한 법령상, 천연기념물인 동물의 치료 등에서 동물치료소 지정요건과 동물치료소 지정의 취소에 대한 내용이다. 각 내용에 해당되는 것을 모두 고른 것은?

㉮ 동물치료소 지정요건	㉯ 동물치료소 지정의 취소
ㄱ. 수의사면허를 받은 사람이 개설하고 있는 동물병원	ㄱ. 치료결과를 보고하지 아니하거나 거짓으로 보고한 경우
ㄴ. 수의사면허를 받은 사람을 소속직원으로 두고 있는 지방자치단체의 축산관련기관	ㄴ. 고의나 중대한 과실로 치료 중인 천연기념물 동물을 죽게 하거나 장애를 입힌 경우
ㄷ. 수의사면허를 받은 사람을 소속회원으로 두고 있는 관리단체 또는 동물보호 단체	ㄷ. 거짓이나 그 밖의 부정한 방법으로 지정을 받은 경우
ㄹ. 멸종위기 야생생활협회	ㄹ. 지정요건에 미달하게 된 경우

① ㉮-ㄱ, ㄹ
　㉯-ㄱ, ㄹ
② ㉮-ㄱ, ㄴ, ㄷ
　㉯-ㄱ, ㄴ, ㄷ, ㄹ
③ ㉮-ㄱ, ㄴ, ㄹ
　㉯-ㄱ, ㄴ, ㄹ
④ ㉮-ㄱ, ㄴ, ㄷ, ㄹ
　㉯-ㄱ, ㄴ, ㄷ, ㄹ

해설
1. 동물치료소 지정요건 : ㄱ, ㄴ, ㄷ
2. 동물치료소 지정취소 : ㄱ, ㄴ, ㄷ, ㄹ 외
   - 치료경비를 거짓으로 청구한 경우
   - 국가유산청장이나 지방자치단체의 장의 명령을 위반한 경우

정답 ②

26 자연유산의 보존 및 활용에 관한 법령상, 천연기념물인 동물의 관리구역 반입에서 시험·연구 등 정하는 사유에 해당하는 것을 모두 고르시오.

> 누구든지 천연기념물인 동물의 사육을 목적으로 하는 장소 또는 구역으로서 국가유산청장이 정하는 곳에 해당 천연기념물과 동일한 종(아종을 포함한다)을 반입하여서는 아니 된다. 다만, 시험·연구 등으로 정하는 사유로 인하여 시·도지사의 허가를 받은 경우에는 그러하지 아니하다.
> ㄱ. 시험·연구를 위하여 필요하다고 인정되는 경우
> ㄴ. 반입하려는 동물이 중성화 수술을 하여 번식능력이 없는 경우
> ㄷ. 품평회 참가 등 천연기념물인 동물의 홍보에 필요한 경우
> ㄹ. 동물보호법에 따라 등록되고, 인식표가 부착된 동물을 반입하는 경우

① ㄱ, ㄴ
② ㄱ, ㄷ
③ ㄱ, ㄴ, ㄷ
④ ㄱ, ㄴ, ㄷ, ㄹ

정답 ④

27 자연유산의 보존 및 활용에 관한 법령상, 천연기념물인 식물의 상시관리 등에서 옳지 않은 것은?
① 국가유산청장은 천연기념물인 식물의 지속적인 모니터링 및 유지관리를 수행하는 자를 선정하여야 한다.
② 상시관리를 수행하는 자는 상시관리를 위하여 천연기념물인 식물의 소유자 등에게 필요한 협조를 구할 수 있다.
③ 상시관리를 수행하는 자는 연도별 상시관리 결과를 다음 해 1월 31일까지 국가유산청장에게 제출하여야 하며, 특이사항을 발견하는 경우 지체 없이 국가유산청장에게 보고하여야 한다.
④ 상시관리에 필요한 비용은 천연기념물인 식물의 소유자 등이 부담하는 것을 원칙으로 하되, 국가유산청장은 그 비용의 전부 또는 일부를 지원할 수 있다.

해설 ① 수행하는 자를 선정할 수 있다.

정답 ①

28 자연유산의 보존 및 활용에 관한 법령상, 명승 정비계획의 수립과 재해의 방지 및 복구에서 옳지 않은 것을 고르시오.

① 명승의 소유자 등은 해당 명승의 효율적인 보존·관리 및 활용을 위하여 국가유산청장과 협의하여 정비계획을 수립할 수 있다.
② 정비계획에는 정비계획의 목적과 범위에 관한 사항 등이 포함되어야 한다.
③ 명승의 소유자 등이 명승 정비계획을 수립하는 경우 그 계획기간은 5년이다.
④ 천연기념물 또는 명승의 소유자 등은 재해로 인한 각종 피해가 발생하거나 발생이 예상될 경우 국가유산청장에게 즉시 신고하여야 한다.
⑤ 국가유산청장은 천연기념물 또는 명승의 소유자 등에게 재해의 방지 또는 복구에 필요한 조치로서 정하는 사항을 이행하도록 요청할 수 있다.

해설 ③ 계획기간 : 10년

정답 ③

제4장 자연유산의 보존·관리 및 활용

29 자연유산의 보존 및 활용에 관한 법령상, 자연유산 관리협약에서 틀린 것을 찾으시오.

① 국가 또는 지방자치단체는 천연기념물 등의 소유자 등과 교육·관광·체험활동 등 천연기념물 등의 보존·관리 및 활용을 내용으로 하는 협약을 체결할 수 있다.
② 국가유산청장은 관리협약의 이행에 필요한 비용의 전부 또는 일부를 지원할 수 있다.
③ 국가 또는 지방자치단체는 관리협약을 체결한 당사자가 그 협약을 이행하지 아니하거나 협약을 준수하지 못할 경우에는 관리협약을 해지할 수 있다.
④ 관리협약을 해지하려는 경우, 그 사실을 상대방에게 90일 전에 통보하여야 한다.

해설 ④ 3개월 전에 통보하여야 한다.

정답 ④

30 자연유산의 보존 및 활용에 관한 법령상, 아래의 물음에 ○, × 중 알맞은 답을 고르시오.

① 국가는 남북 자연유산의 보존·관리 및 활용을 위한 남북 간 상호교류 및 협력 증진을 위하여 노력하여야 한다. (○, ×)
② 국가유산청장은 남북의 자연유산 보존을 위하여 북한의 자연유산 보호, 지정 및 현황 등에 관하여 조사·연구할 수 있다. (○, ×)
③ 국가유산청장은 비무장지대 안의 천연기념물의 현황 등을 조사하고, 보존·관리를 위한 시책을 수립·추진하여야 한다. (○, ×)
④ 국가와 지방자치단체는 천연기념물 등을 활용한 관광 활성화 시책을 마련하여야 한다. (○, ×)

정답 ① ○, ② ○, ③ ○, ④ ○

31 자연유산의 보존 및 활용에 관한 법령상, 천연기념물인 식물의 후계목을 선발·보급 시 보급기준에 해당하는 것을 모두 고르시오.

> ㄱ. 그 어미의 형질, 나무모양과 유사하며 생장이 우수할 것
> ㄴ. 토양균·병해충 감염 등이 없고 그 줄기·가지·뿌리 등에 생리적·물리적 피해가 없을 것
> ㄷ. 나무모양이 균형을 이루고, 가지와 잎이 충실한 등 활착과 생장이 좋을 것
> ㄹ. 그 밖에 국가유산청장이 후계목 선발 및 보급기준으로 인정하는 사항

① ㄱ, ㄴ
② ㄱ, ㄷ
③ ㄱ, ㄴ, ㄷ
④ ㄱ, ㄴ, ㄷ, ㄹ

해설 ④ 천연기념물인 식물의 후계목을 선발·보급하려면 위 보기의 ㄱ, ㄴ, ㄷ, ㄹ의 기준을 모두 갖추어야 한다.

정답 ④

제5장 보칙

32 자연유산의 보존 및 활용에 관한 법령상, 기록의 작성·보존에 관하여 ( ) 안을 채우시오.

> 국가유산청장과 해당 특별자치시장, 특별자치도지사, 시장·군수 또는 구청장 및 관리단체의 장은 천연기념물 또는 명승의 보존·관리, ( ) 및 활용에 관한 사항 등에 관한 기록을 작성·보존하여야 한다.

정답 변경

33 자연유산의 보존 및 활용에 관한 법령상, 손실의 보상에서 ( ) 안을 채우시오.

> 국가는 아래의 어느 하나에 해당하는 자에 대해서는 그 손실을 보상하여야 한다.
> 1. 자연유산의 조사, 정기조사 및 ( )에 따른 조사행위로 인하여 손실을 입은 자
> 2. 행정명령에 따른 명령을 이행하여 손실을 입은 자
> 3. 행정명령에 따른 조치로 인하여 손실을 입은 자

정답 직권조사

34 자연유산의 보존 및 활용에 관한 법령상, 청문에 대하여 답을 하시오.

> 국가유산청장, 시·도지사, 시장·군수 또는 구청장은 아래의 어느 하나에 해당하는 처분을 하려면 청문을 실시하여야 한다.
> 1. 허가취소에 따른 천연기념물 또는 명승에 대한 행위 허가의 취소
> 2. 천연기념물 수출 등의 금지에 따른 천연기념물의 (㉠)·(㉡)행위 허가의 취소
> 3. 천연기념물 동물치료소의 지정 등에 따른 동물치료소 지정의 취소

정답 ㉠ 수출, ㉡ 반출

제6장 벌칙

35 자연유산의 보존 및 활용에 관한 법령상, 벌칙에 대한 내용으로 (   ) 안에 맞는 것을 채우시오.

① 허가를 위반하여 허가 없이 천연기념물 또는 명승에 영향을 미칠 우려가 있는 행위를 한 자는 (㉠) 이하의 징역이나 (㉡) 이하의 벌금에 처한다.

② 정당한 사유 없이 행정명령을 위반한 자는 (㉠) 이하의 징역이나 (㉡) 이하의 벌금에 처한다.

③ 정당한 사유 없이 건설공사 시 천연기념물 등의 보호에 따른 지시에 불응한 자는 (㉠) 이하의 징역이나 (㉡) 이하의 벌금에 처한다.

④ 과태료는 국가유산청장, 시·도지사 또는 시장·군수·구청장이 (㉠)·(㉡)한다.

정답 ① ㉠ 5년, ㉡ 5천만 원
② ㉠ 3년, ㉡ 3천만 원
③ ㉠ 2년, ㉡ 2천만 원
④ ㉠ 부과, ㉡ 징수

PART 03 국가유산수리 등에 관한 법률 및 같은 법 시행령·시행규칙

제1장 총칙

01 다음은 「국가유산수리 등에 관한 법률」의 목적이다. ( )에 들어갈 내용은?

> 국가유산을 ( )으로 보존·계승하기 위하여 국가유산수리·실측설계·감리와 국가유산수리업의 등록 및 기술 관련 등에 필요한 사항을 정함으로써 국가유산수리의 품질 향상과 국가유산수리업의 건전한 발전을 목적으로 한다.

① 원형 ② 원칙
③ 예능 ④ 기능
⑤ 전용

정답 ①

02 국가유산수리 등에 관한 법령에서 아래의 보기 중 국가유산수리의 대상에 해당하는 것을 모두 고르시오.

> ㄱ. 보물 및 국보
> ㄴ. 국가무형문화유산
> ㄷ. 국가민속문화유산
> ㄹ. 임시지정문화유산

① ㄱ, ㄴ ② ㄱ, ㄷ
③ ㄱ, ㄴ, ㄷ ④ ㄱ, ㄷ, ㄹ
⑤ ㄱ, ㄴ, ㄷ, ㄹ

해설
국가유산수리
다음의 어느 하나에 해당하는 것의 보수·복원·정비 및 손상 방지를 위한 조치를 말한다.
(1) 지정문화유산, 천연기념물 등
(2) 임시지정문화유산, 임시지정천연기념물 또는 임시지정명승 등
(3) 지정문화유산 및 천연기념물등(임시지정문화유산, 임시지정천연기념물 또는 임시지정명승을 포함한다)과 함께 전통문화를 구현·형성하고 있는 주위의 시설물 또는 조경으로서 다음 각 호의 어느 하나에 해당하는 것

① 지정문화유산(임시지정문화유산을 포함하며, 사적은 제외한다)을 둘러싸고 있는 보호구역 안의 시설물 또는 조경
② 지정문화유산을 둘러싸고 있는 토지(소유자 및 관리단체가 관리하고 있는 것으로 한정한다) 내에서 지정문화유산의 보존 및 활용을 위하여 필요한 시설물 또는 조경

정답 ④

03 국가유산수리 등에 관한 법령에서 국가유산수리에 대한 정의의 내용이다. 보기에서 바른 것을 찾으시오.

> 가. 지정문화유산, 천연기념물 등에 해당하는 것의 보수 · 복원 · 정비 및 손상방지를 위한 조치를 말한다. (O, X)
> 나. 국가무형문화유산은 국가유산수리의 대상이다. (O, X)
> 다. 임시지정문화유산, 임시지정천연기념물도 국가유산수리의 대상에 포함이 된다. (O, X)
> 라. 지정문화유산과 함께 전통문화를 구현 · 형성하고 있는 주위의 시설물 또한 국가유산수리의 대상이다. (O, X)

	가	나	다	라
①	O	O	O	O
②	O	X	O	X
③	O	X	O	O
④	X	X	X	X

정답 ③

04 「국가유산수리 등에 관한 법률」상, 아래의 내용 중에서 바르지 못한 것을 찾으시오.
① 국가유산수리상, "보조처리"의 정의는 국가유산 원형보존을 위하여 보존처리 계획을 바탕으로 국가유산 손상 부위에 행하는 물리적 · 화학적 조치 등의 국가유산수리를 말한다.
② 국가유산수리상, 감리는 일반감리와 책임감리로 나누어진다.
③ 국가유산수리상, 수급인으로서 도급받은 국가유산수리를 하도급하는 자를 포함하여 발주자로 본다.
④ 국가유산수리상, 국가유산수리 등의 기본원칙은 국가유산의 원형보존에 가장 적합한 방법과 기술을 사용하여야 한다.

해설 ③ 수급인으로서 도급받은 국가유산수리를 하도급하는 자는 제외한다.

정답 ③

05 국가유산수리 등에 관한 법령상, 용어 정의에 관한 설명으로 옳지 않은 것은?

① "국가유산수리"에는 임시지정문화유산의 보수·복원·정비 및 손상 방지를 위한 조치가 포함된다.
② "감리"란 국가유산수리에 관한 일반감리와 책임감리에 해당하는 업무를 말한다.
③ 수급인(受給人)으로서 도급받은 국가유산수리를 하도급하는 자는 "발주자"에 해당한다.
④ "하도급"이란 수급인이 도급받은 국가유산수리의 일부를 도급하기 위하여 제3자와 체결하는 계약을 말한다.

정답 ③

06 국가유산수리 등에 관한 법령상, 국가유산수리등의 기본원칙에 관한 규정의 일부이다. ( )에 들어갈 내용으로 옳은 것은? [2025년도 제43회 기출문제]

> 국가유산수리, 실측설계 또는 감리는 국가유산의 (ㄱ)에 가장 적합한 방법과 기술을 사용하여야 하며, 국가유산수리등으로 인하여 (ㄴ) 및 천연기념물등과 그 주변 경관이 훼손되어서는 아니 된다.

① ㄱ : 원형보존, ㄴ : 지정문화유산
② ㄱ : 가치보전, ㄴ : 지정문화유산
③ ㄱ : 원형보존, ㄴ : 매장유산
④ ㄱ : 가치보전, ㄴ : 매장유산

정답 ①

07 「국가유산수리 등에 관한 법률」상, 국가유산수리 등에 관한 기본계획 수립 시 포함되어야 할 사항들 중에서 거리가 있는 것을 고르시오.

① 국가유산수리 등에 관한 기본방향
② 국가유산수리 등의 품질확보 대책
③ 문화유산 안전관리에 관한 사항
④ 국가유산수리 등의 기술진흥에 관한 사항

 국가유산수리 등에 관한 기본계획 수립 시 포함되어야 할 사항
  1. 국가유산수리 등에 관한 기본방향
  2. 국가유산수리 등의 품질확보 대책
  3. 국가유산수리 등의 기술진흥에 관한 사항
  4. 그 밖에 국가유산수리 등에 필요한 사항
③ 문화유산 안전관리에 관한 사항은 「문화유산의 보존 및 활용에 관한 법률」에서 문화유산보호정책의 수립 및 추진에서 종합적인 기본계획(5년마다 수립) 수립 시 포함하여야 할 사항 중 하나이다.

정답 ③

08 국가유산수리 등에 관한 법령상, 국가유산수리 등에 관한 기본계획에 포함되어야 할 사항이 아닌 것은?   [2025년도 제43회 기출문제]

① 국가유산수리 등에 관한 기본방향
② 국가유산수리 등의 품질 확보 대책
③ 국가유산수리 등에 관한 주요 사업별 세부 추진계획
④ 국가유산수리 등의 기술진흥에 관한 사항

정답 ③

09 국가유산수리 등에 관한 법령상, 국가유산수리 등의 계획 수립에 관한 설명으로 옳지 않은 것은?

① 국가유산청장은 국가유산수리 등에 관한 기본계획을 5년마다 수립하여야 한다.
② 국가유산청장은 국가유산수리 등에 관한 기본계획을 수립하면 그 기본계획을 시·도지사에게 통보하여야 한다.
③ 국가유산수리 등의 품질 확보 대책은 국가유산수리 등에 관한 기본계획에 포함되어야 한다.
④ 시·도지사는 국가유산수리 등에 관한 기본계획을 통보받은 후 6개월 이내에 세부 시행계획을 수립하여 국가유산청장에게 제출하여야 한다.

정답 ④

10 국가유산수리 등에 관한 법령상, 국가유산수리 등의 계획에 관한 설명으로 옳지 않은 것은?

① 국가유산청장은 국가유산수리 등에 관한 기본계획을 5년마다 수립하여야 한다.
② 국가유산청장이 국가유산수리 등에 관한 기본계획을 수립하는 경우에는 국가유산수리기술위원회의 심의를 거쳐야 한다.
③ 시·도지사는 국가유산수리 등에 관한 기본계획에 따라 매년 세부 시행계획을 수립하여 3월 31일까지 국가유산청장에게 제출해야 한다.
④ 국가유산수리 등에 관한 기본계획에는 국가유산수리 등에 관한 주요 사업별 세부 추진계획이 포함되어야 한다.

정답 ④

11 국가유산수리 등에 관한 법령상 "국가유산수리 등의 계획 수립"에 관한 설명으로 옳지 않은 것은?

① 국가유산청장은 국가유산수리 등에 관한 기본계획을 5년마다 수립하여야 한다.
② 국가유산수리 등에 관한 기본계획은 「문화유산의 보존 및 활용에 관한 법률」에 따른 국가유산기본계획과 연계하여 수립하여야 한다.
③ 국가유산청장은 국가유산수리 등에 관한 기본계획을 수립하면 그 기본계획을 시·도지사에게 통보하여야 한다.
④ 시·도지사는 국가유산수리 등에 관한 기본계획에 따라 세부 시행계획을 매년 수립하여 1월 31일까지 국가유산청장에게 제출해야 한다.

해설 국가유산수리 등의 계획수립
1. 계획수립
   국가유산청장은 국가유산수리 등에 관한 정책을 체계적이고 종합적으로 추진하기 위하여 특별시장·광역시장·특별자치시장·도지사 또는 특별자치도지사의 의견을 들은 후 국가유산수리기술위원회의 심의를 거쳐 국가유산수리 등에 관한 기본계획을 5년마다 수립하여야 한다.
2. 국가유산수리 등에 관한 기본계획을 수립할 경우에는 문화유산기본계획(「문화유산의 보존 및 활용에 관한 법률」) 및 자연유산보호계획(「자연유산의 보존 및 활용에 관한 법률」)과 연계하여야 한다.
3. 국가유산청장은 기본계획을 수립하면 그 기본계획을 시·도지사에게 통보하여야 하며, 시·도지사는 그 기본계획에 따라 세부 시행계획을 수립·시행하여야 한다.
   (1) 국가유산수리, 실측설계 또는 감리에 관한 기본계획 수립 시 포함되어야 할 사항
      ① 국가유산수리 등에 관한 기본방향
      ② 국가유산수리 등의 품질 확보 대책
      ③ 국가유산수리 등의 기술진흥에 관한 사항
      ④ 그 밖에 국가유산수리 등에 필요한 사항
   (2) 국가유산청장은 기본계획을 수립하기 위하여 필요하면 특별시장·광역시장·특별자치시장·도지사 또는 특별자치도지사에게 관할구역의 국가유산수리 등에 관한 자료를 제출하도록 요구할 수 있다.
   (3) 시·도지사는 세부 시행계획을 매년 수립하여 3월 31일까지 국가유산청장에게 제출해야 한다.

   [시행계획에는 다음 각 호의 사항이 포함되어야 한다.]
      ① 해당 연도의 국가유산수리 등에 관한 사업의 기본방향
      ② 국가유산수리 등에 관한 주요 사업별 세부 추진계획
      ③ 전년도의 시행계획에 따른 추진실적
      ④ 그 밖에 국가유산수리 등에 필요한 사항

정답 ④

12 「국가유산수리 등에 관한 법률」상, 국가유산수리기술위원회의 내용으로 옳은 것을 찾으시오.

① 국가유산수리 등에 관한 사항을 심의하기 위하여 국가유산청에 국가유산수리기술위원회를 둘 수 있다.
② 위원회는 위원장 1명을 포함하여 20명 이내의 위원으로 구성한다.
③ 국가유산청장은 국가유산수리 등과 관련된 업무에 7년 이상 종사한 사람을 위원회의 위원으로 위촉할 수 있다.
④ 위원회에는 국가유산청장의 명을 받아 위원회의 심의사항에 관한 자료수집 등의 업무를 수행하는 전문위원을 둘 수 있다.

해설 ① 둔다.　② 30명 이내　③ 10년 이상

정답 ④

13 「국가유산수리 등에 관한 법률」상, 국가유산수리기술위원회의 심의사항 중, 국가유산수리 등의 품질 향상을 위하여 정하는 사항에 해당하는 심의사항으로 틀린 것을 고르시오.

① 전통건축 부재의 수집에 관한 사항
② 전통재료의 비축에 관한 사항
③ 전통건축 부재의 활용에 관한 사항
④ 국가유산수리 등에 관한 주요 정책으로서 국가유산수리기술위원회의 위원장이 심의가 필요하다고 인정하는 사항

해설 국가유산수리기술위원회의 위원장이 아니라 국가유산청장이 심의가 필요하다고 인정하는 사항

정답 ④

14 「국가유산수리 등에 관한 법률」상, 국가유산수리 제한에서 경미한 국가유산수리에 해당하는 것을 모두 찾으시오.

> ㄱ. 창호지, 장판지 또는 벽지를 바르는 행위
> ㄴ. 누수 방지를 위하여 극히 부분적으로 파손된 기와를 원형대로 교체하는 행위
> ㄷ. 산자 또는 개판 이상의 기와지붕을 교체하는 행위
> ㄹ. 잔디심기를 제외한 봉분시설의 수리 행위
> ㅁ. 기존 초가지붕을 이엉잇기 하는 행위
> ㅂ. 기존 시설물의 내부를 정비하는 행위

① ㄱ, ㄴ, ㄷ, ㄹ
② ㄱ, ㄴ, ㄷ, ㅁ
③ ㄱ, ㄴ, ㄹ, ㅁ
④ ㄱ, ㄴ, ㅁ, ㅂ

ㄷ. 국가유산수리의 종류별 하자 담보 책임기간 : 3년
ㄹ. 국가유산수리의 종류별 하자 담보 책임기간 : 2년

정답 ④

15 국가유산수리 등에 관한 법령에서 국가유산수리 및 실측설계 제한에서 옳지 않은 것을 고르시오.

① 국가유산의 소유자가 국가유산수리를 하려는 경우에는 국가유산수리업자에게 수리하도록 하여야 한다.
② 국가유산의 관리단체가 국가유산수리를 하려는 경우에는 국가유산수리업자에게 수리하도록 하여야 한다.
③ 국가유산의 소유자나 관리단체가 국가유산수리를 하려는 경우에는 국가유산수리기술자 및 국가유산수리기능자가 함께 수리하도록 하여야 한다.
④ 국가유산의 소유자가 국가유산수리를 하려는 경우 해당 국가유산의 보존에 영향을 미치지 아니하는 경미한 국가유산수리를 하는 경우에는 국가유산수리업자에게 수리하도록 하여야 한다.

정답 ④

16 국가유산수리 등에 관한 법령에서 동산문화유산 분야의 국가유산수리만 할 수 있는 기관의 장을 모두 찾으시오.

| ㄱ. 국가유산청 | ㄴ. 국립중앙박물관 |
| ㄷ. 국립현대미술관 | ㄹ. 국립민속박물관 |

① ㄱ
② ㄱ, ㄴ
③ ㄱ, ㄷ
④ ㄱ, ㄴ, ㄷ
⑤ ㄴ, ㄷ, ㄹ

직접 국가유산수리를 할 수 있는 기관의 장
1. 국가유산청
2. 국립중앙박물관(동산문화유산 분야의 국가유산수리의 경우만 해당)
3. 국립현대미술관(동산문화유산 분야의 국가유산수리의 경우만 해당)
4. 국립민속박물관(동산문화유산 분야의 국가유산수리의 경우만 해당)
5. 전통건축수리기술진흥재단

정답 ⑤

17 국가유산수리 등에 관한 법령상, 동산문화유산 분야의 국가유산수리를 직접 할 수 있는 기관으로 옳지 않은 것은?

① 국립중앙박물관장
② 국립현대미술관장
③ 국가유산수리업협회장
④ 전통건축수리기술진흥재단이사장

정답 ③

18 「국가유산수리 등에 관한 법률」에서 국가유산수리의 정의 중 바르지 않은 것을 찾으시오.

① 지정문화유산의 보수를 위한 조치
② 임시지정문화유산의 복원을 위한 조치
③ 임시지정천연기념물의 손상방지를 위한 조치
④ 사적을 둘러싸고 있는 보존구역 안의 시설물 또는 조경의 정비

정답 ④

19 「국가유산수리 등에 관한 법률」에서 ( ) 안에 들어갈 알맞은 내용을 고르시오.

> "국가유산수리, 실측설계 또는 감리는 국가유산의 원형보존에 가장 적합한 방법과 기술을 사용하여야 하며 국가유산수리 등으로 인하여 지정문화유산 및 천연기념물등과 그 주변 경관이 훼손되어서는 아니 된다."
> 위 내용은 국가유산수리 등의 ( )에 대한 내용이다.

① 계획수립　　　　　　　② 기준보급
③ 기본원칙　　　　　　　④ 성실의무

정답 ③

20 「국가유산수리 등에 관한 법률」에서, 국가유산수리 등의 계획수립에 대한 것으로 옳은 것을 모두 고르시오.

> ㄱ. 계획수립은 국가유산청장이 한다.
> ㄴ. 기본계획은 10년마다 수립한다.
> ㄷ. 정책을 체계적이고 종합적으로 추진하기 위하여 특별자치도지사의 의견을 들어서 수립한다.
> ㄹ. 기본방향, 품질확보대책, 기술진흥에 관한 사항 등은 기본계획 수립 시 포함되어야 할 사항이다.
> ㅁ. 시·도지사는 세부 시행계획을 매년 수립하여 3월 31일까지 국가유산청장에게 제출하여야 한다.

① ㄱ, ㄹ, ㅁ
② ㄱ, ㄷ, ㅁ
③ ㄱ, ㄴ, ㄷ, ㄹ
④ ㄱ, ㄷ, ㄹ, ㅁ

해설 ㄴ. 국가유산청장은 국가유산수리 등에 관한 정책을 체계적이고 종합적으로 추진하기 위하여 특별시장·광역시장·특별자치시장·도지사 또는 특별자치도지사의 의견을 들은 후 국가유산수리기술위원회의 심의를 거쳐 국가유산수리 등에 관한 기본계획을 5년마다 수립하여야 한다.

정답 ④

21 국가유산수리 등에 관한 법령상, 국가유산수리 제한의 내용으로 옳지 않은 것은?
① 국가유산의 소유자가 대통령령으로 정하는 경미한 국가유산수리를 하려는 경우에도 국가유산수리업자에게 수리하도록 하거나 국가유산수리기술자 및 국가유산수리기능자가 함께 수리하도록 하여야 한다.
② 주구조(主構造)가 철근콘크리트 구조에 해당하는 시설물은 「건설산업기본법」에 따른 해당 분야의 종합공사를 시공하는 업종을 등록한 국가유산수리업자에게 수리하도록 하여야 한다.
③ 국립민속박물관은 동산문화유산 분야의 국가유산수리를 할 수 있는 기관이다.
④ 국립중앙박물관은 동산문화유산 분야의 국가유산수리를 할 수 있는 기관이다.

정답 ①

22 국가유산수리 등에 관한 법령상, 국가유산수리 및 실측설계 제한에 관한 설명으로 옳은 것은?

① 주구조(主構造)가 철골구조에 해당하는 시설물인 국가유산의 수리는 「건설산업기본법」에 따른 해당 분야의 종합공사를 시공하는 업종을 등록한 국가유산수리업자에게 수리하도록 하여야 한다.
② 국가유산청장은 직접 국가유산수리를 할 수 있으나, 국가유산청장의 직접 수리는 동산문화유산 분야의 국가유산수리에 한정된다.
③ 국가유산수리업자·국가유산수리기술자·국가유산수리기능자가 없는 분야의 국가유산수리는 국가유산청장이 직접 수리하여야 한다.
④ 국가유산수리의 전체 실측설계 중 조경 분야의 실측설계 예정금액이 3백만 원 이상인 경우, 국가유산실측설계업자는 조경 분야의 실측설계를 조경기술자인 국가유산수리기술자에게 하도록 하여야 한다.

정답 ①

23 국가유산수리의 실측설계 시 식물보호 분야에 포함되지 않는 것은?
① 병충해 방제
② 토양개량
③ 환경개선
④ 칠공 분야

정답 ④

24 국가유산수리 등에 관한 법령상, 국가유산수리 등(국가유산수리, 실측설계 또는 감리)을 하는 자의 성실의무에 관한 내용이 아닌 것은?
① 국가유산수리 등의 보고서를 성실하게 작성하여 국가유산청장에게 제출할 것
② 국가유산수리 등의 기준에 맞게 작성된 설계도서에 따라 국가유산수리 등의 업무를 수행할 것
③ 국가유산수리 등의 업무를 신의와 성실로써 수행할 것
④ 국가유산수리 등의 기준에 맞게 국가유산수리 등의 업무를 수행할 것

정답 ①

25 국가유산수리 등에 관한 법령상, 국가유산수리 등을 하는 자의 성실의무에 해당하지 않는 것은?

[2025년도 제43회 기출문제]

① 국가유산수리 등의 업무를 신의와 성실로써 수행할 것
② 국가유산수리 등의 기준에 맞게 국가유산수리 등의 업무를 수행할 것
③ 국가유산수리 등에 관한 계획을 성실하게 작성하여 발주자에게 제출할 것
④ 국가유산수리 등의 기준에 맞게 작성된 설계도서 또는 인문학적·과학적 조사 및 분석을 통해 수립된 보존처리계획에 따라 국가유산수리 등의 업무를 수행할 것

정답 ③

26 국가유산수리 등에 관한 법령상, 국가유산수리 등의 기준 보급을 적절하게 시행하기 위하여 국가유산청장이 기준을 정하여 사용하게 할 수 있는 사항을 모두 고른 것은?

ㄱ. 국가유산수리 등에 필요한 자재의 규격에 관한 사항
ㄴ. 국가유산수리 등에 필요한 자재의 품질에 관한 사항
ㄷ. 국가유산수리 등의 대가 지급에 관한 사항
ㄹ. 국가유산수리 등의 보고서 작성에 관한 사항

① ㄱ, ㄴ
② ㄱ, ㄷ
③ ㄴ, ㄷ, ㄹ
④ ㄱ, ㄴ, ㄷ, ㄹ

정답 ④

27 국가유산수리 등에 관한 법령상, 전통재료의 인증에 관한 설명으로 옳지 않은 것은?

[2025년도 제43회 기출문제]

① 문화체육관광부장관은 국가유산수리 등에 관한 전통재료의 품질 관리를 위하여 품질이 우수한 전통재료에 대하여 인증할 수 있다.
② 전통재료의 인증을 받으려는 자는 문화체육관광부령으로 정하는 바에 따라 국가유산청장에게 신청하여야 한다.
③ 전통재료의 인증을 받은 자는 문화체육관광부령으로 정하는 바에 따라 인증의 표시를 할 수 있다.
④ 전통재료의 인증을 받지 아니한 자는 인증표시 또는 이와 유사한 표시를 하여서는 아니 된다.

정답 ①

제2장 국가유산수리기술자 및 국가유산수리기능자

28 「국가유산수리 등에 관한 법률」상, 국가유산수리기술자 자격시험에서 부정행위자에 대한 조치로 맞지 않는 내용은?

① 그 시험의 정지 ② 그 시험의 무효
③ 과태료 부과 ④ 3년간 응시자격 정지

해설
1. 국가유산청장은 국가유산수리기술자 자격시험이나 국가유산수리기능자 자격시험에서 부정행위를 한 응시자에 대하여는
2. 그 시험을 정지시키거나 무효로 하며
3. 그 시험 시행일로부터 3년간 응시자격을 정지한다.

정답 ③

29 「국가유산수리 등에 관한 법률」에서 국가유산수리기술자에 대한 것으로 거리가 있는 것을 고르시오.

① 국가유산수리기술자의 자격시험의 시행은 매년 1회 이상 실시한다.
② 국가유산수리기술자 자격시험은 시험 시행일 90일 전까지 시험실시기관의 인터넷 홈페이지에 공고하여야 한다.
③ 18세 미만인 사람, 피성년후견인, 피한정후견인 또는 파산자는 국가유산수리기술자의 결격사유이다.
④ 국가유산수리기술자는 둘 이상의 국가유산수리업자, 국가유산실측설계업자 또는 국가유산감리업자에게 중복하여 취업하여서는 아니 된다.

해설 국가유산수리기술자의 결격사유
1. 18세 미만인 사람
2. 피성년후견인 또는 피한정후견인
3. 금고 이상의 실형을 선고받고 그 집행이 끝나거나 집행이 면제된 날부터 3년이 지나지 아니한 사람
4. 형의 집행유예를 선고받고 그 유예기간 중에 있는 자
5. 국가유산수리기술자의 자격취소 등에 따라 국가유산수리기술자의 자격이 취소된 날부터 3년이 지나지 아니한 사람(18세 미만인 사람, 피성년후견인 또는 피한정후견인에 해당하여 자격이 취소된 자는 제외한다.)

정답 ③

30 국가유산수리 등에 관한 법령상, 국가유산수리기술자에 관한 설명으로 옳지 않은 것은?

① 국가유산수리기술자가 되려는 자는 기술 종류별 국가유산수리기술자 자격시험에 합격하여야 한다.
② 「국가유산수리 등에 관한 법률」을 위반하여 금고 이상의 실형을 선고받고 그 집행이 면제된 날부터 3년이 지나지 아니한 사람은 국가유산수리기술자가 될 수 없다.
③ 국가유산수리기술자는 둘 이상의 국가유산수리업자, 국가유산실측설계업자 또는 국가유산감리업자에게 중복하여 취업할 수 있다.
④ 국가유산청장은 국가유산수리기술자 자격시험에서 부정행위를 한 응시자에 대하여는 그 시험을 정지시키거나 무효로 하며, 그 시험 시행일부터 3년간 응시자격을 정지한다.

 ③

31 국가유산수리 등에 관한 법령상, 국가유산수리기술자에 관한 설명으로 옳지 않은 것은?

① 국가유산수리기술자가 되려는 자는 국가유산청장이 시행하는 기술 종류별 국가유산수리기술자 자격시험에 합격하여야 한다.
② 국가유산수리기술자는 둘 이상의 국가유산감리업자에게 중복하여 취업할 수 있다.
③ 국가유산수리기술자 자격증의 발급·재발급의 절차 및 그 관리에 필요한 사항은 문화체육관광부령으로 정한다.
④ 18세 미만인 사람은 국가유산수리기술자가 될 수 없다.

해설 국가유산수리기술자

1. 국가유산수리에 관한 기술적인 업무를 담당하고 국가유산수리기능자의 작업을 지도·감독하는 자로서 국가유산수리기술자 자격증을 발급받은 자(국가유산수리기술자가 되려는 자는 국가유산청장이 시행하는 기술종류별 국가유산수리기술자 자격시험에 합격하여야 한다)
2. 국가유산수리기술자 자격증의 발급
   (1) 국가유산청장은 국가유산수리기술자 자격시험에 합격한 자에게 국가유산수리 기술자 자격증을 발급하여야 한다.
   (2) 국가유산수리기술자 자격증을 발급 받은 자가 자격증을 잃어버리거나 자격증이 헐어 못쓰게 된 경우에는 국가유산청장으로부터 재발급을 받을 수 있다.
   (3) 국가유산수리기술자는 다른 사람에게 자기의 성명을 사용하여 국가유산수리 등의 업무를 하게 하여서는 아니 되며, 누구든지 다른 국가유산수리기술자의 성명을 사용하여 국가유산수리 등의 업무를 하여서는 아니 된다.
   (4) 누구든지 국가유산수리기술자 자격증을 다른 사람에게 대여하거나 대여받아서는

아니 되며, 이를 알선하여서도 아니 된다.
    (5) 국가유산수리기술자는 둘 이상의 국가유산수리업자, 국가유산실측설계업자 또는 국가유산감리업자에게 중복하여 취업하여서는 아니 된다.
    (6) 국가유산수리기술자 자격증의 발급·재발급의 절차 및 그 관리에 필요한 사항은 문화체육관광부령으로 정한다.
  3. 국가유산수리기술자의 결격 사유
    (1) 18세 미만인 사람
    (2) 피성년후견인 또는 피한정후견인
    (3) 건축사법(실측설계 도서의 작성업무를 하는 사람만 해당한다) 또는 이 법을 위반하여 금고 이상의 실형을 선고받고 그 집행이 끝나거나(그 집행이 끝난 것으로 보는 경우를 포함한다) 집행이 면제된 날부터 3년이 지나지 아니한 사람
    (4) (3)에서 규정한 법률을 위반하여 금고 이상의 형의 집행유예를 선고 받고 그 유예기간 중에 있는 사람
    (5) 국가유산수리기술자의 자격취소 등에 따라 국가유산수리기술자의 자격이 취소된 날부터 3년이 지나지 아니한 사람(18세 미만인 사람, 피성년후견인 또는 피한정후견인에 해당하여 자격이 취소된 사람은 제외한다.)

정답 ②

32 국가유산수리 등에 관한 법령상, 국가유산수리기술자에 관한 설명으로 옳지 않은 것은?
① 피성년후견인은 국가유산수리기술자가 될 수 없다.
② 국가유산수리기술자의 자격이 취소된 날부터 3년이 지나지 아니한 사람은 국가유산수리기술자가 될 수 없다.
③ 국가유산수리기술자는 둘 이상의 국가유산수리업자, 국가유산실측설계업자 또는 국가유산감리업자에게 중복하여 취업하여서는 아니 된다.
④ 국가유산수리기술자는 대통령령이 정하는 경우에는 다른 사람에게 그 자격증을 대여할 수 있다.

정답 ④

33 국가유산수리 등에 관한 법령상, 국가유산수리기술자에 관한 설명으로 옳지 않은 것은?

① 국가유산수리를 위한 실측설계 도서의 작성 업무를 담당하는 국가유산수리기술자 자격시험에 응시하려는 자는 건축사법에 따른 건축사 자격을 가진 자이어야 한다.
② 국가유산청장은 문화유산위원회의 심의를 거쳐 국가유산수리기술자 자격시험을 매년 1회 이상 실시하여야 한다.
③ 18세 미만인 사람은 국가유산수리기술자가 될 수 없다.
④ 국가유산청장은 국가유산수리기술자 자격시험의 최종 합격자가 결정되면 모든 응시자가 알 수 있는 방법으로 알려야 한다.

정답 ②

34 국가유산수리 등에 관한 법령상, 국가유산수리기술자에 관한 설명으로 옳지 않은 것은?

① 국가유산수리기술자는 보수기술자, 단청기술자, 실측설계기술자, 조경기술자, 보존과학기술자, 식물보호기술자의 6종류가 있다.
② 국가유산수리기술자는 다른 사람에게 국가유산수리기술자 자격증을 대여하려면 이를 국가유산청장에게 신고하여야 한다.
③ 피성년후견인은 국가유산수리기술자가 될 수 없다.
④ 국가유산수리기술자는 둘 이상의 국가유산수리업자, 국가유산설계실측업자, 국가유산감리업자에게 중복하여 취업하여서는 아니된다.

정답 ②

35 국가유산수리 등에 관한 법령상, 국가유산수리기술자 자격시험의 면접시험 평가항목이 아닌 것은?

① 다른 국가자격의 소지 여부
② 국가유산수리기술자로서의 사명감 및 역할에 대한 인식
③ 역사 및 국가유산에 대한 이해
④ 올바른 직업윤리관

해설 [국가유산수리기술자 자격시험의 과목 및 방법 등] 면접시험의 평가방법
1. 해당 기술 종류에 관한 전문지식 및 응용력
2. 역사 및 국가유산에 대한 이해
3. 국가유산수리기술자로서의 사명감 및 역할에 대한 인식
4. 올바른 직업윤리관

정답 ①

제3장　국가유산수리업등의 운영

[제1절　국가유산수리업의 등록]

36 국가유산수리 등에 관한 법령상, 국가유산수리업자 등의 등록에 관한 설명으로 옳지 않은 것은?

① 국가유산수리업 등을 하려는 자는 시설 등의 등록 요건을 갖추어 국가유산청장에게 등록하여야 한다.
② 국가유산수리업 등을 등록한 자는 등록 사항 중 대통령령으로 정하는 중요사항이 변경된 경우 변경된 날부터 30일 이내에 변경신고를 하여야 한다.
③ 국가유산수리업 등을 등록한 자가 폐업한 경우에는 주된 영업소의 소재지를 관할하는 시·도지사에게 신고하여야 한다.
④ 시·도지사는 국가유산수리업등의 등록을 하면 등록증 및 등록수첩을 발급하여야 한다.

정답 ①

37 「국가유산수리 등에 관한 법률」상, 국가유산수리업등의 등록요건이 아닌 것은?

① 기술능력　　　　　　② 자본금
③ 영업실적　　　　　　④ 시설

해설　국가유산수리업등의 등록요건
1. 기술능력, 자본금 및 시설을 갖출 것
2. 국가유산수리협회, 국가유산청장이 지정하는 은행·보험회사, 공제조합(국가유산수리업 등을 등록하려는 자가 조합원인 경우로 한정한다)이 자본금의 기준금액의 100분의 20 이상에 해당하는 금액의 담보를 제공받거나 현금을 예치 또는 출자받은 사실을 증명하여 발행하는 확인서를 제출할 것
3. 부정당업자로 입찰참가 자격이 제한된 경우에는 그 참가자격 제한기간이 지났을 것
4. 국가유산수리업자등의 등록 취소 등에 따른 영업정지처분을 받은 경우에는 그 영업정지기간이 지났을 것
5. 국가유산 실측설계업자의 경우에는 국가유산수리기술자 중 실측설계기술자로서 건축사법에 따라 건축사 업무신고를 한 자일 것

정답 ③

38 「국가유산수리 등에 관한 법률」상 국가유산수리업 등의 등록요건에서 자본금의 기준금액의 100분의 20 이상에 해당하는 금액의 담보를 제공받는 등의 확인서를 제출할 수 있는 기관을 모두 고르시오.

ㄱ. 국가유산수리협회	ㄴ. 「은행법」에 따른 은행
ㄷ. 「보험업법」에 따른 보험회사	ㄹ. 「건설산업기본법」에 따른 공제조합

① ㄱ
② ㄱ, ㄴ
③ ㄱ, ㄴ, ㄷ
④ ㄱ, ㄴ, ㄷ, ㄹ

해설 국가유산수리업 등의 등록 요건
1. 기술능력·자본금 및 시설을 갖출 것(자본금의 경우 개인일 경우에는 국가유산수리업 등에 제공되는 자산평가액을 말한다)
2. 다음 각 호의 어느 하나에 해당하는 기관이 1에 따른 자본금의 기준금액의 100분의 20 이상에 해당하는 금액의 담보를 제공받거나 현금을 예치 또는 출자받은 사실을 증명하여 발행하는 확인서를 제출할 것
   (1) 법 제42조에 따른 국가유산수리협회
   (2) 은행법에 따른 은행
   (3) 보험업법에 따른 보험회사
   (4) 건설산업법 제54조에 따른 공제조합(국가유산수리업 등을 등록하려는 자가 조합인 경우로 한정한다)
   (5) 그 밖에 국가유산청장이 정하여 고시하는 기관
3. 부정당업자로 입찰 참가자격이 제한된 경우에는 그 참가자격 제한 기간이 지났을 것
4. 국가유산수리업자등의 등록취소 등에 따른 영업정지처분을 받은 경우에는 그 영업정지기간이 지났을 것
5. 국가유산실측설계업자의 경우에는 국가유산수리기술자 중 실측설계기술자로서 건축사법에 따라 건축사업무신고를 한 자일 것

정답 ④

39 국가유산수리 등에 관한 법령상, 국가유산수리업 등을 등록한 자는 등록사항 중 중요사항이 변경된 경우, 변경신고를 하여야 한다. 등록사항 중 중요사항이 아닌 것을 찾으시오.
① 상호
② 대표자
③ 주된 영업소의 소재지
④ 국가유산수리기술자 및 국가유산수리기능자 보유현황
⑤ 국가유산수리 도급대장

국가유산수리업 등을 등록한 자는 등록사항 중 중요사항이 변경된 경우
　1. 변경된 날부터 30일 이내에 등록한 시·도지사에게 변경신고를 하여야 한다.
　2. 등록사항 중 중요사항
　　(1) 상호
　　(2) 대표자
　　(3) 주된 영업소 소재지
　　(4) 국가유산수리기술자 및 국가유산수리기능자 보유현황

정답 ⑤

40 국가유산수리 등에 관한 법령상, 국가유산수리업자 등의 등록에 관한 설명으로 옳은 것을 고르시오.
① 국가유산수리업 등을 하려는 자는 시설 등의 등록요건을 갖추어 국가유산청장에게 등록하여야 한다.
② 국가유산수리업 등을 등록한 자는 등록 사항 중 중요사항이 변경된 경우 변경된 날부터 60일 이내에 변경신고를 하여야 한다.
③ 국가유산수리업 등을 등록한 자가 폐업한 경우에는 국가유산청장에게 신고하여야 한다.
④ 시·도지사는 국가유산수리업 등의 등록을 하면 등록증을 발급하여야 한다.

　① 시·도지사에게
　② 30일 이내
　③ 시·도지사에게

정답 ④

41 국가유산수리 등에 관한 법령상, 국가유산수리업자 등의 등록과 국가유산수리 능력의 평가 및 공시에 관한 설명으로 옳지 않은 것은?
① 시·도지사는 국가유산수리업등의 등록, 변경신고, 폐업신고를 받는 경우 이 사실을 국가유산청장에게 통보할 필요는 없다.
② 시·도지사는 국가유산수리업등의 등록을 하면 등록증 및 등록수첩을 발급하여야 한다.
③ 국가유산수리업자는 전년도 실적 등을 거짓으로 신고하여서는 아니 된다.
④ 국가유산청장은 발주자가 적절한 국가유산수리업자를 선정할 수 있도록 하기 위하여 국가유산수리업자의 신청이 있는 경우 국가유산수리의 능력을 평가하여 공시하여야 한다.

해설 국가유산수리업등의 등록

1. 국가유산수리업, 국가유산실측설계업 또는 국가유산감리업을 하려는 자는 주된 영업소의 소재지를 관할하는 시·도지사에게 등록하여야 한다.
2. 국가유산수리업등을 등록한 자는 등록사항 중 중요사항이 변경된 경우, 변경된 날부터 30일 이내에 등록한 시·도지사에게 변경신고를 하여야 한다.
3. 국가유산수리업등을 등록한 자가 폐업한 경우에는 정하는 바에 따라 시·도지사에게 신고하여야 한다(이 경우 시·도지사는 폐업신고를 받으면 그 등록을 말소하여야 한다).
4. 시·도지사는 국가유산수리업등의 등록, 변경신고, 폐업신고를 받으면 국가유산청장에게 통보하여야 한다.

정답 ①

42 「국가유산수리 등에 관한 법률」에서 국가유산수리업을 양도하여야 하는 경우는 어느 것인가?

① 영업정지 처분기간 중에 있는 경우
② 국가유산수리업의 등록취소 처분을 받고 그 처분이 집행정지 중에 있는 경우
③ 부정당업자로서 입찰참가자격 제한 처분을 받고 그 처분기간 중에 있는 경우
④ 국가유산수리업자의 상속인이 미성년자인 경우

해설
1. 국가유산수리업을 양도할 수 없는 경우 : ①, ②, ③
2. 양도하여야 하는 경우
   (1) 상속인이 국가유산수리업자등의 결격사유에 해당하는 경우에는 상속개시일부터 3개월 이내에 그 국가유산수리업을 다른 사람에게 양도하여야 한다.
   (2) 국가유산수리업자등의 결격 사유
      ① 미성년자
      ② 국가유산실측설계업자의 경우 피성년후견인 또는 피한정후견인 등

정답 ④

43 국가유산수리 등에 관한 법령상, 국가유산수리업의 양도 등에 대해 틀린 것은?

① 법인인 국가유산수리업자등이 합병하려는 경우에는 30일 이내에 법인합병신고서를 작성하여 제출하여야 한다.
② 국가유산수리업을 양도하려는 경우 시·도지사에게 양도신고서를 작성하여 제출하여야 한다.
③ 국가유산수리업자가 사망한 경우에는 상속신고서를 상속개시일로부터 60일 이내에 제출하여야 한다.
④ 상속인이 국가유산수리업자의 결격사유에 해당하는 경우에는 6개월 이내에 다른 사람에게 양도하여야 한다.

④ 상속개시일부터 3개월 이내에 그 국가유산수리업을 다른 사람에게 양도하여야 한다.

정답 ④

44 「국가유산수리 등에 관한 법률」에서 국가유산수리업자 등의 등록에 대하여 거리가 있는 것을 찾으시오.

① 종합국가유산수리업, 전문국가유산수리업, 국가유산실측설계업, 국가유산감리업을 하려는 자는 주된 영업소의 소재지를 관할하는 시·도지사에게 등록하여야 한다.
② 등록신청 시 서류는 유효기간을 넘기지 아니한 것으로서 제출일 전 1개월 이내에 작성되거나 발행된 것이어야 하며, 기업진단보고서는 시·도지사가 정하여 고시하는 바에 따라 작성된 것이어야 한다.
③ 국가유산수리업 등을 등록한 자는 등록사항 중 중요사항이 변경된 경우, 변경된 날부터 30일 이내에 등록한 시·도지사에게 변경신고를 하여야 한다.
④ 국가유산수리업 등을 등록한 자가 폐업한 경우에는 시·도지사에게 신고하여야 한다. 이 경우 시·도지사는 폐업신고를 받으면 그 등록을 말소하여야 한다.

해설 1. 기업진단보고서는 국가유산청장이 정하여 고시하는 바에 따라 작성된 것이어야 한다.
2. 시·도지사는 국가유산수리업등의 등록, 변경신고, 폐업신고를 받으면 국가유산청장에게 통보하여야 한다.

정답 ②

45 국가유산수리 등에 관한 법령상, ( ) 안에 들어갈 내용으로 옳은 것은?

> 두 종류 이상의 전문 분야에 관한 국가유산수리가 복합된 국가유산수리로서 전체 국가유산수리 예정금액이 ( )원 미만이고, 주된 분야의 국가유산수리 예정금액이 전체 국가유산수리 예정금액의 ( ) 이상인 경우 그 나머지 부분의 국가유산수리는 대통령령으로 정하는 부대 국가유산수리에 해당한다.

① 1억, 3분의 1 ② 1억, 2분의 1
③ 2억, 3분의 1 ④ 2억, 2분의 1

정답 ②

46 「국가유산수리 등에 관한 법률」에서 국가유산수리의 종류와 범위 등으로 옳은 것을 고르시오.

> 1. 주된 분야의 국가유산수리를 시행하기 위하여 또는 시행함으로 인하여 필요한 종된 국가유산수리
> 2. 두 종류 이상의 전문분야에 관한 국가유산수리가 복합된 국가유산수리로서 전체 국가유산수리 예정금액이 1억 원 미만이고, 주된 분야의 국가유산수리 예정금액이 전체 국가유산수리 예정금액의 2분의 1이상인 경우 그 나머지 부분의 국가유산수리
> 3. 종된 국가유산수리 예정금액이 2천만 원 미만인 국가유산수리

① 종합국가유산수리 ② 복합국가유산수리
③ 전문국가유산수리 ④ 부대국가유산수리

 국가유산수리업의 종류(범위)
1. 종합국가유산수리업 : 종합적인 계획·관리 및 조정하에 두 종류 이상의 공종이 복합된 국가유산수리를 하는 것
2. 전문국가유산수리업 : 국가유산의 일부 또는 전문 분야에 관한 국가유산수리를 하는 것
3. 부대국가유산수리 범위 : 종합국가유산수리와 전문국가유산수리에도 불구하고 기술적으로 분리하기 어려운 복합된 국가유산수리로서 부대국가유산수리의 경우에는 주된 분야의 국가유산수리업자가 수리할 수 있다. [부대국가유산수리의 범위] 보기 1, 2, 3.

정답 ④

47 「국가유산수리 등에 관한 법률」상 국가유산수리업자 등의 등록에서 등록 취소처분 등을 받은 후의 국가유산수리에 대하여 옳은 것을 고르시오.
① 영업정지처분이나 등록취소처분을 받은 국가유산수리업자 및 그 포괄승계인은 그 처분을 받기 전에 도급을 체결하였거나 관계법령에 따라 허가·인가 등을 받아 착수한 국가유산수리에 대하여는 이를 계속하여 시행할 수 없다.
② 영업정지처분이나 등록취소처분을 받은 국가유산수리업자 및 그 포괄 승계인은 그 처분의 내용을 30일 이내에 해당 국가유산수리의 발주자에게 알려야 한다.
③ 국가유산수리업자가 국가유산수리업의 등록이 취소된 후 국가유산수리를 계속하는 경우, 국가유산수리업자로 볼 수 없다.
④ 국가유산수리의 발주자는 특별한 사유가 있는 경우 외에는 해당 국가유산수리업자로부터 등록 취소 등에 따른 통지를 받은 날이나 그 사실을 안 날부터 30일 이내에 만 도급을 해지할 수 있다.

해설 등록취소 처분 등을 받은 후의 국가유산수리
① 이를 계속하여 시행할 수 있다.
② 그 처분의 내용을 지체 없이 해당 국가유산수리의 발주자에게 알려야 한다.
③ 그 국가유산수리를 완성할 때까지는 국가유산수리업자로 본다.

정답 ④

48 국가유산수리 등에 관한 법령상, 국가유산수리업의 양도에 관한 설명이다. ( )에 들어갈 내용은?

> • 시·도지사는 국가유산수리업의 양도에 따른 신고를 받은 날부터 (ㄱ)일 이내에 신고 수리 여부를 신고인에게 통지하여야 한다.
> • 국가유산수리업을 양도하려는 자는 문화체육관광부령으로 정하는 바에 따라 그 사실을 (ㄴ)일 이상 공고하여야 한다.

① ㄱ : 10, ㄴ : 20
② ㄱ : 10, ㄴ : 30
③ ㄱ : 20, ㄴ : 30
④ ㄱ : 20, ㄴ : 60

정답 ②

49 국가유산수리 등에 관한 법령상, 국가유산수리업의 양도 및 상속에 관한 설명으로 옳은 것은?
① 시행 중인 국가유산수리가 있는 때에는 해당 국가유산수리의 발주자의 동의를 받거나 해당 국가유산수리의 도급을 해지한 후가 아니면 국가유산수리업을 양도할 수 없다.
② 국가유산수리업을 양도하려는 자는 문화체육관광부령으로 정하는 바에 따라 그 사실을 15일 이상 공고하여야 한다.
③ 상속인이 국가유산수리업자의 결격사유에 해당하는 경우에는 상속개시일부터 5개월 이내에 그 국가유산수리업을 다른 사람에게 양도하여야 한다.
④ 국가유산수리업을 양도하려는 자가 국가유산수리에 관한 하자담보 책임기간 중에 있는 경우에는 그 국가유산수리의 하자보수에 관한 권리·의무를 양도할 수 없다.

해설 국가유산수리업의 양도 및 상속
1. 국가유산수리업을 양도하려는 자는 그 사실을 30일 이상 공고하여야 한다.
   (1) 양도인의 주된 영업소의 소재지를 관할하는 시·도의 구역에서 발행되는 일간 신문에
   (2) 1회 이상 게재하여야 한다.

2. 국가유산수리업 양도의 내용
   (1) 국가유산수리업의 권리·의무의 양도내용
      ① 시행 중인 국가유산수리의 도급에 관한 권리·의무
      ② 국가유산수리가 끝났으나 그에 관한 하자 담보 책임기간 중에 있는 경우에는 그 국가유산수리의 하자 보수에 관한 권리·의무
   (2) 시행 중인 국가유산수리가 있는 때에는 해당 국가유산수리의 발주자의 동의를 받거나 해당 국가유산수리의 도급을 해지한 후가 아니면 국가유산수리업을 양도할 수 없다.
3. 국가유산수리업의 상속
   (1) 국가유산수리업자가 사망한 경우에는 그 상속인은 국가유산수리업자의 모든 권리·의무를 승계한다.
   (2) 국가유산수리업등의 상속신고 등
      ① 국가유산수리업 등 상속신고서를 상속개시일부터 60일 이내에
      ② 시·도지사에게 제출하여야 한다.
   (3) 상속인이 국가유산수리업자등의 결격사유에 해당하는 경우에는 상속 개시일부터 3개월 이내에 그 국가유산수리업을 다른 사람에게 양도하여야 한다.

정답 ①

50 「국가유산수리 등에 관한 법률」상 국가유산수리업에 관한 규정의 내용이다. ( ) 안에 들어갈 내용으로 옳은 것은?

> 국가유산수리업의 상속인이 국가유산수리업자의 결격사유에 해당하는 경우에는 상속 개시일부터 ( ) 이내에 그 국가유산수리업을 다른 사람에게 양도하여야 한다.

① 3개월　　　　　　　　　　② 6개월
③ 1년　　　　　　　　　　　④ 3년

정답 ①

51 국가유산수리 등에 관한 법령상, 국가유산수리업의 양도 등에 관한 설명으로 옳지 않은 것은?

① 법인인 국가유산수리업자가 합병하려는 경우에는 문화체육관광부령으로 정하는 바에 따라 시·도지사에게 신고하여야 한다.
② 국가유산수리업을 양도하려는 자는 문화체육관광부령으로 정하는 바에 따라 그 사실을 30일 이상 공고하여야 한다.
③ 시행 중인 국가유산수리가 있는 국가유산수리업을 양도하기 위해서는 국가유산청장

의 허가를 받아야 한다.
④ 국가유산수리업을 양도하려는 자는 시행 중인 국가유산수리의 도급에 관한 권리·의무가 있으면 이를 모두 양도하여야 한다.

정답 ③

52 국가유산수리 등에 관한 법령상, 국가유산수리업의 양도 및 상속에 관한 설명으로 옳지 않은 것은?
① 국가유산수리업자가 국가유산수리업을 양도하려는 경우에는 문화체육관광부령으로 정하는 바에 따라 시·도지사에게 신고하여야 한다.
② 국가유산수리업을 양도하려는 자는 문화체육관광부령으로 정하는 바에 따라 그 사실을 30일 이상 공고하여야 한다.
③ 상속인이 국가유산수리업자의 결격사유에 해당하는 경우에는 상속개시일부터 3개월 이내에 그 국가유산수리업을 다른 사람에게 양도하여야 한다.
④ 국가유산수리업자의 상속인은 문화체육관광부령으로 정하는 바에 따라 상속사실을 시장·군수·구청장에게 신고하여야 한다.

정답 ④

53 국가유산수리 등에 관한 법령상, 국가유산수리업의 양도에 관한 설명으로 옳지 않은 것은?
① 국가유산수리업자는 국가유산수리업을 양도하려는 경우 주된 영업소를 관할하는 시·도지사에게 신고하여야 하고, 그 시·도지사는 신고를 받은 날부터 10일 이내에 신고수리여부를 신고인에게 통지하여야 한다.
② 주된 영업소를 관할하는 시·도지사는 국가유산수리업의 양도신고가 있는 경우에 문화체육관광부령이 정하는 바에 따라 그 사실을 30일 이상 공고하여야 한다.
③ 국가유산수리업을 양도하려는 자는 국가유산수리가 끝났으나 그에 관한 하자담보 책임기간 중에 있는 경우에 그 국가유산수리의 하자보수에 관한 권리·의무도 양도하여야 한다.
④ 국가유산수리업을 상속받은 상속인이 국가유산수리업자의 결격사유에 해당하여 국가유산수리업을 양도하는 경우에는 영업정지 처분기간 중에 있더라도 영업을 양도할 수 있다.

정답 ②

54 국가유산수리 등에 관한 법령상, 국가유산수리업등의 운영에 관한 내용으로 옳은 것을 고르시오.

① 국가유산수리업은 종합국가유산수리업과 전문국가유산수리업으로 구분한다.
② 기술적으로 분리하기 어려운 복합된 국가유산수리로서, 종된 국가유산수리 예정금액이 5천만 원 미만인 국가유산수리의 경우에는 주된 분야의 국가유산수리업자가 수리할 수 있다.
③ 국가유산수리업자의 상속인이 국가유산수리업자의 결격사유에 해당하는 경우에는 상속개시일부터 2개월 이내에 다른 사람에게 양도하여야 한다.
④ 국가유산수리업 등을 등록한 자는 등록 사항 중 "상호"가 변경된 경우에는 변경된 날부터 60일 이내에 등록한 시·도지사에게 변경신고를 하여야 한다.

② 2천만 원
③ 3개월 이내
④ 30일 이내

정답 ①

55 「국가유산수리 등에 관한 법률」상, 등록취소 처분 등을 받은 후의 국가유산수리에 관한 내용으로 옳지 않은 것은?

① 영업정지 처분이나 등록취소 처분을 받은 국가유산수리업자 및 그 포괄승계인은 그 처분의 내용을 지체없이 해당 국가유산수리의 발주자에게 알려야 한다.
② 영업정지 처분이나 등록취소 처분을 받은 국가유산수리업자 및 그 포괄승계인은 그 처분을 받기 전에 도급을 체결하였거나 관계 법령에 따라 인가·허가 등을 받아 착수한 국가유산수리에 대하여는 이를 계속하여 시행할 수 있다.
③ 국가유산수리의 발주자는 특별한 사유가 있는 경우 외에는 해당 국가유산수리업자로부터 영업정지 처분이나 등록취소 처분을 받았다는 통지를 받은 날부터 40일 이내, 그 사실을 안 날부터 45일 이내에만 도급을 해지할 수 있다.
④ 국가유산수리업자가 국가유산수리업의 등록이 취소된 후 국가유산수리 등에 관한 법률 제22조 제1항에 따라 국가유산수리를 계속하는 경우에는 그 국가유산수리를 완성할 때까지는 국가유산수리업자로 본다.

정답 ③

[제2절 도급 및 하도급]

56 「국가유산수리 등에 관한 법률」상, 도급의 원칙에서 거리가 있는 것을 찾으시오.

① 도급의 당사자는 각각 대등한 입장에서 합의에 따라 공정하게 계약을 체결하고, 신의에 따라 성실하게 계약내용을 이행하여야 한다.
② 서명날인한 계약서를 각각 보관하여야 한다.
③ 계약당사자가 대등한 입장에서 공정하게 계약을 체결하도록 하기 위하여 국가유산청장은 국가유산수리 등의 도급 및 하도급에 관한 표준계약서를 정하여 보급하여야 한다.
④ 수급인은 국가유산수리 등에 관한 내용이 적힌 대장을 주된 영업소에 보관하여야 한다.

① 도급의 원칙
② 도급계약의 내용(서명날인한 계약서를 각각 보관하여야 한다)
③ 표준계약서를 정하여 보급할 수 있다.
④ 도급대장
 • 수급인은 국가유산수리 등에 관한 내용이 적힌 대장을 주된 영업소에 보관하여야 한다.
 • 보관하여야 할 도급대장
  －국가유산수리업자 : 국가유산수리 도급대장
  －국가유산실측설계업자 : 실측설계 도급대장
  －국가유산 감리업자 : 감리도급대장

정답 ③

57 국가유산수리 등에 관한 법령상, 국가유산수리 등에 관한 도급의 당사자가 계약을 체결할 때 계약서에 분명하게 밝혀야 할 사항이 아닌 것은?

① 기술능력, 자본금(개인의 경우에는 국가유산수리업 등에 제공되는 자산평가)에 관한 사항
② 해당 국가유산수리에서 발생된 폐기물의 처리방법과 재활용에 관한 사항
③ 물가 변동 등으로 인한 도급금액 또는 국가유산수리 등의 내용 변경에 관한 사항
④ 국가유산수리 등의 완성 후의 도급금액 지급 시기

정답 ①

58 「국가유산수리 등에 관한 법률」상, 하도급의 통보에서 내용이 맞지 않는 것은 어느 것인가?

① 하도급의 통보는 하도급계약을 체결한 날부터 30일 이내에 발주자에게 통보하여야 한다.
② 하도급계약을 변경하거나 해제한 경우에는 지체 없이 발주자에게 통보하여야 한다.
③ 국가유산감리업자가 감리를 하는 국가유산수리로서 하도급을 한 종합국가유산수리업자가 하도급계약을 체결한 날부터 30일 이내에 국가유산감리업자에게 통보한 경우에는 이를 발주자에게 알린 것으로 본다.
④ 하수급인은 하도급받은 국가유산수리에 관하여는 발주자에 대하여 수급인과 같은 의무를 진다.

해설 ② 하도급계약을 변경하거나 해제한 경우에도 또한 같다(하도급의 통보는 하도급계약을 체결한 날부터 30일 이내에 발주자에게 통보하여야 한다).

정답 ②

59 국가유산수리 등에 관한 법령상, 도급 및 하도급에 관한 설명으로 옳은 것을 고르시오.

① 종합국가유산수리업자는 도급받은 국가유산수리의 일부를 국가유산수리 내용에 맞는 전문국가유산수리업자에게 하도급할 수 없다.
② 감리를 도급받은 수급인은 그 감리를 제3자에게 하도급할 수 있다.
③ 하수급인은 하도급받은 국가유산수리에 관하여는 발주자에 대하여 수급인과 같은 의무를 진다.
④ 수급인은 하수급인으로부터 하도급 국가유산수리의 완료 또는 기성부분의 통지를 받은 경우에는 15일 이내에 이를 확인하기 위한 검사를 하여야 한다.

해설
1. 하도급의 제한 등
   (1) 국가유산수리를 도급받은 국가유산수리업자는 그 국가유산수리를 직접 수행하여야 한다. 다만, 종합국가유산수리업자는 도급받은 국가유산수리의 일부를 국가유산수리 내용에 맞는 전문 국가유산수리업자에게 하도급할 수 있다.
   (2) 하도급의 통보 등
      ① 하도급을 하는 경우에는 도급받은 국가유산수리 금액의 100분의 50을 초과하여 전문국가유산수리업자에게 하도급할 수 없다.
      ② 하도급의 통보
         ㉠ 하도급계약을 체결한 날부터 30일 이내에 발주자에게 통보하여야 한다.
         ㉡ 하도급계약을 변경하거나 해제한 경우에도 또한 같다.
         ㉢ 국가유산감리업자가 감리를 하는 국가유산수리로서 하도급을 한 종합국가유산수리업자가 하도급계약을 체결한 날부터 30일 이내에 국가유산감리업자에게 통보한 경우에는 이를 발주자에게 알린 것으로 본다.

(3) 종합국가유산수리업자로부터 국가유산수리의 일부를 하도급받은 전문국가유산수리업자는 이를 다시 하도급할 수 없다.
(4) 감리를 도급받은 수급인은 그 감리를 제3자에게 하도급할 수 없다.

2. 하수급인 등의 지위
   (1) 하수급인은 하도급받은 국가유산수리에 관하여는 발주자에 대하여 수급인과 같은 의무를 진다.
   (2) 수급인과 하수급인 간의 법률관계에는 영향을 미치지 아니한다.

3. 검사 및 인도
   (1) 수급인은 하수급인으로부터 하도급 국가유산수리의 완료 또는 기성(旣成)부분의 통지를 받은 경우에는 10일 이내에 이를 확인하기 위한 검사를 하여야 한다.
   (2) 수급인은 검사 결과 하도급 국가유산수리가 계약대로 끝난 경우에는 지체 없이 이를 인수하여야 한다.

정답 ③

60 국가유산수리 등에 관한 법령상, 하도급 대금의 지급 등에서 옳은 것을 찾으시오.

① 수급인은 발주자로부터 도급받은 국가유산수리에 대한 준공금을 받았을 때에는 하도급 대금의 전부를 30일 이내에 하수급인에게 현금으로 지급하여야 한다.
② 수급인은 발주자로부터 선급금을 받은 경우에는 하수급인이 국가유산수리를 완공할 수 있도록 그가 받은 선급금의 전부를 하수급인에게 지급하여야 한다.
③ 하수급인에게 선급금을 지급하고자 할 경우, 수급인은 하수급인이 선급금을 반환하여야 할 경우에 대비하여 하수급인에게 보증을 요구할 수 있다.
④ 수급인은 하도급을 한 경우 설계변경 등의 사정으로 도급금액이 조정되는 경우, 하수급인에게 하도급 금액을 줄이는 등의 불이익을 줄 수 없다.

해설
① 15일 이내에
② 내용과 비율에 따라 지급
④ 줄여서 지급할 수 있다.

정답 ③

61 국가유산수리 등에 관한 법령상, 국가유산수리업자의 하도급 대금지급방법에 관한 설명으로 옳은 것은?

① 수급인은 발주자로부터 도급받은 국가유산수리에 대한 기성금을 어음으로 받았을 때에는 하수급인이 국가유산수리한 부분에 상당한 금액을 어음으로 받은 날부터 15일 이내에 하수급인에게 현금으로 지급하여야 한다.
② 수급인은 발주자로부터 선급금을 받은 경우에는 하수급인이 국가유산수리를 착수할 수 있도록 그가 받은 선급금 대금의 전부를 지급받은 날부터 15일 이내에 하수급인에게 현금으로 지급하여야 한다.
③ 지방자치단체가 발주한 경우로서 국가유산수리 예정가격에 대비하여 100분의 82에 미달하는 금액으로 하도급을 체결한 경우 발주자는 하수급인이 국가유산수리를 한 부분에 해당하는 하도급 대금을 하수급인에게 직접 지급할 수 있다.
④ 발주자가 하수급인이 국가유산수리를 한 부분에 해당하는 하도급 대금을 하수급인에게 직접 지급한 경우 발주자의 수급인에 대한 대금 지급채무는 전부 소멸한 것으로 추정한다.

정답 ③

62 「국가유산수리 등에 관한 법률」에서 발주자는 하수급인이 국가유산수리를 한 부분에 해당하는 하도급 대금을 하수급인에게 직접 지급할 수 있는데, 직접 지급이 가능한 경우를 모두 고르시오.

ㄱ. 발주자와 수급인간에 하도급 대금을 하수급인에게 직접 지급할 수 있다는 뜻과 그 지급의 방법·절차를 명백히 하여 합의한 경우
ㄴ. 하수급인이 수급인을 상대로 그가 국가유산수리한 부분에 대한 하도급 대금의 지급을 명하는 확정판결을 받은 경우
ㄷ. 국가에서 발주한 경우로서, 수급인이 하도급 대금의 지급을 1회 이상 지체한 경우
ㄹ. 지방자치단체 또는 공공기관이 발주한 경우로서 국가유산수리 예정가격에 대비하여 100분의 82에 미달하는 금액으로 하도급을 체결한 경우
ㅁ. 수급인의 지급정지·파산 등으로 인하여 수급인이 하도급 대금을 지급할 수 없는 명백한 사유가 있다고 발주자가 인정하는 경우

① ㄱ, ㄴ
② ㄱ, ㄴ, ㄷ
③ ㄱ, ㄴ, ㄷ, ㄹ
④ ㄱ, ㄴ, ㄷ, ㄹ, ㅁ

해설 수급인은 국가, 지방자치단체 또는 공공기관이 발주한 경우(ㄷ, ㄹ)에 해당하는 경우로서 하수급인에게 책임이 있는 사유로 자신이 피해를 입을 우려가 있다고 인정되는 경우에는 그 사유를 분명하게 밝혀 발주자에게 대금의 직접 지급을 중지할 것을 요청할 수 있다.

정답 ④

63 국가유산수리 등에 관한 법령상, 국가유산수리 등에 관한 하도급에 관한 설명으로 옳은 것은?

① 종합국가유산수리업자로부터 국가유산수리의 일부를 하도급받은 전문국가유산수리업자는 하도급받은 국가유산수리의 일부를 다시 하도급할 수 있다.
② 하도급 계약 금액이 하도급 부분에 대한 발주자의 예정가격의 100분의 82에 미달하는 경우에 발주자는 하도급 계약 내용의 적정성을 심사할 수 있다.
③ 수급인은 하수급인으로부터 하도급 국가유산수리의 완료의 통지를 받은 경우에는 지체 없이 이를 확인하기 위한 검사를 하여야 한다.
④ 발주자가 지방자치단체인 경우, 수급인이 하도급 대금의 지급을 1회 이상 지체하였다면 발주자는 하도급 대금을 하수급인에게 직접 지급할 수 있다.

정답 ④

64 국가유산수리 등에 관한 법령상, 국가유산수리 등에 관한 도급의 원칙이 아닌 것은?

① 대등의 원칙
② 공정의 원칙
③ 성실의무의 원칙
④ 적정이윤 보장의 원칙

해설 도급의 원칙
1. 도급의 당사자는 각각 대등한 입장에서
2. 합의에 따라 공정하게 계약을 체결하고
3. 신의에 따라 성실하게 계약내용을 이행하여야 한다.

정답 ④

65 국가유산수리 등에 관한 법령상, 국가유산수리업 등의 도급 및 하도급에 관한 설명으로 옳지 않은 것은?

① 국가유산수리 등에 관한 도급의 당사자는 각각 대등한 입장에서 합의에 따라 공정하게 계약을 체결하고, 신의에 따라 성실하게 계약 내용을 이행하여야 한다.
② 종합국가유산수리업자가 도급받은 국가유산수리의 일부를 국가유산수리 내용에 맞는 전문국가유산수리업자에게 하도급하는 경우, 도급받은 국가유산수리 금액의 100분의 50을 초과하여 하도급할 수 없다.
③ 감리를 도급받은 수급인은 그 감리를 제3자에게 하도급할 수 있다.
④ 수급인은 발주자로부터 도급받은 국가유산수리에 대한 준공금을 받았을 때에는 하도급 대금의 전부를 지급받은 날부터 15일 이내에 하수급인에게 현금으로 지급하여야 한다.

정답 ③

66 「국가유산수리 등에 관한 법률」상, 발주자가 하수급인의 국가유산수리를 한 부분에 해당하는 대금을 하수급인에게 직접 지급할 수 있는 경우가 아닌 것은?

① 발주자와 수급인 간에 하도급 대금을 하수급인에게 직접 지급할 수 있다는 뜻과 그 지급의 방법·절차를 명백히 하여 합의한 경우
② 국가가 발주한 경우로서 수급인이 하도급 대금의 지급을 1회 이상 지체한 경우
③ 수급인의 지급정지·파산 등으로 인하여 수급인이 하도급대금을 지급할 수 없는 명백한 사유가 있다고 발주자가 인정하는 경우
④ 국가 또는 지방자치단체가 발주한 경우로서 국가유산수리예정가격에 대비하여 85% 이상으로 하도급을 체결한 경우

 하도급 대금의 직접지급
(법 제29조 제1항 제3호 나목에서 문화체육관광부령으로 정하는 비율이란) 100분의 82를 말한다.

정답 ④

67 「국가유산수리 등에 관한 법률」상, 하도급의 제한 등에서 아래의 내용이 맞지 않는 것을 고르시오.

① 국가유산수리를 도급받은 국가유산수리업자는 그 국가유산수리를 직접 수행하여야 한다. 다만, 종합 국가유산수리업자는 도급받은 국가유산수리의 일부를 국가유산수리의 내용에 맞는 전문국가유산수리업자에게 하도급할 수 있다.
② 하도급을 하는 경우에는 도급받은 국가유산수리금액의 100분의 50 이상을 전문국가유산수리업자에게 하도급할 수 없다.
③ 종합국가유산수리업자로부터 국가유산수리의 일부를 하도급받은 전문국가유산수리업자는 이를 다시 하도급할 수 없다.
④ 감리를 도급받은 수급인은 그 감리를 제3자에게 하도급할 수 없다.

② 도급받은 국가유산수리금액의 100분의 50을 초과하여 전문국가유산수리업자에게 하도급할 수 없다.

정답 ②

68 국가유산수리 등에 관한 법령상, 국가유산수리업의 하도급 제한에 관한 설명으로 옳지 않은 것은?

① 종합국가유산수리업자는 도급받은 국가유산수리의 일부를 국가유산수리 내용에 맞는 전문국가유산수리업자에게 하도급할 수 있다.
② 하도급을 한 종합국가유산수리업자는 대통령령으로 정하는 바에 따라 발주자에게 그 사실을 알려야 한다.
③ 종합국가유산수리업자로부터 국가유산수리의 일부를 하도급받은 전문국가유산수리업자는 국가유산의 특성에 따라 이를 다시 하도급할 수 있다.
④ 감리를 도급받은 수급인은 그 감리를 제3자에게 하도급할 수 없다.

정답 ③

69 국가유산수리 등에 관한 법령상, 도급 및 하도급에 관한 설명으로 옳은 것은?

① 감리를 도급받은 수급인은 그 감리를 제3자에게 하도급할 수 있다.
② 하수급인은 하도급받은 국가유산수리에 관하여는 발주자에 대하여 수급인과 같은 의무를 진다.
③ 종합국가유산수리업자로부터 국가유산수리의 일부를 하도급받은 전문국가유산수리업자는 이를 다시 하도급할 수 있다.
④ 발주자는 하수급인이 국가유산수리를 한 부분에 해당하는 하도급 대금을 하수급인에게 직접 지급할 수 없다.
⑤ 수급인은 하수급인으로부터 하도급 국가유산수리의 완료 통지를 받은 경우에는 30일 이내에 이를 확인하기 위한 검사를 하여야 한다.

해설 도급 및 하도급
1. 하도급의 제한 등
    (1) 국가유산수리를 도급받은 국가유산수리업자는 그 국가유산수리를 직접 수행하여야 한다.(다만, 종합국가유산수리업자는 도급받은 국가유산수리의 일부를 국가유산수리 내용에 맞는 전문국가유산수리업자에게 하도급할 수 있다.)
    (2) 하도급의 통보 등
        하도급을 하는 경우에는 도급받은 국가유산수리 금액의 100분의 50을 초과하여 전문국가유산수리업자에게 하도급할 수 없다.
    (3) 종합국가유산수리업자로부터 국가유산수리의 일부를 하도급 받은 전문국가유산수리업자는 이를 다시 하도급할 수 없다.
    (4) 감리를 도급받은 수급인은 그 감리를 제3자에게 하도급할 수 없다.

2. 하수급인 등의 지위

　　하수급인은 하도급받은 국가유산수리에 관하여는 발주자에 대하여 수급인과 같은 의무를 진다.(수급인과 하수급인 간의 법률관계에는 영향을 미치지 아니한다)

3. 검사 및 인도

　(1) 수급인은 하수급인으로부터 하도급 국가유산수리의 완료 또는 기성 부분의 통지를 받은 경우에는 10일 이내에 이를 확인하기 위한 검사를 하여야 한다.

　(2) 수급인은 검사결과 하도급 국가유산수리가 계약대로 끝난 경우에는 지체 없이 이를 인수하여야 한다.

정답 ②

70 국가유산수리 등에 관한 법령상, 도급 및 하도급에 관한 설명으로 옳지 않은 것은?

① 종합국가유산수리업자는 도급받은 국가유산수리의 일부를 국가유산수리 내용에 맞는 전문국가유산수리업자에게 하도급할 수 있다.

② 수급인은 하수급인으로부터 하도급 국가유산수리의 완료통지를 받은 경우에는 10일 이내에 이를 확인하기 위한 검사를 하여야 한다.

③ 수급인은 하수급인이 고의 또는 과실로 하도급받은 국가유산수리의 관리를 부실하게 하여 타인에게 손해를 가한 경우에는 하수급인과 연대하여 그 손해를 배상할 책임이 있다.

④ 하수급인이 국가유산수리를 하면서 설계도서대로 국가유산수리를 하지 아니한다고 인정될 때에는 발주자는 국가유산수리에 관한 하도급을 해지할 수 있다.

정답 ④

71 국가유산수리 등에 관한 법령상, 국가유산수리의 도급 및 하도급에 관한 설명으로 옳지 않은 것은?

① 발주자는 하수급인의 국가유산수리 능력의 적정성을 심사한 결과 그 능력이 적정하지 아니하다고 인정되는 경우에는 수급인에게 하수급인의 변경을 요구할 수 있다.

② 하수급인은 하도급받은 국가유산수리에 관하여는 발주자에 대하여 수급인과 같은 의무를 진다.

③ 발주자가 「공공기관의 운영에 관한 법률」에 따른 공공기관인 경우 수급인이 하도급 대금의 지급을 지체하더라도 발주자가 하도급 대금을 하수급인에게 직접 지급할 수는 없다.

④ 발주자는 하수급인이 설계도서대로 국가유산수리를 하지 아니한다고 인정될 때에는 수급인에게 하수급인을 변경하도록 요구할 수 있다.

정답 ③

[제3절 국가유산수리]

72 국가유산수리 등에 관한 법령상, 국가유산수리기술자의 배치에 관한 설명으로 옳지 않은 것은?

① 국가유산수리업자가 국가유산수리기술자를 국가유산수리 현장에 배치하려면 발주자의 승낙을 얻어야 한다.
② 국가유산수리기술자를 국가유산수리 현장에 배치한 국가유산수리업자는 배치일부터 14일 이내에 해당 국가유산수리기술자로 하여금 현장 배치 확인표에 발주자의 확인을 받도록 하여야 한다.
③ 국가유산수리 현장에 배치된 국가유산수리기술자는 발주자의 승낙을 받지 아니하고는 정당한 사유 없이 그 현장을 이탈하여서는 아니 된다.
④ 발주자는 국가유산수리 현장에 배치된 국가유산수리기술자의 업무수행 능력이 현저히 부족하다고 인정되는 경우에는 수급인에게 그 국가유산수리기술자를 교체하도록 요청할 수 있다.

정답 ①

73 국가유산수리 등에 관한 법령상, 국가유산수리업을 등록한 전문국가유산수리업자가 종합국가유산수리업자로부터 국가유산수리의 일부를 하도급받은 경우 해당국가유산수리기술자를 배치하지 아니할 수 있는 국가유산수리업은? [2025년도 제43회 기출문제]

① 목공사업
② 식물보호업
③ 단청공사업
④ 보존과학업

정답 ①

74 「국가유산수리 등에 관한 법률」에서 국가유산수리의 종류별 하자담보 책임기간의 내용으로 옳은 것을 모두 고르시오.

> ㄱ. 국가유산수리의 하자담보책임기간은 새로운 재료를 사용하여 기초부터 다시 복원하거나 신설할 때를 기준으로 한 것이다.
> ㄴ. 기존의 유구나 건축물의 가구 등에 덧붙이거나 보충하여 복원·보수하는 경우나, 기존구조나 부재를 해체한 후 해체한 부재의 전부 또는 일부를 다시 사용하여 복원하거나 보수하는 경우에는 하자담보책임기간을 국가유산수리의 종류별 하자 담보책임기간의 3분의 2로 한다.
> ㄷ. 국가유산수리의 종류별 하자담보책임기간에 없는 국가유산수리의 공정은 하자담보책임기간의 유사공종에 따른다.
> ㄹ. 현대식 재료·공법으로 시공한 구조물의 경우에는 건설산업기본법 등 관계법령의 하자담보책임기간에 관한 규정을 준용한다.
> ㅁ. 둘 이상의 공종이 복합된 공사에서 공종별로 하자책임을 구분할 수 없는 경우에는 수리의 금액이 큰 공종을 기준 기간으로 하고, 구분할 수 있는 경우에는 각각의 세부공종별 하자담보책임 기간으로 한다.

① ㄱ, ㄴ, ㄷ
② ㄱ, ㄷ, ㄹ
③ ㄱ, ㄴ, ㄷ, ㄹ
④ ㄱ, ㄷ, ㄹ, ㅁ

ㅁ. 둘 이상의 공종이 복합된 공사에서 공종별로 하자책임을 구분할 수 없는 경우에는 책임기간이 긴 기간으로 한다.

정답 ③

75 「국가유산수리 등에 관한 법률」에서 국가유산수리업자의 하자담보책임이 없는 것을 나열하였다. 거리가 있는 것 하나만 고르시오(국가유산수리업자가 그 재료 또는 지시가 적당하지 아니함을 알고도 발주자에게 알리지 아니한 경우에는 하자담보책임이 있다).

> ㄱ. 발주자가 제공한 국가유산수리 재료로 인한 경우
> ㄴ. 발주자의 지시에 따라 국가유산수리를 한 경우
> ㄷ. 발주자가 국가유산수리의 목적물을 통상적인 사용범위를 넘어서 사용하는 경우
> ㄹ. 국가유산수리업자와 발주자 사이에 하자담보책임기간의 3분의 2 미만으로 특약을 정한 경우

① ㄱ
② ㄴ
③ ㄷ
④ ㄹ

ㄹ. 국가유산수리업자의 하자담보책임에도 불구하고 국가유산수리업자와 발주자 사이에 체결한 도급계약서에 국가유산수리업자의 하자담보책임에 관한 특약을 정한 경우에는 그 특약에 따른다.(다만, 그 특약에서 하자담보책임기간을 국가유산수리의 종류별 하자담보책임기간의 3분의 2 미만으로 정한 경우에는 그 기간의 3분의 2로 정한 것으로 본다)

정답 ④

76 국가유산수리 등에 관한 법령상, 하자담보책임 내용에서 양쪽이 맞는 것은?

① 자연상태의 돌을 사용하여 쌓은 구조의 석성 : 3년
② 억새 등을 이용한 선사시대 움집 : 2년
③ 적석총 : 3년
④ 조경시설물 : 3년

 국가유산수리의 종류별 하자 담보책임기간
② 1년　③ 5년　④ 2년

정답 ①

77 「국가유산수리 등에 관한 법률」상, 국가유산수리기술자의 현장 배치기준 등의 내용과 거리가 있는 것을 고르시오.

① 해당 국가유산수리의 종류에 상응하는 국가유산수리기술자로서 해당 국가유산수리의 착수와 동시에 배치하여야 한다.
② 국가유산수리 공사의 중요성 및 수리기법의 특성을 고려하여 도급계약 당사자 간의 합의에 의하여 따로 정한 경우에는 그에 따른다.
③ 국가유산수리기술자를 배치할 때에 두 종류 이상의 전문분야가 복합된 국가유산수리의 경우에는 국가유산수리의 금액이 큰 기술분야의 국가유산수리기술자를 배치하여야 한다.
④ 배치일로부터 7일 이내에 해당 국가유산수리기술자로 하여금 현장 배치 확인표에 발주자의 확인을 받아야 하는데 발주자가 다른 둘 이상의 국가유산수리 현장에 배치할 때에는 각각의 발주자로부터 확인을 받도록 하여야 한다.

배치일로부터 14일 이내

정답 ④

78 「국가유산수리 등에 관한 법률」에서 국가유산수리의 종류별 하자 담보 책임기간에 대하여 ( ) 안을 채우시오.

종류	세부 공종	책임기간
1. 성곽	가. 석성/화강석 등을 방형 형태로 다듬어 쌓은 구조	(㉠)년
	나. 토성, 혼축성	(㉡)년
	다. 목책성	(㉢)년
2. 탑·석조물	가. 전탑	(㉣)년
3. 목조 건축물	가. 기초 및 기단 • 강회잡석 적심기초, 화강석 가공주초 • 정자형 장대석 기초	(㉤)년 (㉥)년

순위	㉠	㉡	㉢	㉣	㉤	㉥
①	5	2	1	5	7	10
②	5	2	1	5	10	7
③	5	2	1	3	10	7
④	5	2	1	3	7	10

정답 ④

79 국가유산수리 등에 관한 법령상 국가유산수리의 종류별 하자담보책임 기간으로 옳은 것은?

	종류	세부 공종	책임 기간
①	성곽	목책성(木柵城)	1년
②	탑·석조물	전탑(塼塔)	1년
③	목조건축물 (벽화, 불화 포함)	건축물의 단청	1년
④	분묘	병풍석(屛風石)	1년

정답 ④

80 국가유산수리 등에 관한 법령상, 국가유산수리의 종류별 하자담보책임 기간으로 옳은 것은?

① 목책성(木柵城) : 2년
② 건축물의 단청 : 3년
③ 배수로 : 5년
④ 식물 보호 : 3년

정답 ④

81 국가유산수리 등에 관한 법령상, 국가유산수리의 종류(세부 공종)와 하자담보책임 기간의 연결이 옳지 않은 것은?

① 탑·석조물(새로운 재료로 교체한 석재부분) – 3년
② 담(자연석담) – 2년
③ 도로(맨홀) – 2년
④ 철물(보강철물) – 3년

해설 하자담보책임
1. 국가유산수리업자는 발주자에 대하여 국가유산수리의 완공일부터 10년 이내의 범위에서 국가유산수리의 종류별 하자담보책임 기간에 발생하는 하자에 대하여 담보책임이 있다.
2. 탑·석조물(새로운 재료로 교체한 석재부분) : 5년

정답 ①

82 「국가유산수리 등에 관한 법률」에서, 국가유산수리업자의 하자담보책임에 대한 내용이다. 바르지 못한 것을 고르시오.

① 국가유산수리업자는 발주자에 대하여 국가유산수리의 완공일로부터 10년 이내의 범위에서 발생하는 하자에 대하여 담보책임이 있다.
② 발주자가 제공한 국가유산수리 재료로 인하여 하자 발생 시, 하자 담보의 책임이 없는 경우이다.
③ 국가유산수리업자의 하자담보책임에도 불구하고 국가유산수리업자와 발주자 사이에 체결한 도급계약서에 국가유산수리업자의 하자담보책임에 관한 특약을 정한 경우에는 그 특약에 따른다.
④ 그 특약에서 하자담보책임기간을 국가유산수리의 종류별 하자담보책임기간의 3분의 2 미만으로 정한 경우에는 하자담보책임기간으로 정한 것으로 본다.

1. 하자담보책임이 없는 경우(국가유산수리업자가 그 재료 또는 지시가 적당하지 아니함을 알고도 발주자에게 알리지 아니한 경우에는 그러하지 아니하다.)
   (1) 발주자가 제공한 국가유산수리 재료로 인한 경우
   (2) 발주자의 지시에 따라 국가유산수리를 한 경우
   (3) 발주자가 국가유산수리의 목적물을 통상적인 사용범위를 넘어서 사용하는 경우
2. ④ 국가유산수리의 종류별 하자담보책임기간의 3분의 2 미만으로 정한 경우에는 그 기간의 3분의 2로 정한 것으로 본다.

정답 ④

83 국가유산수리 등에 관한 법령상, 발주자가 국가유산 등을 수리하려는 경우 국가유산청장으로부터 설계승인을 받아야 하는 내용으로 틀린 것을 고르시오.

① 지정문화유산
② 무형문화유산
③ 임시지정문화유산
④ 지정문화유산과 함께 전통문화를 구현하고 있는 주위의 시설물로 국가유산청장이 시·도지사와 협의하여 고시한 것

정답 ②

84 국가유산수리 등에 관한 법령상, 국가유산수리 현황의 보고에서 교체부재의 표시 내용으로 적절하지 않은 것을 고르시오.

① 설치한 새로운 부재에는 교체연도, 발주자명 등의 사항을 표시해야 한다.
② 설치한 새로운 부재의 표시는 새로운 부재의 표면 가운데 겉으로 잘 드러나 보이는 부위에 한다.
③ 전통재료 인증에 따라 인증을 받은 전통재료로서 제조일자가 그 표면에 명기된 부재에는 표시를 하지 않을 수 있다.
④ 발주자는 새로운 부재의 표시를 국가유산수리 도급계약에 포함시켜야 한다.

정답 ②

85 국가유산수리 등에 관한 법령상, 국가유산수리업자의 손해배상책임과 하자담보책임에 관한 설명으로 옳은 것은?

① 국가유산수리업자가 손해배상책임을 부담하는 경우에는 그 손해가 발주자의 중대한 과실로 발생하였더라도 발주자에 대하여 구상권을 행사할 수 없다.
② 국가유산수리업자가 고의가 아닌 과실로 국가유산수리를 부실하게 하여 타인에게 손해를 가한 경우에는 그 손해를 배상할 책임이 없다.
③ 발주자의 지시가 적당하지 아니함을 알고도 발주자에게 알리지 않고 그 지시대로 국가유산수리를 한 국가유산수리업자는 하자담보책임 기간에 발생하는 하자에 대하여 담보책임이 있다.
④ 국가유산수리업자는 발주자에 대하여 국가유산수리의 발주일부터 10년 이내의 범위에서 대통령령으로 정하는 국가유산수리의 종류별 하자담보책임 기간에 발생하는 하자에 대하여 담보책임이 있다.

1. 국가유산수리업자의 손해배상책임
   (1) 국가유산수리업자는 고의 또는 과실로 국가유산수리를 부실하게 하여 타인에게 손해를 가한 경우에는 그 손해를 배상할 책임이 있다.
   (2) 국가유산수리업자는 손해가 발주자의 고의 또는 중대한 과실로 발생한 경우에는 발주자에 대하여 구상권을 행사할 수 있다.
   (3) 수급인은 하수급인이 고의 또는 과실로 하도급 받은 국가유산수리의 관리를 부실하게 하여 타인에게 손해를 가한 경우에는 하수급인과 연대하여 그 손해를 배상할 책임이 있다.
   (4) 수급인은 손해를 배상한 경우에는 배상할 책임이 있는 하수급인에 대하여 구상권을 행사할 수 있다.
2. 국가유산수리업자의 하자담보책임
   (1) 국가유산수리업자는 발주자에 대하여 국가유산수리의 완공일로부터 10년 이내의 범위에서 발생하는 하자에 대하여 담보책임이 있다.
   (2) 하자담보 책임이 없는 경우(다만, 국가유산수리업자가 그 재료 또는 지시가 적당하지 아니함을 알고도 발주자에게 알리지 아니한 경우에는 그러하지 아니하다.)
      ① 발주자가 제공한 국가유산수리 재료로 인한 경우
      ② 발주자의 지시에 따라 국가유산수리를 한 경우
      ③ 발주자가 국가유산수리의 목적물을 통상적인 사용 범위를 넘어서 사용하는 경우
   (3) 특약을 정한 경우에는 그 특약에 따른다.(다만, 그 특약에서 하자담보 책임기간을 국가유산수리의 종류별 하자담보 책임기간의 3분의 2 미만으로 정한 경우에는 그 기간의 3분의 2로 정한 것으로 본다.)

정답 ③

86 국가유산수리 등에 관한 법령상, 국가유산수리의 부실을 방지하기 위하여 국가유산수리 현장을 점검할 수 있는 자에 해당하지 않는 자는?

① 국가유산청장
② 국가유산감리원
③ 시장·군수·구청장(자치구의 구청장을 말한다)
④ 시·도지사

정답 ②

87 국가유산수리 등에 관한 법령상, 국가유산수리 보고서의 작성 및 현장의 점검에 관한 설명으로 옳지 않은 것은?(단, 권한의 위임·위탁에 관한 규정은 고려하지 않음)

① 국가유산수리업자는 도급받은 국가유산수리에 대하여 착수부터 완료까지의 전반을 기록화하기 위하여 국가유산수리 보고서를 발주자에게 제출하여야 한다.
② 국가유산수리업자가 발주자에게 제출하는 국가유산수리 보고서에는 수리대상의 현황, 실측 설계도면 및 준공도면이 포함되어야 한다.
③ 국가유산청장은 제출받은 국가유산수리 보고서에 대한 데이터베이스를 구축하고 인터넷 홈페이지 등을 이용하여 일반인에게 알려야 한다.
④ 국가유산청장은 국가유산이 원형대로 수리될 수 있도록 하기 위한 경우에도 고증·양식·국가유산수리의 기법 및 범위에 관한 사항은 자문할 수 없다.

정답 ④

88 국가유산수리 등에 관한 법령상, 국가유산수리 현장의 공개에 대한 내용으로 옳은 것을 고르시오.

① 발주자는 국가유산수리 현장을 공개하여야 한다.
② 다만, 국가유산수리의 설계승인에 따라 국가유산청장으로부터 설계승인을 받은 경우에는 국가유산수리 현장을 공개할 수도 있다.
③ 발주자는 공개를 하는 경우 안전사고 예방에 필요한 조치를 하고 해당 국가유산수리 관련 안내 자료를 갖추어야 한다.
④ 기타 국가유산수리 현장의 공개에 필요한 사항은 문화체육관광부장관이 정하여 고시한다.

정답 ③

89 국가유산수리 등에 관한 법령상, 설계승인한 국가유산수리에 관한 정보 중 국가유산청장 또는 시·도지사가 국가유산수리종합정보시스템을 통하여 공개하여야 하는 것을 모두 고른 것은? [2025년도 제43회 기출문제]

| ㄱ. 참여 기술인력 | ㄴ. 해당 국가유산수리의 개요 |
| ㄷ. 국가유산수리 착수 전 현황사진 | ㄹ. 국가유산수리 계획을 나타낸 도면 |

① ㄱ, ㄴ
② ㄱ, ㄷ, ㄹ
③ ㄴ, ㄷ, ㄹ
④ ㄱ, ㄴ, ㄷ, ㄹ

정답 ④

[제4절 동산문화유산 보존처리]

90 「국가유산수리 등에 관한 법률」상, 동산문화유산 보존처리에서 옳은 것을 고르시오.

① 소유자 등은 동산문화유산을 보존처리하려는 경우 정하는 바에 따라 국가유산수리업자로 하여금 보존처리계획을 수립하도록 하여야 한다.
② 직접 국가유산수리를 할 수 있는 기관의 장은 직접 보존처리계획을 수립하여야 한다.
③ 발주자는 수립된 보존처리계획을 정하는 절차에 따라 시·도지사의 승인을 받아야 한다.
④ 문화유산자료의 경우 승인사항을 변경하려는 경우 국가유산청장의 승인을 받아야 한다.

② 수립할 수 있다.
③ 국가유산청장의 승인
④ 시·도지사의 승인

정답 ①

91 「국가유산수리 등에 관한 법률」상, 동산문화유산 보존처리에서 보존처리의 수행 중 국가유산청장에게 보고를 하여야 하는 사유로 틀린 것을 고르시오.

① 동산문화유산의 지정 장소를 변경한 경우
② 보존처리를 착수한 경우
③ 동산문화유산 원형을 훼손한 경우
④ 동산문화유산을 파손한 경우

보존처리의 수행 등에서 발주자는 보존처리의 수행 중 다음 각 호의 어느 하나에 해당하는 사유가 발생하면 국가유산청장에게 보고하여야 한다.
1. 보존처리를 착수 또는 완료한 경우
2. 동산문화유산을 파손하거나 원형을 훼손한 경우
3. 그 밖에 대통령령으로 정하는 경우

정답 ①

[제5절 감리]

92 국가유산수리 등에 관한 법령상, 감리에 관한 설명으로 옳지 않은 것은?

① 국가유산감리원은 국가유산수리업자가 국가유산수리의 설계도서·시방서의 내용과 적합하지 아니하게 국가유산수리를 하는 경우에는 재시행 또는 중지명령이나 그 밖에 필요한 조치를 하여야 한다.
② 국가유산수리의 설계도서의 내용과 적합하지 아니하게 국가유산수리를 함으로 인해 국가유산감리원으로부터 재시행 지시를 받은 국가유산수리업자는 특별한 사유가 없으면 그 지시에 따라야 한다.
③ 국가유산감리원은 국가유산수리의 시방서의 내용과 적합하지 아니하게 국가유산수리를 함으로 인해 국가유산수리업자에게 중지명령을 한 경우에는 지체 없이 그 사실을 그 국가유산수리의 발주자에게 통지하여야 한다.
④ 발주자는 국가유산감리원이 업무를 성실하게 수행하지 아니하여 국가유산수리가 부실하게 될 우려가 있는 경우에는 그 국가유산감리원에게 시정지시를 하거나 국가유산감리업자에게 국가유산감리원을 변경하도록 요구할 수 있다.

정답 ①

93 국가유산수리 등에 관한 법령상, 상주감리원과 비상주감리원이 할 수 있는 동일한 업무범위에 해당하지 않는 것은?

① 국가유산수리 계획 및 공정표의 검토
② 국가유산수리 진척 부분에 대한 조사 및 검사
③ 국가유산수리업자가 작성한 시공상세도면의 검토·확인
④ 완료 도면의 검토 및 완료 사실의 확인

정답 ③, ④

94 국가유산수리 등에 관한 법령상, 상주국가유산감리원과 비상주국가유산감리원의 공통 업무범위로 명시된 것은?

① 국가유산수리업자가 작성한 시공상세도면의 검토·확인
② 설계도서의 내용이 현장 조건에 적합한지와 시공 가능성에 관한 사전 검토
③ 재해예방 대책, 안전관리 및 환경관리의 검토·확인
④ 국가유산수리가 설계도서 및 관련 규정의 내용에 적합하게 시행되고 있는지에 대한 확인

정답 ④

95 국가유산수리 등에 관한 법령상, 국가유산수리의 감리에 관한 설명으로 옳은 것을 고르시오.

① 발주자는 그가 발주하는 국가유산수리의 품질 확보를 위하여 국가유산감리업자로 하여금 책임감리만을 하게 하여야 한다.
② 전통건축수리기술진흥재단이 법령에 따라 일반감리를 할 때에는 그에게 소속된 국가유산감리원을 국가유산수리 현장에 배치하여야 한다.
③ 국가유산감리업자는 정하는 바에 따라 책임감리보고서만 작성하여 발주자에게 제출하여야 한다.
④ 감리보고서를 제출받은 발주자는 그 날부터 20일 이내에 국가유산청장 및 관할 시·도지사에게 감리 보고서를 제출하여야 한다.

① 일반감리 또는 책임감리를 하게 하여야 한다.
③ 일반감리 또는 책임감리 보고서를 작성하여
④ 30일 이내

정답 ②

96 국가유산수리 등에 관한 법령상, 국가유산수리의 감리에 관한 설명으로 옳지 않은 것은?

① 국가유산감리업자는 일반감리 또는 책임감리 보고서를 작성한 날로부터 30일 이내에 국가유산청장에게 제출해야 한다.
② 지정문화유산으로서 국가유산수리 예정금액이 5억 원인 동산문화유산이 아닌 국가유산의 수리는 일반감리의 대상이 된다.
③ 국가유산청장은 제출받은 감리보고서에 대한 데이터베이스를 구축하고 인터넷 홈페이지 등을 이용하여 일반인에게 알려야 한다.
④ 전통건축수리기술진흥재단이 직접 국가유산을 수리하는 경우에는 국가유산수리와 감리를 함께 할 수 없다.

정답 ①

97 국가유산수리 등에 관한 법령상, 국가유산감리원의 재시행 명령과 시전조치에 대한 내용으로 알맞은 것을 찾으시오.

① 국가유산감리원으로부터 재시행에 관한 지시를 받은 국가유산수리업자는 특별한 사유가 있을 시 그 지시에 따르지 않을 수 있다.
② 국가유산감리원은 국가유산수리업자에게 재시행에 필요한 조치를 한 경우에는 30일 이내에 그 사실을 그 국가유산수리의 발주자에게 알려야 한다.
③ 발주자는 국가유산감리원의 재시행 등의 조치를 이유로 국가유산감리원의 변경, 현장상주의 거부, 감리대가 지급의 거부·지체, 그 밖에 국가유산감리원에게 불이익한 처분을 하여서는 아니 된다.
④ 발주자로부터 시정지시를 요구 받은 국가유산감리원은 정당한 요구가 있다하더라도 그 요구에 따라야 한다.

> **해설**
> ① 그 지시에 따라야 한다.
> ② 지체 없이
> ③ 정당한 사유가 없으면 그 요구에 따라야 한다.

정답 ③

98 「국가유산수리 등에 관한 법률」에서 국가유산수리와 감리를 함께 할 수 없는 경우는 다음의 어느 것인가?

① 국가유산수리업자와 국가유산감리업자가 다른 자
② 모회사와 자회사 관계가 아닌 경우
③ 법인과 그 법인의 임직원 관계가 아닌 경우
④ 배우자인 경우

> **해설** 감리의 제한
> (국가유산수리업자와 국가유산감리업자가 같은 자이거나 아래의 어느 하나에 해당될 때에는 그 국가유산수리와 감리를 함께할 수 없다.)
> 1. 모회사와 자회사 관계인 경우
> 2. 법인과 그 법인의 임직원 관계인 경우
> 3. 친족관계인 경우
> 4. 전통건축수리기술진흥재단이 직접 국가유산수리를 하는 경우

정답 ④

제4장 전통건축수리기술진흥재단 등

99 「국가유산수리 등에 관한 법률」상, 전통건축수리기술진흥재단의 사업에 해당하지 않는 것은? [2025년도 제43회 기출문제]

① 전통건축의 부재와 재료 등의 수집 · 보존 및 조사 · 연구 · 전시
② 북한 전통건축의 보급확대 및 산업화 지원
③ 전통수리 기법의 조사 · 연구 및 전승 활성화
④ 지방자치단체의 장이 위탁하는 사업

정답 ②

100 「국가유산수리 등에 관한 법률」에서, 국가유산수리협회 회원의 업무수행에 따른 공제사업의 범위가 아닌 것을 찾으시오.

① 입찰 · 계약(공사이행보증을 포함한다)
② 공정품질 · 손해보상
③ 선급금지급
④ 하자보수

해설 국가유산수리협회 공제사업의 범위
1. 회원의 업무수행에 따른 입찰 · 계약(공사이행보증을 포함한다) · 손해보상 · 선급금지급 · 하자보수
2. 회원에 대한 자금의 융자를 위한 공제사업

정답 ②

101 「국가유산수리 등에 관한 법률」에서 국가유산수리협회 설립의 인가절차 등에 대하여 옳은 것을 모두 고르시오.

> ㄱ. 회원의 자격이 있는 자 10명 이상이 발기하여야 한다.
> ㄴ. 회원의 자격이 있는 국가유산수리업자등의 3분의 1 이상의 동의를 받아야 한다.
> ㄷ. 창립총회에서 정관을 작성하여야 한다.
> ㄹ. 국가유산청장에게 국가유산수리협회 인가를 신청하여야 한다.
> ㅁ. 국가유산수리협회에 관하여 국가유산수리 등에 관한 법률에서 규정한 것 외에는 민법 중 재단법인에 관한 규정을 준용한다.

① ㄱ, ㄴ, ㄷ
② ㄱ, ㄷ, ㄹ
③ ㄱ, ㄴ, ㄷ, ㄹ
④ ㄱ, ㄷ, ㄹ, ㅁ

해설 ㅁ. 「민법」 중 사단법인에 관한 규정을 준용한다.

정답 ③

제5장 감독

102 국가유산수리 등에 관한 법령상, 국가유산수리업자 등에 대한 시정명령으로 틀린 것을 고르시오.

① 국가유산수리 등에 관한 도급의 원칙을 위반하여 국가유산수리도급대장 등을 주된 영업소에 보관하지 아니한 경우 시정을 명할 수 있다.
② 국가유산수리업자 등이 등록을 위반하여 변경신고를 하지 아니한 경우 시정을 명할 수 있다.
③ 하도급 대금을 지급하지 아니한 경우, 시장·군수·구청장은 시정을 명하거나 그 밖에 필요한 지시를 하여야 한다.
④ 국가유산수리 보고서를 제출하지 아니한 경우 국가유산청장은 시정을 명하거나 필요한 지시를 할 수 있다.

해설 ③ 그 밖에 필요한 지시를 할 수 있다.

정답 ③

103 「국가유산수리 등에 관한 법률」에서, 1차 위반 시의 행정처분기준이 국가유산수리업자 등의 등록을 취소하여야 하는 경우가 아닌 것을 모두 고르시오.

ㄱ. 국가유산수리 표준시방서 등 국가유산수리 등의 기준을 위반하여 국가유산수리 등의 업무를 수행한 경우
ㄴ. 국가유산수리업자 등의 결격사유의 어느 하나에 해당하게 된 경우
ㄷ. 자본금 또는 시설이 등록 요건에 미달한 사실이 있는 경우
ㄹ. 도급받은 국가유산수리금액의 100분의 50을 초과하여 하도급한 경우
ㅁ. 영업정지기간 중에 영업을 한 경우
ㅂ. 시정명령을 이행하지 아니한 경우 또는 지시를 따르지 아니한 경우

① ㄱ, ㄴ, ㄷ, ㄹ
② ㄱ, ㄴ, ㄹ, ㅁ
③ ㄱ, ㄷ, ㄹ, ㅂ
④ ㄱ, ㄹ, ㅁ, ㅂ

(1차 위반 시) 국가유산수리업자등의 등록을 취소하여야 하는 경우
1. 거짓이나 그 밖의 부정한 방법으로 등록한 경우
2. 영업정지기간 중에 영업을 하거나, 법 제49조 제2항을 위반하여 영업을 한 경우 법 제49조 제2항 : 국가유산실측설계업자가 건축사 업무 신고 등의 효력상실 처분을 받은 경우에는 그 처분일로부터 영업을 하여서는 아니 되며, 건축사 업무정지 처분을 받은 경우에는 그 업무정지기간 동안 영업을 하여서는 아니 된다.
3. 국가유산수리업자 등의 결격사유의 어느 하나에 해당하게 된 경우

정답 ③

104 국가유산수리 등에 관한 법령상, 문화체육관광부장관이나 국가유산청장의 권한의 위임 사항이 아닌 것은?

① 권한의 일부를 한국전통문화대학교의 장에게 위임할 수 있다.
② 권한의 일부를 시·도지사에게 위임할 수 있다.
③ 국가유산수리기술자 및 국가유산감리원의 전문교육에 관한 권한을 한국전통문화대학교의 장에게 위임한다.
④ 국가유산수리기술자 및 국가유산수리기능자의 자격시험을 한국산업인력공단에 위임할 수 있다.

 권한의 위임·위탁
1. 권한의 위임
  (1) 국가유산청장의 권한을 그 일부를 한국전통문화대학교의 장 또는 시·도지사에게 위임할 수 있다.
  (2) 국가유산수리 기술자 및 국가유산 감리원의 전문교육에 관한 권한을 한국전통문화대학교의 장에게 위임한다.
2. 권한의 위탁
  (1) 국가유산청장은 권한의 일부를 관계전문기관 또는 단체 등에 위탁할 수 있다.
  (2) 한국산업인력공단에의 위탁업무
    ① 국가유산수리기술자 자격시험
    ② 국가유산수리기능자 자격시험
  (3) 이 경우 그 소요 비용을 예상의 범위에서 보조할 수 있다.

정답 ④

105 「국가유산수리 등에 관한 법률」에서 국가유산수리기술자의 자격을 취소하여야 하는 경우(1차 위반 시)에 해당하는 것을 모두 고르시오.

> ㄱ. 국가유산수리 등을 성실하게 수행하지 않음으로써 지정문화유산 주위의 시설물 또는 조경을 파손하거나 훼손한 경우
> ㄴ. 자격정지 처분을 받고도 계속하여 그 업무를 한 경우
> ㄷ. 지정문화유산의 주요부를 소실·변형·결실·탈락·파손시켜 지정문화유산의 가치를 상실하게 하거나 저하시킨 경우
> ㄹ. 둘 이상의 국가유산수리업자 등에게 중복하여 취업한 경우

① ㄱ
② ㄴ
③ ㄴ, ㄷ
④ ㄴ, ㄹ

 국가유산수리기술자의 자격을 취소하여야 하는 경우(1차 위반 시)
1. 거짓이나 그 밖의 부정한 방법으로 자격을 취득한 경우
2. 자격정지 처분을 받고도 계속하여 그 업무를 한 경우
3. 국가유산수리기술자의 결격사유의 어느 하나에 해당하여 국가유산수리기술자가 될 수 없는 경우

정답 ②

106 국가유산수리 등에 관한 법령상, 국가유산수리기술자의 자격을 취소하여야만 하는 경우를 모두 고른 것은?

> ㄱ. 피한정후견인에 해당하는 자인 경우
> ㄴ. 자격정지 처분을 받고도 계속하여 그 업무를 한 경우
> ㄷ. 다른 사람에게 국가유산수리기술자 자격증을 대여한 경우
> ㄹ. 국가유산수리 중에 지정문화유산을 파손하거나 훼손한 경우

① ㄱ, ㄴ
② ㄱ, ㄷ
③ ㄴ, ㄹ
④ ㄷ, ㄹ

정답 ①

107 국가유산수리 등에 관한 법령상, 국가유산수리업자의 등록취소 사유로 옳지 않은 것은?

① 거짓이나 그 밖의 부정한 방법으로 등록한 경우
② 국가유산수리업자가 등록한 업종 외의 국가유산수리를 한 경우
③ 자격정지 처분을 받고도 계속하여 그 업무를 한 경우
④ 국가유산수리 등을 하는 중에 지정문화유산을 파손하거나 원형을 훼손한 경우

정답 ③

108 국가유산수리 등에 관한 법령상, 감독에 관한 내용으로 옳지 않은 것을 찾으시오.

① 국가유산수리기술자가 자격정지 처분을 받고도 계속하여 그 업무를 한 경우, 국가유산청장은 그 자격을 취소하여야 한다.
② 시·도지사는 등록한 국가유산수리업자가 영업정지기간 중에 영업을 한 경우 그 등록을 취소하여야 한다.
③ 시·도지사는 등록을 취소한 경우 그 사실을 30일 이내에 국가유산청장에게 통보하여야 한다.
④ 국가유산청장은 국가유산수리기술자가 결격사유에 해당하여 국가유산수리기술자가 될 수 없는 경우에는 그 자격을 취소하여야 한다.

해설 그 사실을 지체 없이 국가유산청장, 다른 시·도지사에게 통보하여야 한다.

정답 ③

109 국가유산수리 등에 관한 법령상, 감독에 관한 설명으로 옳은 것은?

① 국가유산청장은 국가유산수리기술자가 자격정지 처분을 받고도 계속하여 그 업무를 한 경우 3년 이내의 기간을 정하여 그 자격의 정지를 명할 수 있다.
② 시·도지사는 등록한 국가유산수리업자가 영업정지 기간 중에 영업을 한 경우 3년 이내의 기간을 정하여 그 영업의 정지를 명할 수 있다.
③ 시·도지사는 등록을 취소한 경우 그 사실을 국가유산청장에게만 지체 없이 통보하면 되고 다른 시·도지사에게 통보할 필요는 없다.
④ 국가유산청장은 국가유산수리기술자가 결격사유에 해당하여 국가유산수리기술자가 될 수 없는 경우 그 자격을 취소하여야 한다.

해설 국가유산수리 등에 관한 법령상 감독

1. 국가유산수리기술자의 자격취소 등
    국가유산청장은 국가유산수리기술자가 다음 각 호의 어느 하나에 해당하는 경우에는 그 자격을 취소하거나 문화체육관광부령으로 정하는 바에 따라 3년 이내의 기간을 정하여 그 자격의 정지를 명할 수 있다.
    (1) 거짓이나 그 밖의 부정한 방법으로 자격을 취득한 경우
        (그 자격을 취소하여야 한다)
    (2) 자격정지 처분을 받고도 계속하여 그 업무를 한 경우
        (그 자격을 취소하여야 한다)
    (3) 국가유산수리 중에 지정문화유산을 파손하거나 훼손한 경우
    (4) 성실의무(법 제6조)에 따라 지켜야 할 사항을 위반하여 국가유산수리 등을 한 경우
    (5) 부정한 청탁에 의한 재물 등의 취득 및 제공금지(법 제6조의2)를 위반하여 부정한 청탁을 받고 재물 또는 재산상의 이익을 취득하거나 부정한 청탁을 하면서 재물 또는 재산상의 이익을 제공한 경우
    (6) 국가유산수리기술자의 종류 및 그 업무 범위(법 제8조 ②)를 위반하여 국가유산수리기술자가 자격을 취득한 기술 분야 외의 다른 분야의 국가유산수리 등의 업무를 한 경우
    (7) 국가유산수리기술자의 결격사유(법 제9조)의 어느 하나에 해당하여 국가유산수리기술자가 될 수 없는 경우(그 자격을 취소하여야 한다)
    (8) 국가유산수리기술자 자격증의 발급 등(법 제10조 ③)을 위반하여 다른 사람에게 자기의 성명을 사용하여 국가유산수리 등의 업무를 하게 한 경우
    (9) 국가유산수리기술자 자격증의 발급 등(법 제10조 ④)을 위반하여 국가유산수리기술자 자격증을 대여한 경우
    (10) 국가유산수리기술자 자격증의 발급 등(법 제10조 ④)을 위반하여 둘 이상의 국가유산수리업자등에게 중복하여 취업한 경우
    (11) 국가유산수리기술자등의 신고(법 제13조의2 ③)를 위반하여 경력 등을 거짓으로 신고 또는 변경신고한 경우
    (12) 국가유산수리기술자의 배치(법 제33조 ②)를 위반하여 정당한 사유 없이 국가유산수리 현장을 이탈한 경우
    (13) 국가유산수리 현장의 점검 등(법 제37조 ①)에 따른 시정명령 등 필요한 조치를 이행하지 아니한 경우
    (14) 감리의 시행 등(법 제38조 ⑦)에 따른 대통령령으로 정하는 국가유산감리원의 업무범위를 위반하여 감리를 수행한 경우
2. 국가유산수리업자등의 등록취소
    1) 시·도지사는 국가유산수리업자등의 등록에 따라 등록한 국가유산수리업자등이 다음 각 호의 어느 하나에 해당하면 그 등록을 취소하거나 문화체육관광부령으로 정하는 바에 따라 3년 이내의 기간을 정하여 그 영업의 정지를 명할 수 있다.
        (1) 거짓이나 그 밖의 부정한 방법으로 등록한 경우

(그 등록을 취소하여야 한다)
(2) 성실의무(법 제6조)에 따라 지켜야 할 사항을 위반하여 국가유산수리 등을 한 경우
(3) 부정한 청탁에 의한 재물 등의 취득 및 제공 금지(법 제6조의2)를 위반하여 부정한 청탁을 받고 재물 또는 재산상의 이익을 취득하거나 부정한 청탁을 하면서 재물 또는 재산상의 이익을 제공한 경우
(4) 영업정지 기간 중에 영업을 하거나 제2항(국가유산 실측설계업자가 「건축사법」에 따라 건축사업무신고 등의 효력상실 처분을 받은 경우에는 그 처분일로부터 영업을 하여서는 아니 되며, 건축사 업무정지 처분을 받은 경우에는 그 업무정지기간 동안 영업을 하여서는 아니 된다.)을 위반하여 영업을 한 경우(그 등록을 취소하여야 한다)
(5) 국가유산수리업자등의 등록(법 제14조 ①)에 따른 기술능력, 자본금, 시설 등의 등록 요건에 미달한 사실이 있는 경우(다만, 자본금이 일시적으로 등록요건에 미달하는 등 정하는 경우는 예외로 한다)

[일시적인 등록요건 미달]
① 국가유산수리업등의 등록 요건(시행령 별표 7)에 따른 자본금 요건에 미달한 경우 중 다음 각 목의 어느 하나에 해당하는 경우
  ㉠ 「채무자 회생 및 파산에 관한 법률」에 따라 법원이 회생절차개시의 결정을 하고 그 절차가 진행 중인 경우
  ㉡ 「채무자 회생 및 파산에 관한 법률」에 따라 법원이 회생계획의 수행에 지장이 없다고 인정하여 해당 국가유산수리업자 또는 국가유산감리업자에 대한 회생절차종결의 결정을 하고 그 회생계획을 수행 중인 경우
  ㉢ 「기업구조조정촉진법」에 따라 금융채권자협의회가 금융채권자협의회에 의한 공동관리절차 개시의 의결을 하고 그 절차가 진행 중인 경우
② 「상법」 제542조의8 제1항 단서의 적용대상 법인이 최근 사업연도 말 현재의 자본의 감소로 인하여 등록요건에 미달되는 경우로서 그 기간이 50일 이내인 경우

(6) 국가유산수리업자등의 결격사유(법 제15조)가 각 호의 어느 하나에 해당하게 된 경우(그 등록을 취소하여야 한다)
  ① 국가유산실측설계업자가 「건축사법」에 따른 업무정지 처분을 받고 그 정지기간 중에 있는 자(제7호)에 해당하는 경우나
  ② 국가유산수리업자등이 국가유산수리업의 상속(법 제20조 ③)에 따라 3개월 이내에 국가유산수리업 등을 양도한 경우는 제외한다.
  ③ 다만, 국가유산수리업자등의 결격사유 제8호(법인의 임원 중 제1호부터 제7호까지의 규정에 해당하는 자가 있는 법인)에 해당하여 해당 법인의 임원이 제1호부터 제7호까지의 어느 하나에 해당하게 되는 경우 3개월 이내에 그 임원을 바꾸어 선임하는 경우는 그러하지 아니하다.
(7) 국가유산수리업의 양도 등(법 제17조 ①)·국가유산수리업의 상속(법 제20

조 ②)에 따른 신고를 하지 아니하거나 거짓 또는 그 밖의 부정한 방법으로 신고를 하고 국가유산수리업등을 영위한 경우
(8) 등록증 등의 대여 금지(법 제21조)를 위반하여 다른 사람에게 자기의 성명 또는 상호를 사용하여 국가유산수리 등을 수급받게 하거나 시행하게 한 경우 또는 등록증이나 등록수첩을 대여한 경우
(9) 국가유산수리 등을 하는 중에 지정문화유산을 파손하거나 원형을 훼손한 경우
(10) 명백하게 사실과 다른 실측설계로 인하여 국가유산의 가치를 훼손하거나 국가유산수리가 불가능하게 된 경우
(11) 국가유산수리업자등이 다른 사람의 국가유산수리기술자 자격증 또는 국가유산수리기능자 자격증을 대여받아 사용한 경우
(12) 하도급의 제한 등(법 제25조)을 위반하여 하도급한 경우
(13) 국가유산수리기술자의 배치(법 제33조 ①)에 따라 국가유산수리기술자를 국가유산수리 현장에 배치하지 아니한 경우
(14) 국가유산수리업자의 하자담보책임(법 제35조 ①)에 따른 하자담보책임을 이행하지 아니한 경우
(15) 국가유산수리 현장의 점검 등(법 제37조 ①)에 따른 시정명령 등 필요한 조치를 위반한 경우
(16) 감리의 시행 등(법 제38조 ④ 및 ⑦)에 따른 국가유산감리원 배치기준을 위반한 경우
(17) 감리의 시행 등(법 제38조 ⑤)을 위반하여 감리보고서를 제출하지 아니하거나 거짓으로 또는 불성실하게 작성한 경우
(18) 국가유산감리원의 재시행명령 등(법 제39조 ②)에 따른 국가유산감리원의 재시행·중지명령이나 그 밖에 필요한 조치에 관한 지시를 정당한 사유 없이 이행하지 아니하거나 거부한 경우
(19) 국가유산수리업자등이 등록한 업종 외의 국가유산수리 등을 한 경우
(20) 시정명령 등(법 제46조 ①)에 따른 시정명령을 이행하지 아니한 경우 또는 지시를 따르지 아니한 경우
2) 시·도지사는 국가유산수리업자등의 등록취소 등에 따라 등록을 취소하거나 영업의 정지를 명한 경우에는 그 사실을 국가유산청장과 다른 시·도지사에게 지체 없이 통보하고, 해당 국가유산수리업자등에 관한 사항을 해당 시·도의 공보 또는 인터넷 홈페이지에 공고하여야 한다.

정답 ④

제6장　보칙

※ ○, × 중 알맞은 답을 고르시오.(110~111)

110 국가유산수리업자 등이 도급받은 국가유산수리에 관한 도급금액 중 그 국가유산수리에 종사한 근로자에게 지급하여야 할 임금에 상당하는 금액에 대하여는 압류할 수 없다.
(○, ×)

> **정답** ○

111 국가유산청장이나 지방자치단체의 장은 평가결과가 우수한 국가유산수리업자 또는 국가유산실측설계업자에 대하여는 1년 동안 우수업자로 지정할 수 있다. (○, ×)

> **정답** ○

112 국가유산수리업자의 평가 등에 대한 내용으로 (　) 안에 알맞은 것은?

구분	국가유산수리	실측설계
기준	수리금액이 5억 원 이상인 국가유산수리	실측설계금액이 (㉠)원 이상인 실측설계
평가시기	수리가 (㉡)퍼센트 이상 완료된 때에 실시	해당하는 실측설계가 완료된 때에 실시

> **정답** ㉠ 3천만, ㉡ 90

113 국가유산수리 등에 관한 법령에서, 국가유산수리기술자는 전문교육을 받아야 하는데 다음에서 (　) 안에 알맞은 것을 고르시오.

> 1. 국가유산수리기술자는 국가유산수리 등의 기술과 자질을 향상시키기 위하여 국가유산청장이 실시하는 전문교육을 받아야 한다.
> 2. 전문교육 중, 신규교육은 국가유산수리기술자 자격증을 발급받은 날부터 1년이 되기 전까지 (　)시간 이상 받아야 한다.

① 32　　　　　　　　　　② 23
③ 36　　　　　　　　　　④ 26
⑤ 30

국가유산수리기술자(국가유산감리원을 포함한다)는 아래 각 호의 구분에 따른 전문교육을 정하는 시간 이상 받아야 한다.
1. 신규교육 : 국가유산수리기술자 자격증을 발급받은 날부터 1년이 되기 전까지 32시간
2. 정기교육 : 신규교육을 받은 날을 기준으로 5년마다 64시간(다만, 정기교육을 받아야 하는 기간 동안 업무에 종사한 사실이 없는 사람은 정기교육 대상에서 제외한다.)

정답 ①

114 「국가유산수리 등에 관한 법률」에서, 시·도지사가 청문을 하여야 하는 경우를 고르시오.

> ㄱ. 국가유산수리기술자의 자격 취소 시
> ㄴ. 국가유산수리기능자의 자격 취소 시
> ㄷ. 국가유산수리업자등의 등록 취소 시

① ㄱ ② ㄴ
③ ㄷ ④ ㄴ, ㄷ

 (국가유산수리 등에 관한 법률상의) 청문
1. 청문권자 : 국가유산청장, 시·도지사
2. 청문을 하여야 하는 경우
   (1) 전통재료 인증의 취소 : 국가유산청장
   (2) 국가유산수리기술자의 자격 취소 시 : 국가유산청장
   (3) 국가유산수리기능자의 자격 취소 시 : 국가유산청장
   (4) 국가유산수리업자등의 등록취소 시 : 시·도지사

정답 ③

115 국가유산수리 등에 관한 법령상, 국가유산청장이나 시·도지사가 처분에 앞서 반드시 청문을 하여야 하는 경우가 아닌 것은?

① 국가유산수리기술자의 자격취소
② 국가유산수리기능자의 자격취소
③ 국가유산수리협회 설립의 인가취소
④ 국가유산수리업자등의 등록취소
⑤ 전통재료 인증의 취소

정답 ③

116 국가유산수리 등에 관한 법령상, 국가유산청장이나 시·도지사가 처분을 하기 전에 청문을 하여야 하는 경우를 모두 고른 것은?

> ㄱ. 국가유산수리기술자의 자격취소
> ㄴ. 국가유산수리기술자의 자격정지
> ㄷ. 국가유산수리기능자의 자격취소
> ㄹ. 국가유산수리기능자의 자격정지
> ㅁ. 국가유산수리업자의 등록취소

① ㄱ, ㄴ
② ㄱ, ㄷ
③ ㄱ, ㄷ, ㅁ
④ ㄴ, ㄹ, ㅁ

정답 ③

제7장 벌칙

117 「국가유산수리 등에 관한 법률」상 벌칙에서, 3년 이하의 징역 또는 3천만 원 이하의 벌금에 처하는 것은?

① 국가유산수리업자 등의 등록에 따른 등록을 하지 아니하거나 거짓 또는 그 밖의 부정한 방법으로 등록을 하고 국가유산수리업 등을 영위한 자
② 국가유산수리를 위반하여 국가유산을 수리한 자
③ 둘 이상의 국가유산수리업자등에 중복하여 취업한 자
④ 하도급의 제한 등의 규정을 위반하여 하도급을 한 자
⑤ 국가유산감리업자로 하여금 일반감리 또는 책임감리를 하게 하지 아니한 발주자

정답 ①

118 「국가유산수리 등에 관한 법률」상 벌칙에서, 1년 이하의 징역 또는 1천만 원 이하의 벌금에 처하는 것은?

① 국가유산수리기술자를 국가유산수리 현장에 배치하지 아니한 자
② 국가유산수리 현장의 점검 등을 거부·방해 또는 기피한 자
③ 다른 사람에게 자기의 성명을 사용하여 국가유산수리 등의 업무를 하게 한 자
④ 동산문화유산 보존처리에서 보존처리계획의 수립 등을 위반하여 수립하도록 한 자

정답 ④

PART 04 매장유산 보호 및 조사에 관한 법률 및 같은 법 시행령·시행규칙

제1장 총칙

01 「매장유산 보호 및 조사에 관한 법률」의 목적은 매장유산을 보존하여 민족문화의 원형(原形)을 유지·계승하고, 매장유산을 효율적으로 보호·조사 및 관리하는 것을 목적으로 한다.(○, ×)

정답 ○

02 매장유산 보호 및 조사에 관한 법령상, 수중에 매장되거나 분포되어 있는 문화유산 범위에서 옳은 것을 찾으시오.

① 토지에 매장되어 있는 문화유산
② 수중에 분포되어 있는 문화유산
③ 「배타적 경제수역법 및 대륙붕에 관한 법률」에 따른 배타적 경제수역에 존재하는 문화유산
④ 지표에 생성·퇴적되어 있는 천연동굴로 지질학적인 가치가 큰 것

해설 수중에 매장되거나 분포되어 있는 문화유산 범위
1) 「내수면어업법」에 따른 내수면, 「영해 및 접속수역법」에 따른 영해와 「배타적 경제수역 및 대륙붕에 관한 법률」에 따른 배타적 경제수역에 존재하는 문화유산
2) 공해에 존재하는 대한민국 기원 문화유산
※ ①, ②, ④는 매장유산의 정의에 대한 내용

정답 ③

03 매장유산 보호 및 조사에 관한 법령 중 매장유산에 해당되지 않는 것은?

① 토지 또는 수중에 분포되어 있는 문화유산
② 건조물 등의 부지에 매장되어 있는 문화유산
③ 지표 · 지중 · 수중(바다 · 호수 · 하천을 포함한다) 등에 생성되어 있는 천연동굴 · 화석, 그 밖에 지질학적 가치가 큰 것
④ 공해에 존재하는 모든 문화유산

정답 ④

04 매장유산 보호 및 조사에 관한 법령상, 매장유산에 대해 옳은 것을 모두 고르시오.

> ㄱ. 토지에 매장되거나 분포되어 있는 문화유산
> ㄴ. 바다 · 호수 · 하천을 포함한 수중 등에 생성 · 퇴적되어 있는 천연동굴 · 화석, 그 밖에 지질학적인 가치가 큰 것
> ㄷ. 수중에 매장되거나 분포되어 있는 문화유산은 매장유산이 아니다.
> ㄹ. 건조물 등의 부지에 매장되어 있는 문화유산

① ㄱ
② ㄱ, ㄴ
③ ㄱ, ㄷ
④ ㄱ, ㄴ, ㄷ
⑤ ㄱ, ㄴ, ㄹ

해설 매장유산의 정의
ㄱ. 토지 또는 수중에 매장되거나 분포되어 있는 문화유산
ㄴ. 건조물 등의 부지에 매장되어 있는 문화유산
ㄷ. 지표 · 지중 · 수중(바다 · 호수 · 하천을 포함한다) 등에 생성 · 퇴적되어 있는 천연동굴 · 화석, 그 밖에 지질학적인 가치가 큰 것

정답 ⑤

05 매장유산 보호 및 조사에 관한 법령상 지질학적으로 가치가 큰 매장유산 중에서 '지각의 형성과 관계되거나 한반도 지질계통을 대표하는 암석과 지질구조의 주요 분포지와 지질 경계선'에 해당하지 않는 것은?

① 분화구(噴火口), 칼데라(Caldera)와 같은 화산활동에 의하여 형성된 지형
② 지구 내부의 구성 물질로 해석되는 암석이 산출되는 분포지
③ 한반도 지질계통의 전형적인 지질 경계선
④ 지판(地板) 이동의 증거가 되는 지질구조나 암석

정답 ①

06 매장유산 보호 및 조사에 관한 법령상, 매장유산에 관한 설명으로 옳은 것은?
① 건조물 등의 부지에 매장되어 있는 문화유산은 매장유산이 아니다.
② 토지에 매장되어 있는 문화유산은 매장유산이다.
③ 지표에 퇴적되어 있는 화석은 매장유산이 아니다.
④ 공해에 존재하는 모든 문화유산은 매장유산이다.

정답 ②

07 매장유산 보호 및 조사에 관한 법령상, 매장유산의 정의에 해당하지 않는 것은?
① 공해에 매장되어 있는 모든 문화유산
② 하천에 생성되어 있는 천연동굴
③ 「배타적 경제수역 및 대륙붕에 관한 법률」에 따른 배타적 경제수역에 존재하는 문화유산
④ 건조물 등의 부지에 매장되어 있는 문화유산

정답 ①

08 매장유산 보호 및 조사에 관한 법령상, 매장유산 유존지역의 보호에 대해 옳은 것을 찾으시오.
① 매장유산이 존재하는 것으로 인정되는 지역은 원형이 훼손되지 아니하도록 보호를 할 수 있다.
② 누구든지 정하는 바에 따르지 아니하고는 매장유산 유존지역을 조사·발굴하여서는 아니 된다.
③ 유존지역의 위치에 관한 정보를 상시적으로 공개할 때에는 축척 2만분의 1의 지도에 표시해서 하여야 한다.
④ 지방자치단체의 장은 매장유산 유존지역의 적정성, 현재 지형현황 등에 대한 의견을 국가유산청장에게 제출하여야 한다.

해설 ① 훼손되지 아니하도록 보호되어야 한다.
③ 축척 2만 5천분의 1
④ 국가유산청장에게 제출할 수 있다.

정답 ②

09 매장유산 보호 및 조사에 관한 법령상, 매장유산에 해당되지 않는 것은?

① 토지에 분포되어 있는 문화유산
② 공해에 존재하는 외국기원 문화유산
③ 바다에 생성되어 있는 화석
④ 학술적 가치가 높은 냉천

해설 매장유산의 정의(매장유산에 해당되는 것)
1. 토지 또는 수중에 매장되거나 분포되어 있는 문화유산
    ※ 수중에 매장되거나 분포되어 있는 문화유산 범위
    1) 내수면
        영해
        배타적 경제수역에 존재하는 문화유산
    2) 공해에 존재하는 대한민국 기원 문화유산
2. 건조물 등의 부지에 매장되어 있는 문화유산
3. 지표·지중·수중(바다·호수·하천을 포함한다) 등에 생성·퇴적되어 있는 천연 동굴·화석 그 밖에 지질학적인 가치가 큰 것
4. 지질학적으로 가치가 큰 매장유산
    (1) 지각의 형성과 관계되거나 한반도 지질계통을 대표하는 암석과 지질구조의 주요 분포지와 지질경계선
    (2) 한반도 지질 현상을 해석하는 데 주요한 지질구조·퇴적 구조와 암석
    (3) 학술적 가치가 큰 자연환경
    (4) 그 밖에 학술적 가치가 높은 지표·지질현상
        ① 얼음물, 풍혈
        ② 샘 : 온천, 냉천, 광천
        ③ 특이한 해양 현상 등

정답 ②

10 매장유산 보호 및 조사에 관한 법령상, 지질학적으로 가치가 큰 매장유산 중에서 학술적 가치가 큰 자연지형에 해당하지 않는 것은?

① 화산활동에 의하여 형성된 분화구(噴火口)
② 풍화작용과 관련된 토르(tor)
③ 퇴적구조와 관련된 관입(貫入)
④ 구조운동에 의하여 형성된 폭포

정답 ③

제2장　매장유산 지표조사

11 매장유산 보호 및 조사에 관한 법령상, 국가 등에 의한 매장유산 지표조사의 내용으로 바르지 못한 것을 찾으시오.

① 국가는 국가유산이 매장되어 있는지를 확인하기 위하여 매장유산 지표조사를 실시하여야 한다.
② 지방자치단체는 국가유산이 매장·분포되어 있는지를 확인하기 위하여 매장유산 지표조사를 실시할 수 있다.
③ 지표조사는 매장유산 조사기관이 수행한다.
④ 국가 등 지표조사의 방법 등에 필요한 사항은 국가유산청장이 정하여 고시한다.

정답 ①

12 매장유산 보호 및 조사에 관한 법령에서 국가 등에 의한 매장유산 지표조사에서 지표조사 결과보고서에 포함되어야 할 사항으로 옳지 못한 것은?

① 조사지역의 자연환경에 대한 문헌조사 내용
② 조사지역의 역사, 고고, 민속에 대한 문헌조사 내용
③ 조사지역의 고건축물(근대건축물을 포함하지 않는다)에 대한 현장조사 내용
④ 조사를 수행한 조사기관의 의견

정답 ③

제3장 매장유산의 발굴 및 조사

※「매장유산 보호 및 조사에 관한 법률」상, 매장유산의 발굴 허가 등에 대한 내용이다. 아래 내용을 보고 다음 물음에 답하시오.(13~16)

> ㄱ. 연구 목적으로 발굴하는 경우
> ㄴ. 유적의 정비사업을 목적으로 발굴하는 경우
> ㄷ. 토목공사, 토지의 형질변경 또는 그 밖에 건설공사를 위하여 부득이 발굴할 필요가 있는 경우
> ㄹ. 멸실·훼손 등의 우려가 있는 유적을 긴급하게 발굴할 필요가 있는 경우

13 매장유산 유존지역은 발굴할 수 없지만 정하는 바에 따라 국가유산청장의 허가를 받은 때에는 발굴할 수 있다. 예외의 경우는 어느 것인가?

① ㄱ
② ㄱ, ㄴ
③ ㄱ, ㄴ, ㄷ
④ ㄱ, ㄴ, ㄷ, ㄹ

 매장유산 유존지역의 발굴 예외인 경우와 경비 부담

순위	내용	(발굴의) 예외인 경우	허가받은 자가 부담해야 할 경우	시행자가 부담해야 할 경우
①	연구목적으로 발굴하는 경우	○	○	
②	유적의 정비사업을 목적으로 발굴하는 경우	○	○	
③	토목공사, 토질의 형질변경 또는 그 밖에 건설공사를 위하여 부득이 발굴할 필요가 있는 경우	○		○
④	멸실·훼손 등의 우려가 있는 유적을 긴급하게 발굴할 필요가 있는 경우	○	○	

정답 ④

14 발굴할 수 있는 예외의 단서에 따라 발굴허가를 받은 자는 허가사항 중 중요한 사항을 변경하려는 때에는 국가유산청장의 허가를 받아야 하는데 그 중요한 사항이 아닌 것은?

① 발굴 기간
② 발굴 면적
③ 발굴 연구
④ 매장유산

정답 ③

15 매장유산 유존지역을 발굴하는 경우 그 경비의 부담에 관한 것으로 해당 매장유산의 발굴을 허가받은 자가 부담해야 할 경우는 어느 것인가?

① ㄱ, ㄴ
② ㄱ, ㄷ
③ ㄱ, ㄴ, ㄷ
④ ㄱ, ㄴ, ㄹ

해설 13번 문제 해설 참조

정답 ④

16 해당 공사의 시행자가 경비를 부담하여야 하는 경우는?

① ㄱ
② ㄴ
③ ㄷ
④ ㄹ

해설 13번 문제 해설 참조

정답 ③

17 매장유산 보호 및 조사에 관한 법령상, 국가유산청장의 발굴허가를 받아야 하는 사항을 모두 고른 것은? [2025년도 제43회 기출문제]

ㄱ. 연구 목적으로 발굴하는 경우
ㄴ. 유적의 정비사업을 목적으로 발굴하는 경우
ㄷ. 토목공사를 위하여 부득이 발굴할 필요가 있는 경우
ㄹ. 멸실의 우려가 있는 유적을 긴급하게 발굴할 필요가 있는 경우

① ㄱ, ㄴ
② ㄱ, ㄷ, ㄹ
③ ㄴ, ㄷ, ㄹ
④ ㄱ, ㄴ, ㄷ, ㄹ

정답 ④

18 매장유산 보호 및 조사에 관한 법령상, 매장유산의 발굴의 변경허가를 받아야 하는 중요한 사항에 해당하지 않는 것은? [2025년도 제43회 기출문제]

① 발굴기간
② 발굴면적
③ 매장유산 발굴조사의 유형
④ 조사단장

정답 ④

19 매장유산 보호 및 조사에 관한 법령상, 발굴현장 안전관리 등에 관한 다음 내용 중 틀린 것은?

① 발굴허가를 받은 자는 발굴현장의 안전관리 등에 따른 발굴허가의 내용과 지시사항을 준수하여야 한다.
② 국가유산청장은 안전관리 등 발굴허가 내용의 이행여부를 관리·감독하기 위하여 발굴현장을 점검하거나 발굴허가를 받은 자 또는 매장유산 조사기관에 자료제출을 요구하거나 필요한 조치를 지시하여야 한다.
③ 발굴현장 점검은 발굴조사 인력·시설 및 장비에 관한 사항 등에 대해 실시한다.
④ 국가유산청장은 발굴허가를 받은 자 또는 매장유산 조사기관에 관한 자료의 제출을 요구할 수 있다. 이 경우 기간을 정하여 서면으로 해야 한다.

정답 ②

20 매장유산 보호 및 조사에 관한 법령상, 발굴된 매장유산에 대한 국가유산청장의 보존조치 중 발굴 전 상태로 다시 메워 보존하는 조치는?

① 실물보존　　　　　　　　② 현지보존
③ 현상보존　　　　　　　　④ 현물보존

정답 ②

21 「매장유산 보호 및 조사에 관한 법률」상, 발굴된 매장유산의 보존조치 결정에서 아래의 내용은 현지보존, 이전보존 또는 기록보존의 어떠한 조치를 하기 위한 평가인지 맞는 것을 찾으시오.

> 매장유산의 접근성, 이용성, 주변 경관과의 조화성, 주변 관광자원과의 연계성

① 매장유산의 가치　　　　② 매장유산의 보존상태
③ 매장유산의 활용성　　　④ 매장유산의 발굴경위

해설 발굴된 매장유산의 보존 조치 결정
국가유산청장은 발굴된 매장유산에 대하여 현지보존, 이전보존 또는 기록보존의 조치를 하기 위하여 아래의 사항에 대하여 평가하여야 한다.
1. 매장유산의 가치 : 매장유산의 역사성, 시대성, 희소성, 지역성
2. 매장유산의 보존상태 : 매장유산의 내부·외부 및 매장유산 주변의 보존 상태
3. 매장유산의 활용성 : 매장유산의 접근성, 이용성, 주변 경관과의 조화성, 주변 관광자원과의 연계성
4. 보존조치로 침해되는 이익 : 매장유산 보호 조치로 침해되는 공익·사익

정답 ③

22 매장유산 보호 및 조사에 관한 법령에서 규정되어 있는 발굴된 매장유산의 보존조치 결정 평가사항이 아닌 것은?

① 매장유산의 가치　　　　　　② 매장유산의 보존상태
③ 매장유산의 사회성 · 교육성　④ 매장유산의 활용성

정답 ③

23 매장유산 보호 및 조사에 관한 법령상, 발굴된 매장유산의 보존 조치 결정에 있어 평가할 사항으로 옳지 않은 것은?

① 매장유산의 역사성, 원형성, 희소성, 보편성
② 매장유산의 내부 · 외부의 보존 상태
③ 매장유산의 접근성, 이용성
④ 매장유산의 주변 관광자원과의 연계성

정답 ①

24 매장유산 보호 및 조사에 관한 법령상, 발굴허가를 받은 자가 매장유산 유존지역에서 출토된 역사적 · 학술적 자료로 그 현상을 변경하지 말고 지체 없이 그 출토된 사실을 국가유산청장에게 신고하여야 하는 것에 해당하지 않는 것은?　[2025년도 제43회 기출문제]

① 인골 · 미라 등 인체유래물　② 동물 뼈
③ 목재 · 초본류　　　　　　　④ 서적류

정답 ④

25 매장유산 보호 및 조사에 관한 법령상, 매장유산의 발굴 및 조사에 관한 설명으로 옳은 것을 찾으시오.

① 국가유산청장은 매장유산 발굴허가의 신청을 받은 날부터 15일 이내에 허가여부 또는 처리지연 사유를 신청인에게 통지하여야 한다.
② 발굴허가를 받은 자는 매장유산의 발굴이 끝난 날부터 20일 이내에 정하는 바에 따라 국가유산청장에게 완료신고서를 제출하여야 한다.
③ 국가는 발굴로 손실을 받은 자에게 그 손실을 보상할 수 있다.
④ 발굴허가를 받은 자는 발굴이 끝난 날부터 3년 이내에 그 발굴결과에 관한 보고서를 국가유산청장에게 제출하여야 한다.

해설 ① 10일 이내에
③ 그 손실을 보상하여야 한다.
④ 2년 이내

정답 ②

제4장 발견신고된 매장유산의 처리 등

26 「매장유산 보호 및 조사에 관한 법률」에서 발견신고된 매장유산의 처리 등에서 거리가 있는 내용을 고르시오.

① 매장유산을 발견한 때에는 그 발견자는 그 현상을 변경하지 말고 그 발견된 사실을 국가유산청장에게 신고하여야 한다.
② 발견신고는 매장유산을 발견한 날부터 30일 이내에 방문 또는 전화 등의 연락 수단을 통하여 하여야 한다.
③ 해당 기관에 신고가 접수된 날에 국가유산청장에게 신고한 것으로 보며, 매장유산이 발견된 장소를 관할하는 경찰서장은 신고기관이다.
④ 발견신고가 있으면 해당 국가유산의 소유자가 판명된 경우에는 「유실물법」에도 불구하고 관할 경찰서장에게 이를 알려야 한다.

해설 ① 매장유산을 발견한 때에는 그 발견자나 매장유산 유존지역의 소유자·점유자 또는 관리자는 그 현상을 변경하지 말고 그 발견된 사실을 국가유산청장에게 신고하여야 한다.
③ 신고기관(해당 기관에 신고가 접수된 날에 국가유산청장에게 신고한 것으로 본다)
  1. 매장유산이 발견된 장소를 관할하는 경찰서장 또는 자치경찰단을 설치한 제주특별자치도지사
  2. 매장유산이 발견된 장소를 관할하는 특별자치시장·시장·군수·구청장(구청장은 자치구의 구청장)
④ 국가유산청장은 발견신고가 있으면 해당 국가유산의 소유자가 판명된 경우에는 그 발견자가 소유자에게 반환하게 하고, 소유자가 판명되지 아니한 경우에는 「유실물법」에도 불구하고 관할 경찰서장 또는 자치경찰단을 설치한 제주특별자치도지사에게 이를 알려야 한다.(통지를 받으면 경찰서장 또는 제주특별자치도지사는 지체 없이 해당 국가유산에 관하여 「유실물법」에 따라 공고하여야 한다)

정답 ④

27 매장유산 보호 및 조사에 관한 법령상, 발견신고된 매장유산의 처리 등에 관련된 일자로 옳지 않은 것은?

① 매장유산 발견신고는 매장유산을 발견한 날부터 30일 이내
② 국가유산의 소유권 판정신청은 「유실물법」에 따른 공고 후 90일 이내
③ 소유권 판정신청을 받은 국가유산청장의 소유권의 존재 여부 판정은 「유실물법」에 따른 공고 후 90일이 경과한 날부터 60일 이내
④ 매장물로서 경찰서장에게 제출된 물건이 국가유산으로 인정된 경우, 경찰서장의 국가유산청장에 대한 제출은 경찰서장에게 제출된 날부터 30일 이내

1. 발견신고
   (1) 매장유산을 발견한 때에는 그 발견자나 매장유산 유존지역의 소유자·점유자 또는 관리자는 그 현상을 변경하지 말고 그 발견된 사실을 국가유산청장에게 신고하여야 한다.
   (2) 발견신고는 매장유산을 발견한 날부터 30일 이내에 방문 또는 전화 등의 연락수단을 통하여 하여야 한다.

2. 발견신고된 국가유산의 처리방법(법 제18조 ②)과 경찰서장 등에 신고된 국가유산의 처리방법(법 제19조 ①)에 따라 경찰서장 또는 자치경찰단을 설치한 제주특별자치도지사가 공고한 후 90일 이내에
   (1) 해당 국가유산의 소유자임을 주장하는 자가 있는 경우 국가유산청장은 소유권 판정절차를 거쳐 정당한 소유자에게 반환한다.
      ① 발견신고된 국가유산의 소유권 판정 절차
         ㉠ 국가유산의 소유권을 판정받으려는 자는 공고 후 90일 이내에 해당 국가유산의 소유자임을 증명할 수 있는 자료를 첨부하여 국가유산청장에게 소유권 판정 신청을 하여야 한다.
         ㉡ 국가유산청장은 소유권 판정 신청을 받으면 발견신고된 국가유산의 처리 방법(법 제18조 ②) 및 경찰서장 등에 신고된 국가유산의 처리 방법(법 제19조 ①)에 따라 공고한 후 90일이 경과한 날부터 60일 이내에 그 소유권의 존재 여부를 판정하여야 한다.
      ② 이 경우 해당 국가유산 전문가, 법률전문가, 이해관계자 및 관계기관의 의견을 들어야 한다.
   (2) 정당한 소유자가 없는 경우 국가에서 직접 보존할 필요가 있는 국가유산이 있으면 「민법」의 규정에도 불구하고 국가에 귀속한다.

3. 공고·보고·제출
   (경찰서장 등에 신고된 국가유산의 처리방법)
   (1) 「유실물법」에 따라 경찰서장 또는 자치경찰단을 설치한 제주특별도지사에게 매장물 또는 유실물로서 제출된 물건이 국가유산으로 인정되는 경우에는, 경찰서장 또는 자치경찰단을 설치한 제주특별도지사는 「유실물법」에 따라 이를 공고하고,

(2) 국가유산으로 인정되는 매장물 또는 유실물이 제출된 사실을 국가유산청장에게 보고하며,
(3) 그 물건을 소유자에게 반환하는 경우 외에는 제출된 날부터 20일 이내에 국가유산청장에게 제출하여야 한다.

정답 ④

28 매장유산 보호 및 조사에 관한 법령상, 발견신고된 국가유산의 소유권 판정 및 국가귀속 등에 관한 설명으로 옳지 않은 것은? [2025년도 제43회 기출문제]

① 국가유산청장은 정당한 소유자가 없는 경우 국가에서 직접 보존할 필요가 있는 국가유산이 있으면 「민법」에도 불구하고 국가에 귀속한다.
② 국가유산의 소유권을 판정받으려는 자는 관련 법률에 따른 공고 후 90일 이내에 국가유산청장에게 소유권 판정 신청을 하여야 한다.
③ 국가유산청장은 소유권 판정 신청을 받으면 관련 법률에 따라 공고한 후 60일이 경과한 날부터 90일 이내에 그 소유권의 존재 여부를 판정하여야 한다.
④ 국가유산청장이 국가에 귀속된 국가유산을 대여하는 경우 그 기간은 특별한 사정이 없는 한 1년 이내로 한다.

정답 ③

29 「매장유산 보호 및 조사에 관한 법률」상, 발견신고된 국가유산의 소유권 판정에서 국가에 귀속된 경우, 그 국가유산을 대여할 수 있는 사유가 아닌 것을 찾으시오.

① 교육자료로 필요한 경우
② 연구·조사를 위하여 필요한 경우
③ 멸실·훼손 등의 우려가 없는 경우
④ 국가유산 전시 등을 위하여 필요한 경우

해설 국가에 귀속된 국가유산의 대여
1. 국가유산청장, 관리청 또는 지방자치단체나 비영리법인 또는 법인 아닌 비영리단체는 연구기관 및 박물관 등으로부터 국가에 귀속된 국가유산의 대여신청을 받으면 아래의 어느 하나에 해당하는 경우에는 그 국가유산을 대여할 수 있다.
   (1) 교육자료로 필요한 경우
   (2) 연구·조사를 위하여 필요한 경우
   (3) 그 밖에 국가유산 전시 등을 위하여 필요한 경우
2. 국가에 귀속된 국가유산을 대여하는 경우 그 기간은 1년 이내로 한다.
   (다만, 특별한 사유가 있는 경우에는 대여기간을 연장할 수 있다.)

정답 ③

30 「매장유산 보호 및 조사에 관한 법률」에서, 발견신고된 국가유산의 공고는 어느 법의 적용을 받는가?

① 유실물법 ② 국유재산법
③ 민법   ④ 매장유산 보호 및 조사에 관한 법률

 발견신고된 국가유산의 처리방법
경찰서장 또는 자치경찰단을 설치한 제주특별자치도지사는 통지를 받으면(발견 신고된 국가유산의 소유자가 판명되지 아니한 경우) 지체 없이 해당 국가유산에 관하여 「유실물법」에 따라 공고하여야 한다.

정답 ①

31 「매장유산 보호 및 조사에 관한 법률」상, 발견신고된 매장유산의 처리 등에서 틀린 것은?

① 매장유산을 발견한 때에는 발견자는 현상을 변경하지 말고 신고하여야 한다.
② 발견신고된 해당 국가유산의 소유자임을 주장하는 자가 있을 경우 소유권 판정절차를 거쳐 정당한 소유자에게 반환한다.
③ 발견신고된 국가유산이 국가에 귀속된 경우, 교육자료로 필요한 경우와 멸실·훼손 등의 우려가 없는 경우의 사유에는 그 국가유산을 대여할 수 있으며 기간은 2년 이내로 한다.
④ 해당 국가유산을 국가에 귀속하는 경우 국가유산의 발견자, 습득자 및 발견된 토지나 건조물 등의 소유자에게 보상금을 지급한다.

 국가에 귀속된 국가유산의 대여
국가에 귀속된 국가유산을 대여하는 경우 그 기간은 1년 이내로 한다. 다만, 특별한 사유가 있는 경우에는 대여기간을 연장할 수 있다.
㉠ 교육자료로 필요한 경우
㉡ 연구·조사를 위하여 필요한 경우
㉢ 그 밖에 국가유산 전시 등을 위하여 필요한 경우

정답 ③

32 매장유산 보호 및 조사에 관한 법령상, 발견신고된 매장유산의 처리에 관한 설명으로 옳은 것은?

① 매장유산을 발견한 때에는 매장유산 유존지역의 소유자는 그 발견된 사실을 관할 지방자치단체에 신고하여야 한다.
② 지방자치단체장은 발견신고된 국가유산의 소유자가 판명되지 아니한 경우에는 국가유산청장에게 알려야 한다.
③ 국가유산 발견자나 습득자가 토지 또는 건조물 등의 소유자와 동일인이 아니면 보상금을 차등하게 분할하여 지급한다.
④ 발견신고된 국가유산에 대해 소유권 판정 절차를 거친 결과 정당한 소유자가 없는 국가유산으로 역사적 · 예술적 또는 학술적 가치가 커서 국가에서 직접 보존할 필요가 있는 국가유산은 국가 귀속대상으로 한다.

정답 ④

33 「매장유산 보호 및 조사에 관한 법률」상, 발견신고 된 국가유산의 보상금과 포상금에 관한 내용으로 옳은 것은?

① 국가유산청장은 해당 국가유산을 국가에 귀속하는 경우에 국가유산의 발견자, 습득자 및 발견된 토지나 건조물 등의 소유자에게 유실물법에 따라 보상금을 지급할 수 있다.
② 보상금 지급 시 습득자가 토지 또는 건조물 등의 소유자와 동일인이 아니면 보상금을 균등하게 분할하여 지급할 수 있다.
③ 보상금을 분할하여 지급하는 경우에는 발견자나 습득자에게 발견하거나 습득할 때 지출한 경비를 보상금 중에서 우선 지급할 수 있고, 그 차액을 발견자나 습득자와 그 국가유산이 발견된 토지 또는 건조물 등의 소유자에게 균등하게 분할하여 지급할 수 있다.
④ 국가유산청장은 발견 신고자로서 발굴의 원인을 제공한 자에게는 발굴된 국가유산의 가치와 규모를 고려하여 포상금을 지급할 수 있다.

해설
- 보상금 : 지급한다.
- 포상금 : 지급할 수 있다.

정답 ④

34 「매장유산 보호 및 조사에 관한 법률」에서 포상금의 내용에 대하여 틀린 것을 찾으시오.

① 발견신고자로서 발굴의 원인을 제공한 자에게는 포상금을 지급할 수 있다.
② 포상금의 1등급 지급기준은 2,000만 원+(국가유산의 평가액−1억 원)×5/100이다.
③ 1등급의 포상금은 1억 원을 초과할 수 없다.
④ 5등급의 포상금은 300만 원이다.

해설
① 국가유산청장은 발견신고자로서 발굴의 원인을 제공한 자에게는 발굴된 국가유산의 가치나 규모를 고려하여 포상금을 지급할 수 있다.
④ 5등급의 포상금은 200만 원이다.

정답 ④

35 매장유산 보호 및 조사에 관한 법령상, 보상금과 포상금에 관한 설명으로 옳지 않은 것은?

[2025년도 제43회 기출문제]

① 국가유산청장은 국가유산을 국가에 귀속하는 경우 그 국가유산의 발견자에게 「유실물법」에 따라 보상금을 지급한다.
② 포상금을 지급하는 경우 지급 기준에 관하여 필요한 사항은 국회에서 법률로 정하여야 한다.
③ 국가유산청장은 국가유산 발견신고자로서 발굴의 원인을 제공한 자에게 포상금을 지급할 수 있다.
④ 국가유산청장은 국가유산을 국가에 귀속하는 경우 발견자나 습득자가 토지 또는 건조물 등의 소유자와 동일인이 아니면 보상금을 균등하게 분할하여 지급한다.

정답 ②

36 매장유산의 보호 및 조사에 관한 법령상, 발견신고된 매장유산과 관련하여 포상금을 지급받을 수 있는 자는?

① 발견신고자로서 발굴의 원인을 제공한 자
② 발견된 토지·건조물의 소유자
③ 국가유산의 발견자
④ 국가유산의 습득자

정답 ①

제5장　매장유산 조사기관

37 매장유산 보호 및 조사에 관한 법령상, 매장유산 조사기관으로 등록할 수 있는 기관에 해당하지 않는 것은?
① 「민법」에 따라 설립된 영리법인으로서 매장유산 발굴 관련 사업의 목적으로 설립된 법인
② 국가 또는 지방자치단체가 설립·운영하는 매장유산 발굴 관련 기관
③ 「고등교육법」에 따라 매장유산 발굴을 위하여 설립된 부설 연구시설
④ 「박물관 및 미술관 진흥법」에 따른 박물관

정답 ①

38 매장유산 보호 및 조사에 관한 법령상, 매장유산 조사기관으로 등록될 수 없는 기관은?
① 「국가유산기본법」에 따른 국가유산진흥원
② 「박물관 및 미술관 진흥법」에 따른 미술관
③ 「고등교육법」에 따라 매장유산 발굴을 위하여 설립된 부설 연구시설
④ 국가 또는 지방자치단체가 설립·운영하는 매장유산 발굴 관련 기관

정답 ②

39 매장유산 조사기관이 아닌 것은?
① 육상수중합동 조사기관　② 육상지표조사기관
③ 육상발굴조사기관　④ 수중지표조사기관
⑤ 수중발굴조사기관

정답 ①

40 「매장유산 보호 및 조사에 관한 법률」에서 매장유산 조사기관의 등록을 취소하여야 하는 경우가 아닌 것을 고르시오.

> ㄱ. 거짓이나 그 밖의 부정한 방법으로 조사기관으로 등록을 한 경우
> ㄴ. 지표조사 또는 발굴조사를 거짓이나 그 밖의 부정한 방법으로 행한 경우
> ㄷ. 발굴허가 내용이나 허가 관련 지시를 위반한 경우
> ㄹ. 고의나 중과실로 유물 또는 유적을 훼손한 경우
> ㅁ. 고의나 중과실로 지표조사 보고서 또는 발굴조사보고서 또는 「국가유산영향진단법」에 따른 진단보고서를 사실과 다르게 작성한 경우

① ㄱ, ㄴ　② ㄴ, ㄷ
③ ㄷ, ㄹ　④ ㄹ, ㅁ

매장유산 조사기관의 등록을 취소하여야 하는 경우
1. 거짓이나 부정한 방법으로 조사기관을 등록한 경우
2. 고의나 중과실로 유물 또는 유적을 훼손한 경우
3. 고의나 중과실로 지표조사보고서 또는 발굴조사 보고서 또는 「국가유산영향진단법」에 따른 진단보고서를 사실과 다르게 작성한 경우

정답 ②

41 매장유산 보호 및 조사에 관한 법령상, 매장유산 조사기관의 등록을 반드시 취소하여야 하는 사유가 아닌 것은?
① 거짓으로 조사기관으로 등록을 한 경우
② 고의나 중과실로 유물을 훼손한 경우
③ 지표조사를 거짓으로 행한 경우
④ 고의나 중과실로 발굴조사 보고서 또는 「국가유산영향진단법」에 따른 진단보고서를 사실과 다르게 작성한 경우

정답 ③

42 매장유산 보호 및 조사에 관한 법령상, 매장 국가유산 조사기관으로 등록할 수 없는 것은?
① 「상법」에 따라 설립된 법인으로서 매장유산 발굴 관련 사업의 목적으로 설립된 법인
② 지방자치단체가 설립·운영하는 매장유산 발굴 관련 기관
③ 「고등교육법」에 따라 매장유산 발굴을 위하여 설립된 부설 연구시설
④ 「국가유산기본법」의 국가유산진흥원

 매장유산 조사기관의 등록
1. 매장유산 조사기관
   매장유산에 대한 지표조사 또는 발굴을 하며 국가유산청장에게 등록한 기관
   (1) 「민법」에 따라 설립된 비영리법인으로서 매장유산 발굴 관련 사업의 목적으로 설립된 법인
   (2) 국가 또는 지방자치단체가 설립·운영하는 매장유산 발굴 관련 기관
   (3) 「고등교육법」에 따라 매장유산 발굴을 위하여 설립된 부설연구시설
   (4) 「박물관 및 미술관진흥법」에 따른 박물관
   (5) 「국가유산기본법」의 국가유산진흥원

2. 발굴분야별 조사기관의 종류
    (1) 육상지표조사기관
    (2) 육상발굴조사기관
    (3) 수중지표조사기관
    (4) 수중발굴조사기관

정답 ①

제6장　보칙

43 매장유산 보호 및 조사에 관한 법령상, 국가유산 보존조치에 따른 토지의 매입 등에 관하여 대통령령으로 정하는 법인으로 틀린 것은?

① 「공공기관의 운영에 관한 법률」에 따른 공공기관인 법인
② 「지방공기업법」에 따른 지방공사 또는 지방공단
③ 「지방공기업법」에 따른 지방공사가 출자할 수 있는 한도에서 해당 법인의 자본금 중 3분의 2 이상을 출자한 법인
④ 「방송법」에 따른 한국방송공사
⑤ 「한국교육방송공사법」에 따른 한국교육방송공사

정답 ③

44 매장유산 보호 및 조사에 관한 법령상, 발굴된 매장유산의 보존조치로 인하여 개발사업의 전부를 시행 또는 완료하지 못하게 된 경우 국가 또는 지방자치단체가 해당 토지를 매입할 수 있는 건설공사는?

① 「한국교육방송공사법」에 따른 한국교육방송공사가 시행하는 공사
② 「지방공기업법」에 따른 지방공단이 시행하는 공사
③ 「방송법」에 따른 한국방송공사가 시행하는 공사
④ 「지방공기업법」에 따른 지방공사가 같은 법 시행령에 따라 출자할 수 있는 한도에서 해당 법인의 자본금 중 3분의 1을 출자한 법인이 시행하는 공사

정답 ④

45 「매장유산 보호 및 조사에 관한 법률」상 매장유산의 기록·작성 등에 관하여 틀린 것은?

① 확인된 매장유산의 기록을 작성·유지하고, 포장된 지역에 대한 적절한 보호방안을 국가와 지방자치단체는 강구하여야 한다.
② 수해, 사태, 도굴 및 유물 발견 등으로 훼손의 우려가 큰 매장유산의 발굴조사의 경우에는 조사비용을 지원할 수 있다.
③ 매장유산의 보호방안에서 「문화유산의 보존 및 활용에 관한 법률」에 따른 지정문화유산으로 지정하기 위하여 필요한 매장유산에 대한 조사 시에는 그 조사비용을 지원할 수 없다.
④ 매장유산의 기록을 전자적인 방법을 통하여 상시적으로 유지·관리하여야 한다.

해설 매장유산의 보호방안
국가는 매장유산이 포장된 지역에 대한 보호가 필요한 경우 아래의 어느 하나에 해당하는 경우에는 지방자치단체에 그 조사비용을 지원할 수 있다.
1. 수해, 사태, 도굴 및 유물 발견 등으로 훼손의 우려가 큰 매장유산의 발굴조사
2. 보호·관리를 위하여 정비가 필요한 매장유산에 대한 조사
3. 「문화유산의 보존 및 활용에 관한 법률」에 따른 지정문화유산 또는 「자연유산의 보존 및 활용에 관한 법률」에 따른 천연기념물 등으로 지정하기 위하여 필요한 매장유산에 대한 조사

정답 ③

제7장 벌칙

46 「매장유산 보호 및 조사에 관한 법률」상, 도굴 등의 죄에서 지정문화유산이나 그 보호물 또는 보호구역에서 허가 또는 변경허가 없이 매장유산을 발굴한 자의 처벌로 합당한 것을 찾으시오.

① 10년 이하의 징역이나 1억 원 이하의 벌금
② 7년 이하의 징역이나 7천만 원 이하의 벌금
③ 5년 이상 15년 이하의 유기징역
④ 3년 이하의 징역 또는 3천만 원 이하의 벌금

정답 ③

47 다음 벌칙 중에서 잘못된 것은?

① 단체나 다중의 위력을 보이거나 위험한 물건을 몸에 지녀서 도굴 등의 죄를 저지르면 정한 형의 2분의 1까지 가중한다.
② 도굴 등의 죄를 범할 목적으로 예비하거나 음모한 자는 2년 이하의 징역 또는 2천만 원 이하의 벌금에 처한다.
③ 정당한 사유 없이 매장유산 지표조사를 거부하거나 방해 또는 기피한 자는 5년 이하의 징역 또는 5천만 원 이하의 벌금에 처한다.
④ 발견신고 등에 따른 신고를 하지 아니한 자에게는 500만 원 이하의 과태료를 부과한다.
⑤ 매장유산 보호 및 조사에 관한 법률의 벌칙 중에서 과태료는 국가유산청장, 시·도지사, 시장·군수·구청장이 부과·징수한다.

정답 ⑤

PART 05 문화유산위원회 규정

01 문화유산의 보존 및 활용에 관한 법령상, 문화유산위원회의 조사·심의 사항으로 옳지 않은 것은?
① 매장유산 발굴 및 평가에 관한 사항
② 문화유산기본계획에 관한 연도별 시행계획의 수립 및 공표에 관한 사항
③ 국가무형유산 보유단체의 해제에 관한 사항
④ 국가지정문화유산의 역사문화환경 보호에 관한 사항

해설
1. 문화유산위원회의 조사·심의사항
   (1) 기본계획에 관한 사항
   (2) 국가지정문화유산의 지정과 그 해제에 관한 사항
   (3) 국가지정문화유산의 보호물 또는 보호구역 지정과 그 해제에 관한 사항
   (4) 국가지정문화유산의 현상변경에 관한 사항
   (5) 국가지정문화유산의 국외 반출에 관한 사항
   (6) 국가지정문화유산의 역사문화환경 보호에 관한 사항
   (7) 「근현대문화유산의 보존 및 활용에 관한 법률」에 따른 국가등록문화유산의 등록, 등록 말소 및 보존에 관한 사항
   (8) 「근현대문화유산의 보존 및 활용에 관한 법률」에 따른 근현대문화유산지구의 지정, 구역의 변경 및 지정의 해제에 관한 사항
   (9) 매장문화유산 발굴 및 평가에 관한 사항
   (10) 국가지정문화유산의 보존·관리에 관한 전문적 또는 기술적 사항으로서 중요하다고 인정되는 사항
   (11) 그 밖에 문화유산의 보존·관리 및 활용 등에 관하여 국가유산청장이 심의에 부치는 사항
2. 문화유산 보존 시행계획 수립
   (1) 국가유산청장 및 시·도지사는 기본계획에 관한 연도별 시행계획을 수립·시행하여야 한다.
   (2) 시·도지사는 해당 연도의 시행계획 및 전년도의 추진실적을 정하는 바에 따라 매년 국가유산청장에게 제출하여야 한다.
   (3) 국가유산청장 및 시·도지사는 시행계획을 수립한 때에는 이를 공표하여야 한다.

정답 ②, ③

02 문화유산위원회의 분과위원회 중에서 세계유산분과위원회에서 다루지 않는 내용은?

① 세계유산 등의 등재
② 잠정목록대상의 조사·발굴
③ 「세계문화유산 및 자연유산의 보호에 관한 협약」에 관한 사항
④ 기념물 중 근현대시설물 및 국가등록유산에 관한 사항
⑤ 이미 등재된 세계유산 등의 유지·관리 및 지원 업무 중 국가유산청장이 회의에 부치는 사항

정답 ④

03 다음 중 문화유산의 보존 및 활용에 관한 법령상, 문화유산위원회의 내용이다. 바르지 않은 것을 고르시오.

① 문화유산위원회는 위원장 1명 및 부위원장 2명을 포함한 100명 이내의 위원으로 구성한다.
② 국가유산 종류별로 업무를 나누어 조사·심의하기 위하여 문화유산위원회에 분과위원회를 둘 수 있다.
③ 분과위원회는 조사·심의 등을 위하여 필요한 경우 다른 분과위원회와 함께 위원회를 열 수 있다. 분과위원회나 합동분과위원회는 심의사항 등에 관한 전문적·효율적 심의를 위하여 필요한 경우에는 소위원회를 구성·운영할 수 있다.
④ 위원회에 120명 이내의 비상근전문위원을 둘 수 있다.

해설 전문위원 : 위원회에 200명 이내의 비상근전문위원을 둘 수 있다.

정답 ④

04 문화유산위원회 규정상, 문화유산위원회의 구성에 관한 설명으로 옳은 것을 찾으시오.

① 문화유산위원회 규정은 「문화유산의 보존 및 활용에 관한 법률」에 따른 문화유산위원회의 조직과 운영 등에 관한 사항을 규정한다.
② 문화유산위원회는 120명 이내의 위원으로 구성한다.
③ 위원의 임기는 3년으로 한다.
④ 보궐 위원의 임기는 2년을 보장한다.

해설 ② 100명 ③ 2년 ④ 전임자 임기의 남은 기간으로 한다.

정답 ①

05 문화유산위원회 규정상, 문화유산위원회의 내용이다. 옳은 것을 고르시오.
① 문화유산위원회는 위원장 1명 및 부위원장 1명을 포함한 100명 이내의 위원으로 구성한다.
② 국가유산 종류별로 업무를 나누어 조사·의결하기 위하여 문화유산위원회에 분과위원회를 둔다.
③ 분과위원회나 합동분과위원회는 심의사항 등에 관한 전문적·효율적 심의를 위하여 소위원회를 구성·운영하여야 한다.
④ 위원회에 200명 이내의 비상근전문위원을 둘 수 있다.

> **해설**
> ① 위원장 1명 및 부위원장 2명
> ② 조사·심의
> ③ 필요한 경우에는 소위원회를 구성·운영할 수 있다.

정답 ④

06 문화유산위원회 규정상 회의록 작성과 관계없는 위원회는?
① 문화유산위원회
② 분과위원회
③ 합동분과위원회
④ 소위원회

정답 ④

07 문화유산의 보존 및 활용에 관한 법령에서 문화유산위원회의 회의록을 공개하지 아니할 수 있는 경우가 아닌 것은?

> ㄱ. 위원회의 위원, 전문위원, 국가무형유산 보유자 등의 이름·주민등록번호 등 개인에 관한 사항이 공개될 경우 재산상의 이익이나 사생활의 비밀 또는 자유를 침해할 우려가 있는 경우
> ㄴ. 문화유산의 보호·관리 및 활용에 관한 조사·심의가 진행 중에 있어 해당 사항이 공개될 경우 공정한 조사·심의에 영향을 줄 수 있다고 인정되는 경우
> ㄷ. 국가무형유산의 보유자 인정 등에 관한 회의록이 공개될 경우 당사자의 명예가 훼손될 우려가 있다고 인정되는 경우
> ㄹ. 그 밖에 공개하면 위원회 심의의 공정성을 크게 저해할 우려가 있다고 인정되는 경우

① ㄱ
② ㄴ
③ ㄷ
④ ㄹ

해설 회의록의 비공개

회의록은 공개하여야 한다. 다만, 특정인의 재산상의 이익에 영향을 미치거나 사생활의 비밀을 침해하는 등의 경우에는 해당 위원회의 의결로 공개하지 아니할 수 있다.
ㄷ. 「무형유산의 보전 및 진흥에 관한 법률」에 해당한다.

정답 ③

08 문화유산위원회 규정상, 문화유산위원회의 내용으로 옳은 것을 고르시오.
① 위원회의 위원장과 부위원장은 위원회에서 각각 호선한다.
② 위원회의 회의는 재적위원 과반수의 출석으로 열리고 출석위원 3분의 2 이상의 찬성으로 의결한다.
③ 분과위원회, 합동분과위원회 및 소위원회의 회의에서 의결한 사항은 회의록을 작성하여야 한다.
④ 특정인의 재산상의 이익에 영향을 미칠 경우에 한해서 회의록을 공개하지 아니할 수 있다.

해설
② 출석위원 과반수의 찬성
③ 소위원회의 경우 회의록을 작성하지 않아도 된다.
④ 특정인의 재산상의 이익에 영향을 미치거나 사생활의 비밀을 침해할 우려가 있는 경우 회의록을 공개하지 아니할 수 있다.

정답 ①

09 문화유산위원회, 분과위원회, 합동분과위원회 및 소위원회의 위원은 위원의 제척·기피 등의 사항에 해당될 경우에는 조사·심의에서 제척된다. 위원의 제척·기피 등의 사항과 거리가 있는 것은?
① 위원 또는 그 배우자나 배우자이었던 사람이 해당 안건의 당사자이거나 그 안건 당사자와 공동권리자 또는 공동의무자의 관계에 있는 경우
② 위원이 해당 안건의 당사자와 친족이거나 친족이었던 경우
③ 위원 또는 위원이 속한 법인이 당사자의 대리인으로 관여하거나 관여하였던 경우(단, 법인의 비상근 임직원은 비포함한다)
④ 위원이 해당 안건에 관하여 용역을 수행하거나 그 밖의 방법으로 직접 관여한 경우

정답 ③

10 문화유산의 보존 및 활용에 관한 법령상, 문화유산위원회 위원의 제척·기피 등으로 가장 옳지 않은 것을 찾으시오.

① 위원회, 분과위원회, 합동분과위원회 및 소위원회의 위원은 조사·심의에서 제척될 수 있다.
② 위원회 등의 회의에 장기간 출석하지 아니하는 경우는 위원의 제척·기피 등의 사항이다.
③ 당사자는 위원에게 공정한 심의·의결을 기대하기 어려운 사정이 있는 경우에는 기피신청을 할 수 있다.
④ 위원이 제척·기피 등의 사항에 해당하는 때에는 스스로 그 사항의 심의·의결에서 회피할 수 있다.

해설 위원의 제척·기피 등
1. 위원회/분과위원회/합동분과위원회/및 소위원회의 위원은 조사·심의에서 제척될 수 있다.
2. 위원의 제척·기피 등의 사항
   ① 위원 또는 그 배우자나 배우자이었던 사람이 해당 안건의 당사자이거나 그 안건 당사자와 공동권리자 또는 공동의무자의 관계에 있는 경우
   ② 위원이 해당 안건의 당사자와 친족이거나 친족이었던 경우
   ③ 위원 또는 위원이 속한 법인이 해당 안건의 당사자의 대리인으로 관여하거나 관여하였던 경우
   ④ 위원이 해당 안건에 관하여 용역을 수행하거나 그 밖의 방법으로 직접 관여한 경우
   ⑤ 그 밖에 해당 안건의 당사자와 직접적인 이해가 있다고 인정되는 경우

정답 ②

11 문화유산위원회의 전문위원에 대한 설명으로 옳지 않은 것은?

① 위원회에 120명 이내의 비상근전문위원을 둘 수 있다.
② 전문위원은 국가유산청장이 위촉하며 전문위원의 위촉자격은 고등교육법에 따른 대학에서 문화유산의 보존·관리 및 활용과 관련된 조교수 이상에 재직하거나 재직하였던 자와 문화유산의 보존·관리 및 활용과 관련된 업무에서 5년 이상 종사한 자로 한다.
③ 전문위원은 국가유산청장이나 각 분과위원회의 위원장의 명을 받아 심의사항에 관한 자료수집·조사·연구와 계획의 입안을 하고 당해분과 위원회에 출석하여 발언할 수 있다.
④ 전문위원의 임기는 2년으로 한다.

정답 ①

12 문화유산위원회의 규정상, 문화유산위원회 등의 위원 또는 전문위원을 해촉할 수 있는 경우로 틀린 것을 찾으시오.

① 국가유산청장은 위원회 등의 위원을 해촉할 수 있다.
② 질병 등으로 장기간 위원으로서의 직무를 수행할 수 없을 시 해촉사유가 된다.
③ 위원이 문화유산매매업자 등과 같이 문화유산관련사업의 목적으로 설립된 법인의 대표나 임직원이 된 경우는 해촉사유가 아니다.
④ 직무와 관련하여 윤리강령에 따른 윤리규정에 위반한 경우 해촉사유가 된다.

정답 ③

고도 보존 및 육성에 관한 특별법 및 같은 법 시행령·시행규칙

01 고도 보존 및 육성에 관한 특별법령에서, 아래의 정의 중에서 맞는 것을 모두 고르시오.

> ㄱ. 고도란 과거 우리민족의 정치·문화의 중심지로서 역사상 중요한 의미를 지닌 경주·부여·공주·익산, 고령을 말한다.
> ㄴ. 고도의 생성·발전 과정의 배경이 되는 자연환경과 역사적 의의를 갖는 유형·무형의 문화유산 등 고도를 구성하고 있는 모든 요소를 고도의 역사문화환경이라 한다.
> ㄷ. 고도보존육성사업이란 고도보존육성기본계획의 수립 등(법 제8조)에 따른 고도보존육성 기본계획에 따라 시행하는 사업을 말한다. 다만, 주민지원사업은 제외한다.
> ㄹ. 고도보존육성 기본계획에 따라 지정지구에 거주하는 주민의 생활환경을 개선하고 복리를 증진하기 위하여 시행하는 사업을 주민지원사업이라 한다.

① ㄱ, ㄴ, ㄷ, ㄹ
② ㄱ, ㄴ, ㄷ
③ ㄱ, ㄴ
④ ㄱ

정답 ①

02 고도 보존 및 육성에 관한 특별법령에서 정하는 고도로 옳은 것을 찾으시오.

① 목포, 고령
② 부여, 한양
③ 익산, 목포
④ 공주, 고령

해설 고도
과거 우리민족의 정치·문화의 중심지로서 역사상 중요한 의미를 지닌 경주·부여·공주·익산, 고령을 말한다.

정답 ④

03 고도 보존 및 육성에 관한 특별법령상, 고도보존육성 중앙심의위원회 심의사항이 아닌 것을 찾으시오.
① 고도의 지정에 관한 사항
② 지구의 지정에 관한 사항
③ 역사문화환경 보존육성지구에서의 행위허가에 관한 사항
④ 사업시행자 지정에 관한 사항

정답 ③

04 고도 보존 및 육성에 관한 특별법령상, 지구의 지정 등에 대한 내용으로 가장 적절하지 않은 것을 찾으시오.
① 고도의 원형을 보존하기 위하여 추가적인 조사가 필요한 지역 등 고도의 역사문화환경을 보존·육성할 필요가 있는 지역을 역사문화환경 보존육성지구라 한다.
② 고도의 역사문화환경 보존에 핵심이 되는 지역으로 그 원형을 보존하거나 원상이 회복되어야 하는 지역을 역사문화환경 특별보존지구라 한다.
③ 국가유산청장은 지구의 지정이 필요 없게 된 경우 등의 사유가 발생 시 중앙심의위원회의 심의를 거쳐 지정지구를 해제하거나 변경할 수 있다.
④ 국가유산청장은 고도의 역사문화환경을 효율적으로 보존·육성하기 위하여 필요하면 정하는 바에 따라 지정지구를 통합하여 변경하여야 한다.

해설 정하는 바에 따라 지정지구를 다시 세분하여 지정하거나 변경할 수 있다.

정답 ④

05 고도 보존 및 육성에 관한 특별법령상, 고도보존육성중앙심의위원회에 대한 아래 내용 중에서 옳은 것을 찾으시오.
① 국가유산청에 고도보존육성중앙심의위원회를 둘 수 있다.
② 고도의 지정에 관한 사항은 고도보존육성중앙심의위원회의 심의사항 중의 하나이다.
③ 중앙심의위원회의 구성은 위원장 1명, 부위원장 2명을 포함한 25명 이내의 위원으로 구성한다.
④ 중앙심의위원회의 위원장은 위원회에서 호선한다.

① 둔다.
③ 20명 이내의 위원으로 구성한다.

④ 중앙심의위원회의 위원장은 국가유산청장이 된다(부위원장은 국토교통부장관과 국가유산청장이 각각 지명하는 고위공무원단에 속하는 공무원이 된다).

정답 ②

06 고도 보존 및 육성에 관한 특별법령상, 고도보존육성심의위원회에 해당하는 것을 모두 고르시오.

ㄱ. 위원장 1명, 부위원장 2명을 포함한 15명 이내의 위원으로 구성한다.
ㄴ. 보존육성사업과 주민지원사업을 효율적으로 추진하기 위하여 국가유산청에 고도보존육성중앙심의위원회를 둔다.
ㄷ. 고도의 보존·육성에 관한 사항을 심의하기 위하여 해당 특별자치시·특별자치도 또는 시·군·구(자치구를 말한다)에 고도보존육성지역심의위원회를 둔다.
ㄹ. 파산선고를 받은 사람으로서 복권되지 아니한 사람은 위원의 결격 사유이다.
ㅁ. 소위원회에 출석하는 위원과 관계전문가, 소관업무와 직접 관련하여 출석한 공무원인 위원에게는 예산의 범위에서 수당을 지급할 수 있다.

① ㄱ, ㄴ, ㄷ
② ㄴ, ㄷ, ㄹ
③ ㄷ, ㄹ, ㅁ
④ ㄱ, ㄴ, ㄹ

해설

1. 고도보존육성중앙·지역심의위원회

구분	중앙심의위원회	지역심의위원회
구성	위원장 1명, 부위원장 2명을 포함한 20명 이내의 위원으로 구성	위원장 1명을 포함한 15명 이내의 위원으로 구성
	추진(보존육성사업과 주민지원사업을 효율적으로 추진하기 위하여)	심의(고도의 보존·육성에 관한 사항을 심의하기 위하여)
소속	국가유산청에 둔다.	해당 특별자치시·특별자치도 또는 시·군·구에 둔다.

2. 위원의 결격사유
   아래의 어느 하나에 해당하는 사람은 중앙심의위원회 및 지역심의위원회 회원이 될 수 없다.
   (1) 파산선고를 받은 사람으로서 복권되지 아니한 사람
   (2) 금고 이상의 형의 선고를 받고 그 집행이 종료되거나 집행이 면제된 날부터 2년이 지나지 아니한 사람
   (3) 금고 이상의 형의 집행유예를 선고받고 그 유예기간 중에 있는 사람
   (4) 법원의 판결 또는 법률에 의하여 자격이 정지된 사람

3. 위원 등의 수당지급
   (1) 소위원회에 출석하는 위원과 관계전문가에는 예산의 범위에서 수당을 지급할 수 있다.
   (2) 다만, 공무원인 위원이 그 소관업무와 직접 관련하여 출석한 경우에는 수당을 지급하지 아니한다.

정답 ②

07 고도 보존 및 육성에 관한 특별법령에서 고도보존육성지역심의위원회의 심의사항을 모두 고르시오.

ㄱ. 고도의 지정에 관한 사람
ㄴ. 고도보존육성 시행계획에 관한 사항
ㄷ. 역사문화환경 보존육성지구에서의 행위허가에 관한 사항
ㄹ. 그 밖에 고도의 역사문화환경 보존·육성 및 주민지원을 위하여 필요하다고 인정하여 정하는 사항

① ㄱ, ㄴ
② ㄱ, ㄷ, ㄹ
③ ㄴ, ㄷ
④ ㄴ, ㄷ, ㄹ

 고도보존육성 중앙·지역 심의위원회 심의사항

고도보존육성중앙심의위원회	고도보존육성지역심의위원회
1. 고도의 지정에 관한 사항 2. 고도보존육성 기본계획에 관한 사항 3. 지구의 지정·해제 또는 변경에 관한 사항 4. 역사문화환경 특별보존기구에서의 행위허가에 관한 사항 5. 사업시행자 지정에 관한 사항 6. 그 밖에 보존육성사업과 주민지원사업에 필요한 사항으로서 정하는 사항 　(1) 이주대책의 수립·시행에 관한 사항 　(2) 고도보존육성기본계획의 시행에 관한 사항 　(3) 그 밖에 고도보존육성사업 및 주민지원사업에 관하여 고도보존육성중앙심의위원회의 위원장이 심의에 부치는 사항	1. 고도보존육성시행계획에 관한 사항 2. 역사문화환경 보존육성지구에서의 행위허가에 관한 사항 3. 그 밖에 고도의 역사문화환경보존·육성 및 주민지원을 위하여 필요하다고 인정하여 조례로 정하는 사항

정답 ④

08 고도 보존 및 육성에 관한 특별법령상, 고도보존육성지역심의위원회의 심의사항으로 옳은 것은?

① 고도보존육성시행계획에 관한 사항
② 지구의 지정·해제 또는 변경에 관한 사항
③ 사업시행자 지정에 관한 사항
④ 고도의 지정에 관한 사항

정답 ①

09 고도 보존 및 육성에 관한 특별법령상, 고도보존육성기본계획의 수립 등에서 기본계획에 포함되어야 할 사항을 고르시오.

① 고도의 관광산업 진흥 및 기반조성에 관한 사항
② 사업추진방향
③ 세부사업계획
④ 사업비 및 재원조달 계획

> **해설** ②, ③, ④는 고도보존육성 시행계획에 포함될 사항

정답 ①

10 고도 보존 및 육성에 관한 특별법령에서 고도보존육성기본계획의 수립 등에서 옳지 않는 것을 찾으시오.

① 국가유산청장은 고도를 지정하면 5년 단위의 고도보존육성기본계획을 수립하여야 한다.
② 고도의 홍보 및 국제교류에 관한 사항은 기본계획에 포함되어야 할 사항이다.
③ 국가유산청장은 기본계획을 수립하려면 고도보존육성지역심의위원회의 심의를 거쳐야 한다.
④ 기본계획의 주요내용 등을 국가유산청장은 관보에 고시해야 한다.

정답 ③

11 고도 보존 및 육성에 관한 특별법령상, 고도로 지정할 것을 검토할 필요가 있는 지역에 대한 타당성조사에 포함하여야 하는 사항에 해당하지 않는 것은?

① 국가유산의 현황
② 인구, 자연환경 등 지역적 특성
③ 지질, 환경 및 경관 등에 관한 사항
④ 해당 지역의 역사적·학술적 중요성

정답 ②

12 고도 보존 및 육성에 관한 특별법령상, 고도의 지정 등에 관한 설명으로 옳지 않은 것은?

[2025년도 제43회 기출문제]

① 시장·군수·구청장은 고도로 지정하는 것을 검토할 필요가 있는 지역에 대하여 타당성조사를 할 수 있다.
② 고도의 지정을 위한 타당서조사에는 고도로 지정하는 것을 검토할 필요가 있다고 인정되는 지역의 경관에 관한 사항이 포함되어야 한다.
③ 특정 시기의 경제의 중심지는 고도의 지정기준 중 중요한 요소이다.
④ 시장·군수·구청장이 고도의 지정을 요청하기 위해서는 법령이 정하는 서류를 갖추어 시·도지사를 거쳐 해당 서류를 국가유산청장에게 제출해야 한다.

정답 ③

13 고도 보존 및 육성에 관한 특별법령상, 고도보존육성기본계획을 수립·변경하여야 하는 지역에 대한 기초조사를 하는 경우 기초조사에 포함되어야 하는 사항이 아닌 것은?

① 국가유산의 분포 예상지역 현황
② 지질, 환경 및 경관 등에 관한 사항
③ 문화산업 및 관광산업 현황
④ 국가유산(보호구역을 포함한다)의 현황

정답 ②

14 고도 보존 및 육성에 관한 특별법령상, 고도의 지정 등에 관한 설명으로 바르지 않은 것은?

① 국가유산청장이 타당성조사 결과에 따라 고도로 지정하기 위해서는 지역심의위원회의 심의절차를 거쳐야 한다.
② 시·도지사, 특별자치시장·특별자치도지사 또는 시장·군수·구청장은 국가유산청장에게 고도의 지정을 요청할 수 있다.
③ 시·도지사는 고도의 지정을 요청하기 전에 해당 시장·군수·구청장의 의견을 들어야 한다.
④ 특정 시기의 수도 또는 임시 수도는 고도의 지정 기준 등에 따른 것이다.

정답 ①

15 고도 보존 및 육성에 관한 특별법령상, 고도보존육성기본계획에 포함되지 않는 사항은?

① 고도의 역사문화환경 보존·육성에 관한 사항
② 고도의 지역 내 건축물의 신축·개축·증축 및 이축에 관한 사항
③ 고도의 문화예술 진흥 및 문화시설의 설치·운영에 관한 사항
④ 고도의 홍보 및 국제교류에 관한 사항

해설 고도보존육성기본계획의 수립 등
  1. 국가유산청장은 고도를 지정하면 5년 단위의 고도보존육성기본계획을 수립하여야 한다.
  2. 기본계획에는 다음 각 호의 사항이 포함되어야 한다.
    (1) 고도의 역사문화환경 보존·육성에 관한 사항
    (2) 지구의 지정·해제 또는 변경에 관한 사항
    (3) 고도의 문화예술 진흥 및 문화시설의 설치·운영에 관한 사항
    (4) 고도의 관광산업 진흥 및 기반조성에 관한 사항
    (5) 고도의 홍보 및 국제교류에 관한 사항
    (6) 지정지구에서의 토지나 건물 등의 보상에 관한 사항
    (7) 주민지원사업에 관한 사항
    (8) 이주대책에 관한 사항
    (9) 보존육성사업 및 주민지원사업을 위한 재원확보에 관한 사항
    (10) 그 밖에 고도의 보존·육성 및 주민지원에 필요한 사항
      ① 민간자본을 유치할 필요가 있는 경우 대상 사업과 유치방안
      ② 보존육성사업 및 주민지원사업의 연도별 추진계획
      ③ 연도별 재원 투자계획
      ④ 보존육성사업 및 주민지원사업의 추진기구에 관한 사항

정답 ②

16 고도 보존 및 육성에 관한 특별법령상, 고도보존육성기본계획에 포함되어야 하는 사항에 해당하지 않는 것은?

① 보존육성사업 및 주민지원사업을 위한 재원확보에 관한 사항
② 문화유산의 분포 예상지역현황에 관한 사항
③ 고도의 역사문화환경 보존·육성에 관한 사항
④ 고도의 홍보 및 국제교류에 관한 사항

정답 ②

17 고도 보존 및 육성에 관한 특별법령에서 고도보존육성시행계획의 경미한 사항을 변경하는 경우에 해당하는 것을 모두 고르시오.

> ㄱ. 고도보존육성시행계획 수립의 승인을 받고 난 후, 이를 변경하거나 폐지하는 경우
> ㄴ. 고도보존육성사업 및 주민지원사업 사업비를 100분의 10 이내의 범위에서 변경하는 경우
> ㄷ. 해당 사업연도 내에서 사업의 시행 시기 또는 기간을 변경하는 경우
> ㄹ. 계산착오, 오기, 누락, 그 밖에 이에 준하는 사유로서 그 변경 근거가 분명한 사항을 변경하는 경우

① ㄱ, ㄴ
② ㄱ, ㄴ, ㄷ
③ ㄴ, ㄹ
④ ㄴ, ㄷ, ㄹ

해설 고도보존육성시행계획의 수립 등
1. 시행계획을 변경하거나 폐지하는 경우에는 국가유산청장의 승인을 받아야 한다.
2. 경미한 사항을 변경하는 경우에는
   (1) 시·도지사 또는 특별자치시장·특별자치도지사와의 협의, 지역심의위원회 심의 및 주민 등의 의견청취 절차를 거치지 아니할 수 있다.
   (2) 경미한 사항을 변경하는 경우는 문제의 ㉡, ㉢, ㉣이다.

정답 ④

18 고도 보존 및 육성에 관한 특별법령상, 국가유산청장, 특별자치시장·특별자치도지사 또는 시장·군수·구청장이 해당 고도의 주민과 관계 전문가 등으로부터 의견을 들어야 하는 사항으로 옳지 않은 것은?

① 고도의 지정 또는 지정 요청
② 역사문화환경 특별보존지구에서의 제한 행위의 허가
③ 역사문화환경 보존육성지구의 지정·해제 또는 변경
④ 고도보존육성기본계획의 수립 또는 변경

정답 ②

19 「고도 보존 및 육성에 관한 특별법」에서 지구의 지정 등에 대해서 맞지 않는 것을 찾으시오.

① 기본계획의 시행을 위하여 중앙심의위원회의 심의를 거쳐 국가유산청장은 지구(역사문화환경 보전육성지구, 역사문화환경 특별보존지구)를 지정할 수 있다.
② 국가유산청장은 중앙심의위원회의 심의를 거쳐 지정지구를 해제하거나 변경할 수 있다.
③ 지구의 지정이 필요 없게 된 경우는 지정지구의 해제 또는 변경신청의 사유에 해당하지 않는다.
④ 국가유산청장은 고도의 역사문화환경을 효율적으로 보존·육성하기 위하여 필요하면 정하는 바에 따라 지정지구를 다시 세분하여 지정하거나 변경할 수 있다.

① (1) 역사문화환경 보존육성지구
　　고도의 원형을 보존하기 위하여 추가적인 조사가 필요한 지역이나 역사문화환경 특별보존지구 주변의 지역 등 고도의 역사문화환경을 보존·육성할 필요가 있는 지역
(2) 역사문화환경 특별보존지구
　　고도의 역사문화환경 보존에 핵심이 되는 지역으로 그 원형을 보존하거나 원상이 회복되어야 하는 지역
③ 지정지구의 해제 또는 변경신청(국가유산청장은 아래의 어느 하나에 해당하면 중앙심의위원회 심의를 거쳐 지정지구를 해제하거나 변경할 수 있다)
　(1) 지구의 지정이 필요 없게 된 경우
　(2) 지구의 지정내용에 변경사유가 발생한 경우
　(3) 시·도지사, 특별자치시장·특별자치도지사 또는 시장·군수·구청장의 요청이 있는 경우

정답 ③

20 「고도 보존 및 육성에 관한 특별법」상, 해당 고도의 주민과 관계전문가 등으로부터 의견을 들어야 하는데, 주민들의 의견 청취와 가장 거리가 있는 것은?

① 국가유산청장
② 특별시장·광역시장·도지사
③ 특별자치시장·특별자치도지사
④ 시장·군수·구청장

국가유산청장, 특별자치시장·특별자치도지사 또는 시장·군수·구청장은 해당 고도의 주민과 관계전문가 등으로부터 의견을 들어야 한다.
1. 주민 등의 의견 청취
　(1) 고도를 지정하거나 고도의 지정을 요청하는 경우
　(2) 기본계획 또는 시행계획을 수립하거나 변경하는 경우
　(3) 지구를 지정·해제 또는 변경하는 경우
2. 그 의견이 타당하다고 인정되면 이를 반영하여야 한다.

정답 ②

21 고도 보존 및 육성에 관한 특별법령상, 국가유산청장이 역사문화환경 특별보존지구에서 중앙심의위원회의 심의를 거치지 않고 허가할 수 있는 경미한 행위에 해당하지 않는 것은?

[2025년도 제43회 기출문제]

① 지구 지정 당시의 건축물을 층수의 변경 없이 바닥면적 합계의 10퍼센트를 초과하지 아니하는 범위에서 1회에 한정하여 증축하는 행위
② 총 330제곱미터를 초과하지 아니하는 범위에서 수목을 심는 행위
③ 폭이 9미터인 도로를 확장하는 행위
④ 병충해 방제 또는 수목의 생육을 위한 벌채

정답 ③

22 고도 보존 및 육성에 관한 특별법령상, 보존육성지구 안에서 하는 행위 중 해당 특별자치시장·특별자치도지사 또는 시장·군수·구청장의 허가를 받아야 할 사항이 아닌 것은?

① 건축물이나 각종 시설물의 증축 및 이축
② 수로·수질 및 수량을 변경시키는 행위
③ 소음·진동을 유발하는 행위
④ 토석류의 채취
⑤ 도로의 신설·확장

해설 허가사항 및 비허가 행위 비교표

허가사항		(보존육성지구 안에서의) 비허가 행위
보존육성지구(해당 특별자치시장·특별자치도지사, 시장·군수·구청장)	특별보존지구 (국가유산청장)	
① 건축물이나 각종시설물의 신축·개축·증축 및 이축	①+용도변경	① 건조물의 외부 형태를 변경시키지 아니하는 내부시설의 개·보수
② 택지의 조성, 토지의 개간 또는 토지의 형질 변경	② 좌측과 동일	② 60제곱미터 이하의 형질 변경
③ 수목을 심거나 벌채 또는 토석류의 채취	③+적치(積置)	③ 고사(枯死)한 수목의 벌채
④ 도로의 신설·확장	④+포장	④ 그 밖에 시설물의 외형을 변경시키지 아니하는 개·보수
⑤ 그 밖에 고도의 역사 문화 환경의 보존에 영향을 미치는 행위로서 아래와 같이 정하는 행위 ㉠ 토지 및 수면의 매립·땅깎기·흙쌓기·땅파기·구멍뚫기 등 지형을 변경시키는 행위 ㉡ 수로·수질 및 수량을 변경시키는 행위	⑤ 그 밖에 고도의 역사 문화환경의 보존에 영향을 미치거나 미칠 우려가 있는 행위로서 정하는 아래의 행위 ㉠ 토지 및 수면의 매립·땅깎기·흙쌓기·땅파기·구멍뚫기 등 지형을 변경시키는 행위 ㉡ 수로·수질 및 수량을 변경시키는 행위 ㉢ 소음·진동을 유발하거나 대기오염물질·화학물질·먼지·열 등을 방출하는 행위 ㉣ 오수·분뇨·폐수 등을 살포·배출·투기하는 행위 ㉤ 옥외 광고물 등의 관리와 옥외광고 산업진흥에 관한 법률 시행령(제4조 ①) 각호의 광고물을 설치·부착하는 행위	—

정답 ③

23 고도 보존 및 육성에 관한 특별법령상, 보존육성지구 안에서 허가를 받지 않고 할 수 있는 행위는?

① 건축물의 신축
② 택지의 조성
③ 고사(枯死)한 수목의 벌채
④ 토석류의 채취

정답 ③

24 고도 보존 및 육성에 관한 특별법령상, 역사문화환경 보존육성지구에서 고도보존육성지역심의위원회의 심의를 거치지 아니하고 허가될 수 있는 경미한 행위에 해당하는 것은?

① 건축물을 층수의 변경 없이 바닥면적 합계가 80제곱미터가 되도록 개축하는 행위
② 총 350제곱미터의 범위에서 수목을 벌채하는 행위
③ 보존육성지구 지정 당시의 바닥면적 합계가 90제곱미터인 건축물을 층수의 변경 없이 바닥면적 합계의 25퍼센트가 되도록 처음 증축하는 행위
④ 도로의 폭이 7미터가 되도록 도로를 확장하는 행위

해설 역사문화환경 보존육성지구에서의 경미한 행위
1. 「건축법」에 따른 가설건축물을 존치기간 3년, 최고높이 10미터(경사지붕의 경우에는 12미터) 및 바닥면적 85제곱미터를 초과하지 아니하는 범위에서 신축하거나 이축하는 행위
2. 건축물을 층수의 변경 없이 바닥면적 합계가 85제곱미터를 초과하지 아니하는 범위에서 개축하거나 증축하는 행위
3. 지구 지정 당시의 건축물(바닥면적 합계가 85제곱미터를 초과하는 경우로 한정한다)을 층수의 변경 없이 바닥면적 합계의 20퍼센트를 초과하지 아니하는 범위에서 1회에 한정하여 증축하는 행위
4. 총 330제곱미터를 초과하지 아니하는 범위에서 수목을 심거나 벌채하는 행위
5. 병충해 방제 또는 수목의 생육을 위하여 벌채나 솎아 베는 행위
6. 도로의 폭이 6미터를 초과하지 아니하는 범위에서 도로를 확장하는 행위
7. 「지하수법」에 따라 지하수를 개발·이용하기 위한 토지의 땅파기·구멍뚫기 등 지형을 변경시키는 행위

정답 ①

25 고도 보존 및 육성에 관한 특별법령상, 특별보존지구에서의 행위 허가를 반드시 취소하여야 하는 경우는?

① 거짓이나 그 밖의 부정한 방법으로 허가를 받은 경우
② 허가사항을 위반한 경우
③ 허가조건을 위반한 경우
④ 허가사항의 이행이 불가능한 경우

정답 ①

26 고도 보존 및 육성에 관한 특별법령상, 보존육성지구 안에서 허가를 받아야 하는 행위의 유형이 아닌 것은?

① 건축물의 용도변경
② 택지의 조성
③ 수목을 심는 행위
④ 도로의 신설

정답 ①

27 고도 보존 및 육성에 관한 특별법령상, 주민지원사업으로 명시되지 않는 것은?

① 지정지구 안의 토지 양도 시 발생하는 소득에 대한 조세 감면
② 전통문화예술공방의 설치 및 지원 사업
③ 마을도서관 건립 및 운영 사업
④ 도로, 주차장, 상하수도 등 기반시설 개선사업
⑤ 주택수리등 주거환경 개선사업

정답 ①

28 고도 보존 및 육성에 관한 특별법령상, 주민지원사업이 아닌 것은?

① 토지매수 및 보상 사업
② 주택수리 등 주거환경 개선사업
③ 전통문화예술공방의 설치 및 지원 사업
④ 마을도서관의 건립 및 운영 사업

정답 ①

29 고도 보존 및 육성에 관한 특별법령상, 주민지원사업에 관한 설명으로 옳은 것은?

① 주민지원사업으로서 소득증대사업을 시행할 수는 없다.
② 지정지구 안에 있는 국가 소유의 토지는 주민지원사업의 목적으로 매각하거나 양도할 수 없다.
③ 사업시행자는 지정지구 안에서 주민지원사업에 필요한 토지등의 취득에 관한 협의가 성립되지 아니하면 해당 토지등을 수용할 수 있다.
④ 사업시행자는 주민지원사업으로 인하여 생활의 터전을 잃게 되는 자가 있으면 이주대책을 수립하여 시행하여야 한다.

정답 ③

30 고도 보존 및 육성에 관한 특별법령상, 보존육성사업 및 주민지원사업에 관한 설명으로 옳은 것은?

① 사업시행자는 지정지구의 효율적인 관리를 위하여 필요한 경우라도 지정지구 밖의 토지들을 협의하여 취득 또는 사용할 수 없다.
② 사업시행자가 사업에 필요한 토지 등을 수용하는 경우, 사업시행자로 지정된 때에 「공익사업을 위한 토지 등의 취득 및 보상에 관한 법률」에 따른 사업인정 및 사업인정의 고시가 있는 것으로 본다.
③ 지정지구 안에 토지를 소유한 자는 지정지구에서 제한된 행위의 허가를 받지 못한 경우에 그 토지에 대하여 매수청구를 할 수 있고 사업시행자는 그 토지를 매수하여야 한다.
④ 주민지원사업인 주거환경개선사업으로 설치되는 공용·공공용 시설에 대하여는 「개발이익환수에 관한 법률」에 따른 개발부담금을 면제한다.

정답 ④

31 고도 보존 및 육성에 관한 특별법령상, 보존육성사업등에서 토지·건물 등의 매수청구에 관한 설명으로 옳은 것은?

① 지정지구의 지정 이전부터 지정지구 안의 해당 건물에 입주한 임차인은 그 건물에 대해 매수청구를 할 수 있다.
② 사업시행자는 매수청구를 받으면 청구를 받은 날부터 30일 이내에 매수 대상 여부와 매수예상가격 등을 매수청구자에게 통보하여야 한다.
③ 사업시행자는 매수를 통보한 날부터 5년 이내에 매수청구를 받은 토지·건물 등을 매수하여야 한다.
④ 매수청구를 받은 토지의 보상방법 및 보상기준 등은 문화체육관광부령으로 정한다.
⑤ 매수대상기준은 지정지구에서의 행위제한으로 해당 토지·건물 등을 사실상 사용 또는 수익하는 것이 가능하여야 한다.

해설 토지·건물 등에 관한 매수청구
1. 사업시행자에게 토지·건물 등의 매수를 청구할 수 있는 경우
   (1) 지정지구의 지정 이전부터 지정지구 안의 해당 토지·건물 등을 계속 소유한 자
   (2) (1)에 따른 소유자로부터 해당 토지·건물 등을 상속받아 소유한 자
   (3) 지정지구에서 해당 토지·건물 등을 소유한 자로서 대통령령으로 정하는 자
2. 사업시행자는 매수청구를 받은 토지·건물 등이 매수대상기준에 해당하는 때에는 매수하여야 한다.
3. 매수 청구를 받은 토지·건물 등의 보상액·보상 시기·보상 방법 및 보상기준 등에 관하여는 「공익사업을 위한 토지 등의 취득 및 보상에 관한 법률」을 준용한다.
4. 토지·건물 등을 매수하는 경우의 매수 대상기준, 매수기한, 매수절차, 그 밖에 필요한 사항
   (1) 매수를 청구하려는 자는 지정지구에서의 행위 제한의 규정에 따른 불허가 통지를 받은 날부터 60일 이내에 정하는 바에 따라 매수 청구 신청서를 사업시행자에게 제출하여야 한다.
   (2) 사업시행자는 매수 청구를 받으면 청구를 받은 날부터 60일 이내에 매수 대상 여부와 매수 예상가격 등을 매수 청구자에게 통보하여야 하며, 매수를 통보한 날부터 5년 이내에 매수하여야 한다.

정답 ③

PART 07 문화유산과 자연환경자산에 관한 국민신탁법 및 같은 법 시행령

01 문화유산과 자연환경자산에 관한 국민신탁법은 문화유산 및 자연환경자산에 대한 자발적인 보전·관리 활동을 촉진하기 위하여 문화유산국민신탁 및 자연환경국민신탁의 설립 및 운영 등에 관한 사항과 이에 대한 국가 및 지방자치단체의 지원에 관한 사항을 규정함을 목적으로 한다.(○, ×)

정답 ○

02 국민신탁의 정의에 대하여 틀린 것은?
① 국민신탁법인이 국민·기업·단체등으로부터 기부·증여를 받거나 위탁받은 재산 및 회비 등을 활용한다.
② 보전가치가 있는 문화유산과 자연환경자산을 취득하고 이를 보전·관리한다.
③ 현세대는 물론 미래세대의 삶의 질을 높이기 위하여 민간차원에서 자발적으로 추진하는 보전 및 관리행위를 말한다.
④ 국민신탁법인의 재산 중 문화유산 또는 자연환경자산에 해당하는 것을 말한다.

정답 ④

03 문화유산에 해당하지 않는 것은?
① 문화유산
② 보호물 및 보호구역
③ 보호물 및 보호구역에 준하여 보전할 필요가 있는 것
④ 습지 보전법의 규정에 따른 지역

정답 ④

04 문화유산과 자연환경자산에 관한 국민신탁법령상, 문화유산의 정의에 해당하는 것을 고르시오.

① 보전가치가 있는 문화유산과 자연환경자산을 취득하고 이를 보전·관리하는 것
② 문화유산의 규정에 따른 문화유산을 보존·보호하기 위한 보호물 및 보호구역은 문화유산의 정의의 하나에 해당한다.
③ 「자연공원법」에 따른 자연공원을 문화유산이라 한다.
④ 국민신탁법인 또는 국민신탁단체의 재산 중 보전재산을 제외한 것을 문화유산이라 한다.

① 국민신탁의 정의 중 하나
③ 자연환경자산의 정의 중 하나
④ 일반재산에 대한 정의

정답 ②

05 자연환경자산의 정의로 맞지 않는 것은?

① 「자연환경보전법」의 규정에 따른 지역
② 「습지보전법」의 규정에 따른 지역
③ 국민신탁법인의 재산 중 보전재산을 제외한 것
④ 멸종위기 야생 생물의 보호 및 번식을 위하여 특별히 보전할 필요가 있는 지역과 야생 생물 특별보호구역에 준하여 보호할 필요가 있는 지역

정답 ③

06 다음의 용어를 설명하시오.

① 보전재산이란?
② 일반재산이란?

정답 ① 국민신탁법인 또는 국민신탁단체의 재산 중 문화유산 또는 자연환경자산에 해당하는 것
② 국민신탁법인 또는 국민신탁단체의 재산 중 보전재산을 제외한 것

07 국민신탁법인에 대한 설명으로 아래 내용 중에서 틀린 것은 어느 것인가?

① 국민신탁이란, 현세대는 물론 미래세대의 삶의 질을 높이기 위하여 민간차원에서 자발적으로 추진하는 보전 및 관리행위를 말한다.
② 「자연환경보전법」에 따른 지역의 토지·습지 또는 그 지역에서 서식하는 멸종위기 야생생물을 자연환경자산이라 한다.
③ 국민신탁법인의 재산 중 문화유산 또는 자연환경자산에 해당하는 것을 보전재산이라 하고 국민신탁 법인의 재산 중 보전재산을 재외한 것을 일반재산이라 한다.
④ 자연환경자산을 취득하고 이를 보전·관리하기 위하여 문화유산국민신탁을 설립한다.

정답 ④

08 국민신탁법인의 설립과 정관변경에 대한 내용으로 거리가 먼 것은?

① 문화유산을 취득하고 이를 보전·관리하기 위하여 문화유산국민신탁을 설립한다.
② 자연환경자산을 취득하고 이를 보전·관리하기 위하여 자연환경국민신탁을 설립한다.
③ 문화유산국민신탁 및 자연환경국민신탁은 이를 각각 법인으로 한다.
④ 국민신탁법인은 그 주된 사무소의 소재지에서 설립등기를 함으로써 성립한다.
⑤ 문화유산국민신탁의 경우 정관을 변경하고자 하는 때에는 환경부장관의 인가를 받아야 한다.

정답 ⑤

09 국민신탁법인은 문화유산 및 자연환경자산의 취득 및 보전·관리를 위한 장기계획을 몇 년마다 수립하여야 하는가?

① 10년　　② 7년
③ 5년　　④ 3년

정답 ①

10 문화유산과 자연환경자산에 관한 국민신탁법령상, 기본계획에 관한 설명과 거리가 먼 것을 찾으시오.

① 국민신탁법인은 이 사회의 의결을 거쳐 장기적인 계획을 5년마다 수립하여야 한다.
② 보전재산의 기준·분류에 관한 사항은 기본계획에 포함되어야 할 사항이다.
③ 국민신탁법인은 기본계획을 수립하고자 하는 때에는 미리 해당 중앙행정기관의 장과 협의하여야 한다.
④ 국민신탁법인은 기본계획을 수립한 때에는 해당 중앙행정기관의 장에게 이를 송부하여야 한다.

해설 ① 10년마다 수립하여야 한다.

정답 ①

11 국민신탁법인은 보전할 가치가 있는 문화유산 및 자연환경자산을 매년 조사하여야 하는데 문화유산의 조사와 거리가 있는 것은?

① 문화유산의 작자·유래
② 문화유산의 재료·품질·구조·크기·형태
③ 문화유산 주변 토지의 이용현황
④ 지형·지질·자연경관의 특수성
⑤ 문화유산의 주변환경 보전상황

정답 ④

12 문화유산과 자연환경자산에 관한 국민신탁법령상, 재산의 보전 및 운용 등에 관한 설명으로 옳지 않은 것은? [2025년도 제43회 기출문제]

① 지정기탁재산은 지정된 용도별로 다른 일반재산과 구분하여 회계처리하여야 한다.
② 보전재산은 이를 매각·교환·양여·담보 또는 신탁하거나 출자의 목적으로 제공할 수 있다.
③ 일반재산은 문화유산 및 자연환경자산의 매입 및 보전·관리와 국민신탁법인의 운영에 소요되는 경비 등으로 사용할 수 있다.
④ 국민신탁법인은 취득한 보전재산이 부동산인 경우 국민이 이를 쉽게 알 수 있도록 안내판 등을 설치하여 관리할 수 있다.

정답 ②

13 국민신탁법인이 보전재산을 이용하는 사람들에게 이용료 또는 입장료를 징수하는 자는?

① 6세 이하 또는 65세 이상인 자
②「장애인복지법」에 따른 장애인
③ 군인 · 경찰 공무원
④「5.18 민주유공자예우 및 단체설립에 관한 법률 시행령」의 어느 하나에 해당하는 자
⑤「참전유공자 예우 및 단체설립에 관한 법률」에 따른 참전유공자

정답 ③

14 국민신탁법인의 재산 등에 대한 아래의 내용 중에서 옳지 않은 것은?

① 지정기탁재산은 기탁자와 합의한 경우를 제외하고는 그 용도를 변경할 수 없다. 다만, 기탁자의 사망 등의 사유로 합의할 수 없는 경우에 한정하여 이사회 및 총회의 의결을 거친 때에는 그러하지 아니하다.
② 국민신탁법인은 문화유산 및 자연환경자산을 매입하고자 하는 때에는 이사회 및 총회의 의결을 거쳐야 한다.
③ 국민신탁법인은 6세 이하 또는 65세 이상인 자가 보전재산을 이용할 때에는 이용료 또는 입장료를 징수하지 아니한다.
④ 국민신탁법인은 매회계연도 종료 전까지 다음 회계연도의 사업계획 및 예산안을 해당 중앙행정기관의 장에게 제출하여 승인을 얻어야 하는데, 예산안의 변경을 수반하지 아니하는 사업계획의 경우에는 그러하지 아니하다.

정답 ②

15 문화유산과 자연환경자산에 관한 국민신탁법령의 내용에 관한 설명으로 옳지 않은 것은?

① 국민신탁법인이 수립한 기본계획에서 일반재산의 취득 · 관리 등 운용에 관한 사항을 변경하는 것은 기본계획의 경미한 변경에 해당한다.
② 보전재산의 취득 및 보전 · 관리사업에 관한 사항은 국민신탁법인이 수립한 시행계획에 포함되어야 할 사항에 해당한다.
③ 시 · 도지사는 국민신탁법인의 보전재산에 직접적인 영향을 미치는 행정계획을 수립 · 확정하는 때에는 그 계획이 환경영향평가법령상 전략환경영향평가 대상계획인 경우에도 환경부장관과의 협의를 생략할 수 없다.
④ 국민신탁법인이 보전재산을 교환한 경우 그 행위는 무효이다.

1. 기본계획의 경미한 변경
    (1) 보전재산의 취득 및 보전·관리에 드는 비용의 산정과 재원의 조달방안에 관한 사항 중에서 총액의 100분의 30 미만을 변경하는 경우
    (2) 일반재산의 취득·관리 등 운용에 관한 사항을 변경하는 경우
    (3) 국민신탁법인의 사무처리를 위하여 설치된 사무조직의 운영에 관한 사항을 변경하는 경우
    (4) 그 밖에 기본계획(법 제5조 ②)의 어느 하나에 해당되지 아니하는 사항을 변경하는 경우

2. 시행계획에 포함되어야 할 사항
    (1) 문화유산 및 자연환경자산의 취득 및 보전·관리에 관한 당해 연도 목표 및 추진전략에 관한 사항
    (2) 해당 연도에 보전재산으로 취득할 필요가 있는 대상물의 목록
    (3) 해당 연도의 보전재산 및 보전·관리에 드는 비용의 산정과 재원의 조달 방안에 관한 사항
    (4) 보전재산의 취득 및 보전·관리사업에 관한 사항
    (5) 그 밖에 홍보·교육·국제협력 등 주요 사업에 관한 사항

3. 행정계획 등의 협의
    (1) 관계 중앙행정기관의 장, 시·도지사 및 시장·군수·구청장은 국민신탁법인의 보전재산 또는 보전협약에 따라 체결된 보전협약의 대상이 되는 문화유산 또는 자연환경자산에 직접적인 영향을 미치는 행정계획을 수립·확정하거나 개발사업을 인가·허가·승인·면허·결정·지정 등을 하고자 하는 때에는 그 영향을 미리 검토하여 해당 중앙행정기관의 장에게 협의를 요청하여야 한다.
    (2) 다만, 해당 행정계획 또는 개발사업이「환경영향평가법(제9조)」에 따른 전략환경영향평가 대상계획, 같은 법 제22조에 따른 환경영향평가 대상사업 또는 같은 법 제43조에 따른 소규모 환경영향평가 대상사업인 경우에는 환경부장관과의 협의를 생략할 수 있다.

4. 재산의 보전 및 운용
    (1) 국민신탁법인은 보전재산 및 일반재산을 신의에 따라 성실하게 보전·운용하여야 한다.
    (2) 보전재산은 이를 매각·교환·양여·담보 또는 신탁하거나 출자의 목적으로 제공하지 못하며, 이를 위반한 행위는 무효로 한다.
    (3) 일반재산은 문화유산 및 자연환경자산의 매입 및 보전·관리와 국민신탁법인의 운영에 소요되는 경비 등으로 사용할 수 있다.
    (4) 국민신탁법인은 취득한 보전재산 및 보전협약을 체결한 문화유산 또는 자연환경자산이 부동산인 경우 국민이 이를 쉽게 알 수 있도록 안내판 등을 설치하여 관리할 수 있다(이 경우 국가 및 지방자치단체는 안내판 등의 설치 비용을 지원할 수 있다).

정답 ③

16 문화유산과 자연환경자산에 관한 국민신탁법령상, 기본계획의 경미한 변경으로 알맞지 않은 것을 고르시오.

① 보전재산의 취득에 드는 비용의 산정에 관한 사항 중에서 100분의 20 미만을 변경하는 경우
② 일반재산의 취득 등 운용에 관한 사항을 변경하는 경우
③ 국민신탁법인의 사무처리를 위하여 설치된 사무조직의 운영에 관한 사항을 변경하는 경우
④ 그 밖에 기본계획의 어느 하나에 해당되지 아니하는 사항을 변경하는 경우

해설 ① 100분의 30 미만을 변경하는 경우

정답 ①

17 문화유산과 자연환경자산에 관한 국민신탁법령상, 국민신탁단체의 지정 등에 대한 내용으로 바르지 않은 것을 고르시오.

① 해당 중앙행정기관의 장은 문화유산을 취득하여 보전·관리하고 이를 공익용 목적으로 사용·수익하는 비영리법인을 문화유산국민신탁단체로 지정할 수 있다.
② 해당 중앙행정기관의 장은 국민신탁단체를 지정하기 위하여 필요한 경우에는 시장·군수·구청장, 관계기관·단체 등의 의견을 듣거나 자료의 제출을 요청할 수 있다.
③ 해당 중앙행정기관의 장은 국민신탁단체로 지정을 받고자 신청을 받은 경우 국민신탁단체의 지정 여부를 결정하고, 그 결과를 신청인에게 문서로 통지하여야 한다.
④ 해당 중앙행정기관의 장은 국민신탁단체를 지정하였을 때에는 국민신탁단체의 명칭 등의 사항을 관보에 고시하고 해당 중앙행정기관의 홈페이지에 게재하여야 한다.

해설 ② 시·도지사

정답 ②

18 문화유산과 자연환경자산에 관한 국민신탁법령상, 국민신탁단체로 지정하려는 경우 해당 중앙행정기관의 장이 종합적으로 고려하여야 할 내용으로 적절하지 않은 것을 고르시오.

① 해당 법인의 문화유산 또는 자연환경자산 보유 현황
② 해당 법인의 국민신탁 경험 및 수행능력
③ 문화유산 또는 자연환경자산의 취득·보전·관리계획의 타당성
④ 법인 소재지를 관할하는 시장·군수·구청장의 의견

해설 ④ 법인 소재지를 관할하는 특별시장·광역시장·특별자치시장·도지사 또는 특별자치도지사의 의견

정답 ④

19 국민신탁법인의 모금에 관한 기술로 적합하지 않은 것은?

① 국민신탁법인은 문화유산 및 자연환경자산의 매입·보전·관리를 위하여 필요하다고 인정될 때에는 해당 중앙행정기관의 장의 승인을 얻어 모금을 할 수 있다.
② 국민신탁법인은 모금 목적 외에 기부금품을 사용할 수 없다.
③ 기부금품의 모금을 중단 또는 완료한 때에는 그 결과를 공개하여야 한다.
④ 국민신탁법인은 모금의 승인을 얻으려는 때에는 모금개시일 3개월 이전에 해당 중앙행정기관의 장에게 관련 서류를 제출하여야 한다.

정답 ④

무형유산의 보전 및 진흥에 관한 법률 및 같은 법 시행령·시행규칙

제1장 총칙

01 무형유산의 보전 및 진흥에 관한 법률은 무형유산의 보전과 진흥을 통하여 전통문화를 창조적으로 계승하고, 이를 활용할 수 있도록 함으로써 국민의 문화적 향상을 도모하고 인류문화의 발전에 이바지하는 것을 목적으로 한다. (○, ×)

정답 ○

02 무형유산의 보전 및 진흥에 관한 법령상, 아래에서 무형유산에 해당하는 것을 모두 고르시오.

ㄱ. 전통적 공연·예술	ㄴ. 한의약, 농경·어로 등에 관한 전통지식
ㄷ. 의식주 등 전통적 생활관습	ㄹ. 전통적 놀이·축제 및 기예·무예

① ㄱ
② ㄱ, ㄴ
③ ㄴ, ㄷ
④ ㄱ, ㄴ, ㄷ
⑤ ㄱ, ㄴ, ㄷ, ㄹ

해설 "무형유산"이란 여러 세대에 걸쳐 전승되어, 공동체·집단과 역사·환경의 상호작용으로 끊임없이 재창조된 무형의 문화적 유산을 말한다.
1. 전통적 공연·예술
2. 공예, 미술 등에 관한 전통기술
3. 한의약, 농경·어로 등에 관한 전통지식
4. 구전 전통 및 표현
5. 의식주 등 전통적 생활관습
6. 민간신앙 등 사회적 의식(儀式)
7. 전통적 놀이·축제 및 기예·무예

정답 ⑤

03 아래 보기의 내용은 무엇을 설명하는 것인가?

> (1) 해당 무형유산의 가치를 구성하는 본질적 특징으로서
> (2) 여러 세대에 걸쳐 전승·유지되고 구현되어야 하는 고유한 기법, 형식 및 지식을 말한다.

정답 전형(典型)

04 다음 설명 중 옳지 않은 것을 찾으시오.
① "명예보유자"란 국가무형유산의 보유자와 보유단체 중에서 인정된 사람과 단체를 말한다.
② "전수교육"이란 보유자 및 보유단체, 전승교육사, 전수교육학교가 실시하는 교육을 말한다.
③ "전승공예품"이란 무형유산 중 전통기술 분야의 전승자가 해당 기능을 사용하여 제작한 것을 말한다.
④ "이수자"란 전수교육 이수증을 받은 사람을 말한다.

해설 "명예보유자" : 국가무형유산의 보유자 중에서 명예보유자의 인정(법 제18조 ①)에 따라 인정된 사람 및 전승교육사 중에서 명예보유자로(법 제18조 ②에 따라) 인정된 사람을 말한다.

정답 ①

05 무형유산의 보전 및 진흥은 전형 유지를 기본원칙으로 하며, 다음 각 호의 사항이 포함되어야 한다. ( ) 안을 완성하시오.

> ① (   ) 함양
> ② 전통문화의 계승 및 발전
> ③ 무형유산의 가치 구현과 향상

정답 민족정체성

제2장　무형유산 정책의 수립 및 추진

06 무형유산의 보전 및 진흥에 관한 법령상, 시행계획의 수립·시행에서 시행계획에 포함되어야 할 사항으로 맞는 것을 찾으시오.

① 무형유산의 교육 및 전문인력 육성에 관한 사항
② 주요사업별 추진방침
③ 무형유산의 조사 및 정보화에 관한 사항
④ 무형유산의 국제화에 관한 사항

해설 무형유산정책의 수립 및 추진

기본계획에 포함되어야 할 사항	시행계획에 포함되어야 할 사항
1. 무형유산의 보전 및 진흥에 관한 기본방향 2. 무형유산의 보전 및 진흥을 위한 재원 확보 및 배분에 관한 사항 3. 무형유산의 교육, 전승 및 전문인력 육성에 관한 사항 4. 무형유산의 조사, 기록 및 정보화에 관한 사항 5. 무형유산의 국제화에 관한 사항 6. 그 밖에 무형유산의 보전 및 진흥에 필요한 사항	1. 해당 연도의 사업 추진방향 2. 주요 사업별 추진방침 3. 주요 사업별 세부계획

정답 ②

07 무형유산위원회의 설치에 대한 내용이다. 옳은 것을 찾으시오.

① 무형유산의 보전 및 진흥에 관한 사항을 조사·의결하기 위하여 국가유산청에 무형유산위원회를 둔다.
② 위원회는 위원장 1명을 포함하여 20명 이내의 위원으로 구성한다.
③ 위원은 국가유산청장이 위촉한다. 다만, 위원장은 위원 중에서 호선한다.
④ 위원회 위원의 임기는 3년으로 한다.

① 조사·의결이 아니라 조사·심의이다.
② 30명 이내의 위원으로 구성한다.
④ 위원회 위원의 임기는 2년으로 한다.(단, 연임할 수 있으며, 보궐위원의 임기는 전임자 임기의 남은 기간으로 한다)

정답 ③

08 무형유산의 보전 및 진흥에 관한 법령상, 무형유산위원회에 관한 설명으로 옳지 않은 것은?

① 위원회는 무형유산의 보전 및 진흥을 위한 기본계획에 관한 사항을 심의한다.
② 위원회의 위원은 국가유산청장이 위촉하며, 위원장 및 부위원장은 위원 중에 호선한다.
③ 위원회 위원의 임기는 2년이며 보궐위원의 임기는 위촉된 날부터 2년이다.
④ 무형유산의 보전 및 진흥과 관련된 업무에 5년 이상 종사한 사람은 위원회의 비상근 전문위원으로 위촉될 수 있다.

정답 ③

09 위원회는 무형유산의 보전 및 진흥에 관한 사항을 심의한다. 위원회의 심의사항을 아래의 보기에서 모두 고르시오.

ㄱ. 기본계획에 관한 사항
ㄴ. 국가무형유산의 지정에 관한 사항
ㄷ. 국가무형유산의 보유자 인정에 관한 사항
ㄹ. 국가긴급보호무형유산의 해제에 관한 사항
---

① ㄱ
② ㄱ, ㄴ
③ ㄱ, ㄴ, ㄷ
④ ㄱ, ㄴ, ㄷ, ㄹ

 위원회의 심의사항

위원회는 무형유산의 보전 및 진흥에 관한 다음 각 호의 사항을 심의한다.
1. 기본계획에 관한 사항
2. 국가무형유산의 지정과 그 해제에 관한 사항
3. 국가무형유산의 보유자, 보유단체, 명예보유자 또는 전승교육사의 인정과 그 해제에 관한 사항
4. 국가긴급보호무형유산의 지정과 그 해제에 관한 사항
5. 국제연합교육과학문화기구 무형유산 선정에 관한 사항
6. 그 밖에 무형유산의 보전 및 진흥 등에 관하여 국가유산청장이 심의에 부치는 사항

정답 ④

제3장   국가무형유산의 지정 등

10 무형유산의 보전 및 진흥에 관한 법령상, 국가유산청장은 위원회의 심의를 거쳐 무형유산 중 중요한 것을 국가무형유산으로 지정할 수 있다. 아래의 보기 중에서 국가무형유산의 지정 대상에 해당하는 것을 모두 고르시오.

> ㄱ. 음악, 춤, 연희, 종합예술, 그 밖의 전통적 공연·예술 등
> ㄴ. 민간의약지식, 생산지식, 자연·우주지식, 그 밖의 전통지식 등
> ㄷ. 절기풍속, 의생활, 식생활, 주생활, 그 밖의 전통적 생활관습 등
> ㄹ. 전통적 놀이·축제 및 기예·무예 등

① ㄱ
② ㄱ, ㄴ
③ ㄴ, ㄷ
④ ㄱ, ㄴ, ㄷ
⑤ ㄱ, ㄴ, ㄷ, ㄹ

해설 국가무형유산의 지정 대상
1. 음악, 춤, 연희, 종합예술, 그 밖의 전통적 공연·예술 등
2. 공예, 건축, 미술, 그 밖의 전통기술 등
3. 민간의약지식, 생산지식, 자연·우주지식, 그 밖의 전통지식 등
4. 언어표현, 구비전승, 그 밖의 구전 전통 및 표현 등
5. 절기풍속, 의생활, 식생활, 주생활, 그 밖의 전통적 생활관습 등
6. 민간신앙의례, 일생의례, 종교의례, 그 밖의 사회적 의식·의료 등
7. 전통적 놀이·축제 및 기예·무예 등

정답 ⑤

11 무형유산의 보전 및 진흥에 관한 법령상, 지정된 국가긴급보호무형유산에 대하여 국가유산청장이 할 수 있는 지원에 해당하지 않는 것은? [2025년도 제43회 기출문제]

① 예술적, 기술적, 과학적 연구
② 무형유산 간의 통합·개선
③ 전수교육 및 전승활동
④ 무형유산의 기록

해설 국가유산청장은 지정된 국가긴급보호무형유산에 대하여는 다음 각 호에 해당하는 지원을 할 수 있다.
1. 예술적, 기술적, 과학적 연구
2. 전승자 발굴
3. 전수교육 및 전승활동
4. 무형유산의 기록

정답 ②

12 국가긴급보호무형유산의 지정에 대한 설명으로 틀린 것을 찾으시오.

① 전승여건 및 생활환경의 변화로 인하여 소멸할 위험성이 커진 국가무형유산은 국가긴급보호무형유산의 지정 대상이다.
② 보유자로 인정할 만한 사람이 상당한 기간 동안 없는 국가무형유산도 국가긴급보호무형유산의 지정 대상이다.
③ 국가무형유산으로서의 전형이 현저히 상실되어 그 전승이 불가능하거나 어려워진 국가무형유산도 국가긴급보호무형유산의 지정 대상이다.
④ 국가유산청장은 국가긴급보호무형유산의 지정 대상에 해당이 되면 국가긴급보호무형유산으로 지정하여야 한다.

 국가유산청장은 다음 각 호의 어느 하나에 해당하는 국가무형유산을 국가긴급보호무형유산으로 지정할 수 있다.
1. 전승여건 및 생활환경의 변화로 인하여 소멸할 위험성이 커진 국가무형유산
2. 보유자 또는 보유단체로 인정할 만한 사람 또는 단체가 상당한 기간 동안 없는 국가무형유산
3. 국가무형유산으로서의 전형이 현저히 상실되어 그 전승이 불가능하거나 어려워진 국가무형유산

정답 ④

13 무형유산의 보전 및 진흥에 관한 법령상, 국가무형유산 등의 지정 및 해제에 관한 설명으로 옳지 않은 것은?

① 국가무형유산의 지정은 국가유산청장이 그 취지와 내용을 관보에 고시한 날부터 효력을 발생한다.
② 국가유산청장은 전승여건 및 생활환경의 변화로 인하여 소멸할 위험성이 커진 국가무형유산을 국가긴급보호무형유산으로 지정할 수 있다
③ 국가유산청장은 국가무형유산의 보전을 위하여 긴급한 필요가 있는 경우에는 무형유산위원회의 심의를 생략하고 국가긴급보호무형유산으로 지정할 수 있다.
④ 국가유산청장은 무형유산의 보전을 위하여 긴급한 필요가 있는 경우에는 국가무형유산의 지정과 국가긴급보호무형유산의 지정을 함께 할 수 있다.

정답 ③

제4장 　보유자 및 보유단체 등의 인정

14 다음의 보유자 등의 인정에 대한 설명 중 틀린 것을 찾으시오.
① 국가유산청장은 국가무형유산을 지정하는 경우 해당 국가무형유산의 보유자, 보유단체를 인정할 수 있다.
② 보유자 등의 인정에 따라 인정하는 보유단체는 「민법」에 따라 국가유산청장의 허가를 받아 설립된 비영리법인으로 한다.
③ 국가유산청장은 보유자 등의 인정에 따라 인정한 보유자, 보유단체 외에 국가무형유산의 보유자, 보유단체를 추가로 인정할 수 있다.
④ 국가무형유산의 보유자가 무형유산의 전수교육 또는 전승활동을 정상적으로 실시하기 어려운 경우 국가유산청장은 위원회의 심의를 거쳐 명예보유자로 인정할 수 있다.

해설 ① 국가유산청장은 국가무형유산을 지정하는 경우 해당 국가무형유산의 보유자, 보유단체를 인정하여야 한다. 다만, 해당 국가무형유산의 기능·예능 또는 지식이 보편적으로 공유되거나 관습화된 것으로서 특정인 또는 특정단체만이 전형대로 체득·보존하여 그대로 실현할 수 있다고 인정하기 어려운 경우에는 그러하지 아니하다.

정답 ①

15 무형유산의 보전 및 진흥에 관한 법령상, 국가무형유산 명예보유자에 관한 설명으로 옳은 것은?
① 전승교육사가 전수교육을 정상적으로 보조하기 어려운 경우 해당 보유자는 명예 보유자로 인정된다.
② 명예보유자 인정은 무형유산위원회의 심의를 거쳐 국가유산청장이 한다.
③ 명예보유자 인정에는 보유자의 연령 및 무형유산 전승활동 실적이 고려되어야 한다.
④ 전승교육사가 명예보유자로 인정되면 국가유산청장은 보유자의 인정을 해제하여야 한다.

정답 ②

16 무형유산의 보전 및 진흥에 관한 법령상, 보유자 및 보유단체 등의 인정에 관한 설명으로 옳지 않은 것은?

① 국가유산청장이 인정하는 보유단체는 민법 제32조에 따라 국가유산청장의 허가를 받아 설립된 비영리법인으로 한다.
② 국가유산청장은 국가무형유산의 전수교육을 실시하기 위하여 이수자 중에서 무형유산위원회의 심의를 거쳐 전승교육사를 인정할 수 있다.
③ 국가유산청장은 명예보유자에게 특별지원금을 지원할 수 있다.
④ 국가무형유산의 보유자가 신체상 장애로 인하여 그 보유자로 적당하지 아니한 경우는 국가유산청장이 그 인정을 해제하여야만 하는 사유에 해당한다.

> **해설** 전승자 등의 인정 해제
> 국가유산청장은 국가무형유산의 보유자, 보유단체, 명예보유자 또는 전승교육사가 다음 각 호의 어느 하나에 해당하는 경우 위원회의 심의를 거쳐 인정을 해제할 수 있다.
> 1. 보유자, 명예보유자 또는 전승교육사가 사망한 경우
>   (그 인정을 해제하여야 한다)
> 2. 전통문화의 공연·전시·심사 등과 관련하여 벌금 이상의 형을 선고받거나 그 밖의 사유로 금고 이상의 형을 선고받고 그 형이 확정된 경우
>   (그 인정을 해제하여야 한다)
> 3. 전승자 등의 결격사유[법 제19조의2 제1호 :「국가공무원법」제33조 각 호(제1호 및 제2호는 제외한다)]에 따른 결격사유에 해당하게 된 경우(그 인정을 해제하여야 한다)
> 4. 국외로 이민을 가거나 외국 국적을 취득한 경우
>   (그 인정을 해제하여야 한다)
> 5. 국가무형유산 등의 지정 해제(법 제16조)에 따라 국가무형유산의 지정이 해제된 경우(그 인정을 해제하여야 한다)
> 6. 신체상 또는 정신상의 장애 등으로 인하여 해당 국가무형유산의 보유자로 적당하지 아니한 경우
> 7. 정기조사 등(법 제22조)에 따른 정기조사 또는 재조사 결과 보유자, 보유단체 및 전승교육사의 기량이 현저하게 떨어져 해당 국가무형유산을 전형대로 실현·강습하지 못하는 것이 확인된 경우
> 8. 국가무형유산의 보호·육성(법 제25조 ②)에 따른 전수교육을 특별한 사유 없이 1년 동안 실시하지 아니한 경우
> 9. 국가무형유산의 공개의무 등(법 제28조 ①)에 따른 공개를 특별한 사유 없이 매년 1회 이상 하지 아니하는 경우
> 10. 그 밖에 대통령령으로 정하는 사유
>   (1) 보유단체가 해산된 경우
>   (2) 전승교육사가 시·도무형유산 등의 지정 등(법 제32조 ②)에 따른 시·도무형유산의 보유자로 인정된 경우

(3) 국가무형유산의 보유자, 보유단체, 명예보유자 또는 전승교육사가 스스로 본인에 대한 인정 해제를 요청하는 경우

정답 ④

17 아래의 내용은 전승자 등의 인정 해제의 사유이다. 보기 중에서 그 인정을 해제하여야 하는 것에 해당하는 것을 모두 고르시오.

> ㄱ. 국외로 이민을 가거나 외국 국적을 취득한 경우
> ㄴ. 국가무형유산의 지정이 해제된 경우
> ㄷ. 신체상 장애로 인하여 해당 국가무형유산의 보유자로 적당하지 아니한 경우
> ㄹ. 보유단체가 해산된 경우

① ㄱ
② ㄴ
③ ㄱ, ㄴ
④ ㄷ, ㄹ

해설 전승자 등의 인정 해제

국가유산청장은 국가무형유산의 보유자, 보유단체, 명예보유자 또는 전승교육사가 다음 각 호의 어느 하나에 해당하는 경우 위원회의 심의를 거쳐 인정을 해제할 수 있다.

해제하여야 하는 경우	해제할 수 있는 경우
1. 보유자, 명예보유자 또는 전승교육사가 사망한 경우	1. 신체상 또는 정신상의 장애 등으로 인하여 해당 국가무형유산의 보유자로 적당하지 아니한 경우
2. 전통문화의 공연·전시·심사 등과 관련하여 벌금 이상의 형을 선고받거나 그 밖의 사유로 금고 이상의 형을 선고받고 그 형이 확정된 경우	2. 정기조사 또는 재조사 결과 보유자, 보유단체 및 전승교육사의 기량이 현저하게 떨어져 해당 국가무형유산을 전형대로 실현·강습하지 못하는 것이 확인된 경우
3. 전승자 등의 결격사유에 따른 결격사유에 해당하게 된 경우	3. 전수교육 또는 그 보조활동을 특별한 사유 없이 1년 동안 실시하지 아니한 경우
4. 국외로 이민을 가거나 외국 국적을 취득한 경우	4. 공개를 특별한 사유 없이 매년 1회 이상 하지 아니하는 경우
5. 국가무형유산의 지정이 해제된 경우	5. 그 밖에 대통령령으로 정하는 사유가 있는 경우 (1) 보유단체가 해산된 경우 (2) 전승교육사가 시·도 무형유산 등의 지정 등에 따른 시·도 무형유산의 보유자로 인정된 경우 (3) 국가무형유산의 보유자, 보유단체, 명예보유자 또는 전승교육사가 스스로 본인에 대한 인정 해제를 요청하는 경우

정답 ③

18 무형유산의 보전 및 진흥에 관한 법령상, 국가유산청장이 국가무형유산의 보유자 인정을 해제하여야만 하는 경우는? [2025년도 제43회 기출문제]

① 국가무형유산의 지정이 해제된 경우
② 신체상 또는 정신상의 장애 등으로 인하여 해당 국가무형유산의 보유자로 적당하지 아니한 경우
③ 정기조사 결과 보유자, 보유단체 및 전승교육사의 기량이 현저하게 떨어져 해당 국가무형유산을 전형대로 실현·강습하지 못하는 것이 확인된 경우
④ 국가무형유산 보유자가 스스로 본인에 대한 인정 해제를 요청하는 경우

정답 ①

19 무형유산의 보전 및 진흥에 관한 법령상, 국가유산청장이 국가무형유산의 전승자에 대한 인정을 해제하여야 하는 경우는?

① 보유자가 국외로 이민을 가거나 외국 국적을 취득한 경우
② 보유자가 해당 국가무형유산의 공개를 매년 1회 이상 하지 아니하는 경우
③ 보유단체가 해당 국가무형유산의 전수교육을 1년 동안 실시하지 아니한 경우
④ 정기조사 결과 전승교육사의 기량이 인정 당시보다 떨어진 것으로 확인된 경우

정답 ①

20 다음 설명 중 바르지 않은 것을 고르시오.

① 국가유산청장은 국가무형유산의 보전 및 진흥을 위한 정책 수립에 활용하기 위하여 정기조사를 3년마다 정기적으로 조사하여야 한다.
② 전수교육 및 전승활동 현황은 정기조사의 대상이다.
③ 국가무형유산의 전승자 및 명예보유자는 성명 또는 주소가 변경된 경우 15일 이내에 그 사실을 국가유산청장에게 신고하여야 한다.
④ 국가유산청장은 국가무형유산의 가치 구현과 향상을 위해서 필요하다고 인정되면 행정명령을 명할 수 있다.

1. 정기조사 등
   (1) 국가유산청장은 국가무형유산의 보전 및 진흥을 위한 정책 수립에 활용하기 위하여 국가무형유산의 전수교육 및 전승활동 등 전승의 실태와 그 밖의 사항 등에 관하여 5년마다 정기적으로 조사하여야 한다.

(2) 정기조사의 대상
① 국가무형유산 보유자, 보유단체 및 전승교육사의 기능·예능 현황
② 전수교육 및 전승활동 현황
③ 국가무형유산의 전승자 현상
④ 전수교육에 필요한 경비의 관리·운영 현황

2. 행정명령
(1) 국가유산청장은 국가무형유산의 가치 구현과 향상을 위하여 필요하다고 인정되면 다음 각 호의 사항을 명할 수 있다.
(2) 행정명령의 내용
① 국가무형유산 전승자가 전승활동 과정에서 그 무형유산의 전형을 훼손하거나 저해하는 경우 그 활동에 대한 일정한 행위의 금지나 제한
② 국가무형유산 전승자 간의 분쟁으로 그 무형유산의 보전 및 진흥에 장애를 초래하는 경우 그 전승자의 전수교육, 공개 등에 대한 일정한 행위의 금지나 제한
③ 그 밖에 국가무형유산의 원활한 전승환경을 위하여 필요하다고 인정되는 경우 전승자에 대한 무형유산 보존에 필요한 긴급한 조치

정답 ①

제5장 전수교육 및 공개

21 무형유산의 보전 및 진흥에 관한 법령상, 국가무형유산의 보호·육성에 대한 내용이다. 바르지 못한 것을 고르시오.

① 국가는 전통문화의 계승과 발굴을 위하여 국가무형유산을 보호·육성할 수 있다.
② 국가무형유산의 보전 및 진흥을 위하여 인정된 보유자는 해당 국가무형유산의 전수교육을 실시하여야 한다.
③ 질병 또는 그 밖의 사고로 전수교육이 불가능한 경우 보유자는 해당 국가무형유산의 전수교육을 실시하지 않을 수도 있다.
④ 국가는 예산의 범위에서 보유자가 실시하는 전수교육에 필요한 경비를 지원 할 수 있다.
⑤ 국가는 전수교육을 목적으로 설립한 국·공유재산을 무상으로 사용하게 할 수 있다.

해설 ① 국가는 전통문화의 계승과 발굴을 위하여 국가무형유산을 보호·육성하여야 한다.
②·③ 국가무형유산의 보전 및 진흥을 위하여 보유자 등의 인정(법 제17조 ①)에 따라 인정된 보유자, 보유단체 및 전승교육사의 인정(법 제19조 ①)에 따라 인정된 전승교육사는 해당 국가무형유산의 전수교육을 실시하여야 한다. 다만, 다음 각 호의 어느 하나에 해당하는 경우에는 그러하지 아니하다.

㉠ 질병 또는 그 밖의 사고로 전수교육이 불가능한 경우
㉡ 국외의 대학 또는 연구기관에서 1년 이상 연구·연수하게 된 경우
④ 국가 또는 지방자치단체는 전수교육을 목적으로 설립 또는 취득한 국·공유재산을 무상으로 사용하게 할 수 있다.

정답 ①

22 국가무형유산의 보호·육성에 관한 경비 및 수당에 대해서 바르지 못한 것을 찾으시오.
① 국가는 예산의 범위에서 보유자가 실시하는 전수교육에 필요한 경비를 지원할 수 있다.
② 전수교육에 필요한 경비 및 수당은 매 분기마다 지급할 수 있다.
③ 전승교육사가 정당한 사유 없이 전수교육 보조를 하지 아니한 경우 수당 지원을 중단할 수 있다.
④ 전수교육 또는 전승활동과 관련하여 금품수수 등의 부정한 행위를 한 경우 경비 지원을 중단할 수 있다.

① 국가는 예산의 범위에서 보유자 및 보유단체가 실시하는 전수교육에 필요한 경비 및 수당을 지원할 수 있다.
② 전수교육에 필요한 경비 및 수당은 매달 지급한다.
③·④ 국가유산청장은 다음 각 호의 어느 하나에 해당하는 경우에는 국가무형유산의 보호·육성에 따른 지원을 중단할 수 있다.
㉠ 국가무형유산의 보유자 또는 보유단체가 정당한 사유 없이 전수교육 또는 전승활동을 이행하지 않거나 이행하지 못하게 된 경우
㉡ 전수교육 또는 전승활동과 관련하여 금품수수 등의 부정한 행위를 한 경우

정답 ②

23 전수장학생의 선정 등에 대한 내용으로 바른 것을 고르시오.
① 국가유산청장은 전수장학생을 선정하여 장학금을 지급하려면 위원회의 심의를 거쳐 장학금을 지급할 국가무형유산의 분야별 종목을 미리 선정할 수 있다.
② 국가유산청장은 선정된 종목에 관한 전수교육을 6개월 이상 받은 사람으로서 해당 종목의 기능·예능에 소질이 있는 사람을 전수장학생으로 선정할 수 있다.
③ 전수장학생에 대한 장학금은 매월 지급하되, 그 지급기간은 3년으로 한다. 다만, 전수장학생이 전수교육 이수증을 발급받은 경우에는 장학금 지급을 중단할 수 있다.
④ 전수장학생을 추천한 국가무형유산의 보유자 또는 보유단체는 전수장학생이 전수실적이 불량한 경우에는 지체 없이 국가유산청장에게 신고하여야 한다.

① 미리 선정하여야 한다.
③ 5년으로 한다. 장학금 지급을 중단하여야 한다.
④ 보고하여야 한다.
  ㉠ 신체적·정신적 장애나 그 밖의 사유로 국가무형유산의 전수교육을 받을 수 없게 된 경우
  ㉡ 전수실적이 불량한 경우

정답 ②

24 국가무형유산의 공개의무 등에 대한 설명으로 옳은 것을 찾으시오.

① 국가무형유산의 보유자 또는 보유단체는 특별한 사유가 있는 경우를 제외하고는 매월 1회 이상 해당 국가무형유산을 공개하여야 한다.
② 국가는 예산의 범위에서 공개에 필요한 비용의 전부 또는 일부를 지원하여야 한다.
③ 국가무형유산의 보유자 또는 보유단체는 국가무형유산을 공개하려는 경우에는 공개계획서를 작성하여 공개일 60일 전까지 국가유산청장에게 제출하여야 한다.
④ 국가무형유산의 보유자 또는 보유단체는 국가무형유산을 공개하려는 경우에는 공연장·전시장이나 전수교육시설 등의 공개된 장소에서 일반 국민을 대상으로 공연하거나 실연(實演)하여야 한다.

① 매년 1회 이상
② 비용의 전부 또는 일부를 지원할 수 있다.
③ 공개일 30일 전까지
④ 전통기술 분야의 전승공예품을 제작하는 국가무형유산 보유자 또는 보유단체는 직접 제작한 전승공예품과 해당 전승공예품의 제작과정이 촬영된 영상물을 전시하는 것으로 실연을 갈음할 수 있다.
이 경우 전승공예품은 전년도의 실연 또는 전시 행사 이후 제작한 전승공예품이어야 한다.

정답 ④

제6장 시·도무형유산

25 시·도무형유산 등의 지정 등에 대한 내용이다. ○, ×로 답하시오.

① 시·도지사는 그 관할구역 안에 있는 무형유산으로서 국가무형유산으로 지정되지 아니한 무형유산 중 보존가치가 있다고 인정되는 것을 시·도무형유산위원회의 심의를 거쳐 시·도무형유산으로 지정할 수 있다. (○, ×)

② 다만, 시·도무형유산으로 지정하려는 무형유산이 국가무형유산으로 지정되어 있는 경우에는 국가유산청장과의 사전 협의를 거쳐야 한다. (○, ×)

③ 시·도지사는 시·도무형유산을 지정하는 경우 국가무형유산의 보유자, 보유단체가 아닌 사람 또는 단체 중에서 보유자, 보유단체를 인정할 수 있다. (○, ×)

④ 시·도무형유산의 보유자, 보유단체, 전승교육사가 국가무형유산의 보유자, 보유단체, 전승교육사로 인정되는 경우 해당 시·도무형유산의 보유자, 보유단체, 전승교육사의 인정은 해제된 것으로 본다. (○, ×)

⑤ 국가유산청장은 위원회의 심의를 거쳐 필요하다고 인정되는 무형유산에 대하여 시·도지사에게 시·도무형유산으로 지정할 것을 권고할 수 있다. (○, ×)

⑥ 시·도지사는 시·도무형유산위원회의 심의를 거쳐 그 관할구역 안의 시·도무형유산 중 특히 소멸할 위험에 처하였으나 국가긴급보호무형유산으로 지정되지 아니한 무형유산을 시·도긴급보호무형유산으로 지정할 수 있다. (○, ×)

⑦ 시·도무형유산 또는 시·도긴급보호무형유산을 지정할 때에는 해당 시장·도지사의 이름을 표시하여야 한다. (○, ×)

해설 ⑦ 해당 시·도의 명칭을 표시하여야 한다.

정답 ① ○, ② ○, ③ ○, ④ ○, ⑤ ○, ⑥ ○, ⑦ ×

26 시·도지사의 보고사항으로 이에 해당하는 사유가 있으면 그 사유가 발생한 날부터 15일 이내에 국가유산청장에게 보고하여야 하는데, 아래 보기에서 여기에 해당하는 사항을 모두 고르시오.

> ㄱ. 시·도무형유산의 지정 및 해제
> ㄴ. 시·도긴급보호무형유산의 지정 및 해제
> ㄷ. 시·도무형유산의 보유자, 보유단체, 명예보유자 또는 전승교육사의 인정 및 해제
> ㄹ. 시·도무형유산에 대한 행정명령 및 그 위반 등의 죄

① ㄱ, ㄴ
② ㄴ, ㄷ
③ ㄱ, ㄴ, ㄷ
④ ㄱ, ㄴ, ㄷ, ㄹ

정답 ④

제7장   무형유산의 진흥

27 무형유산의 보전 및 진흥에 관한 법령상, 아래의 설명 중에서 바르지 못한 것을 찾으시오.

① 국가 또는 지방자치단체는 무형유산의 보전 및 진흥을 위하여 전승자의 전승공예품 원재료 구입에 대한 지원을 하여야 한다.
② 국가 또는 지방자치단체는 무형유산의 전승, 교육, 공연 등의 활성화를 장려하기 위한 전수교육시설을 마련하도록 노력하여야 한다.
③ 국가 또는 지방자치단체는 사회문화예술교육을 지원하는 경우에 무형유산에 관한 교육이나 강좌가 포함되도록 노력하여야 한다.
④ 국가, 지방자치단체 및 공공기관은 각종 행사 및 축제에 무형유산의 전승자가 참여할 수 있도록 노력하여야 한다.
⑤ 국가와 지방자치단체는 국가무형유산 또는 시·도무형유산이 관광 활성화에 기여하도록 필요한 시책을 마련하여야 한다.

해설   전승지원 등
국가 또는 지방자치단체는 무형유산의 보전 및 진흥을 위하여 예산의 범위에서 다음 각 호의 지원을 할 수 있다.
1. 전승자의 전승공예품 원재료 구입 지원
2. 전승자의 공연 또는 전시 등에 필요한 시설 및 장비 지원
3. 전승자의 초·중등학교 교육 및 평생교육 활동 지원

정답 ①

28 국가유산청장은 인증과 관련하여 그 인증을 취소할 수 있다. 다음 보기 중에서 인증을 취소하여야 하는 경우를 모두 고르시오.

> ㄱ. 거짓이나 그 밖의 부정한 방법으로 인증을 받은 경우
> ㄴ. 인증기준에 맞지 아니하게 제작된 전승공예품에 인증표시를 한 경우
> ㄷ. 해당 전승자가 인증표시의 사용 기준을 위반한 경우

① ㄱ   ② ㄴ
③ ㄱ, ㄴ   ④ ㄱ, ㄴ, ㄷ

정답 ①

29 국가유산청장은 인증심사를 거쳐 전승공예품에 대하여 인증을 할 수 있다. 무형유산 전승공예품 인증에 관한 다음 설명 중 틀린 것을 찾으시오.

① 국가유산청장은 인증을 위하여 해당 전승자에게 관련 자료의 제출을 요청할 수 있으며, 필요한 경우 소속 공무원 또는 관련 전문가에게 전승공예품 제작공정을 참관하게 할 수 있다.
② 인증을 받은 해당 전승자는 자신이 제작한 전승공예품에 인증의 표시를 할 수 있다.
③ 누구든지 인증을 받지 아니한 상품에 국가유산청장이 정한 인증표시와 동일하거나 유사한 표시를 하여서는 아니 된다.
④ 인증의 유효기간은 인증을 받은 날부터 5년으로 하되, 재심사를 거쳐 그 기간을 연장할 수 있다.

 ④ 인증의 유효기간은 인증을 받은 날부터 4년으로 한다.

정답 ④

30 아래의 내용에 대하여 ○, ×로 답하시오.

① 국가유산청장은 전통기술의 전승 활성화 및 전통공예의 우수성 홍보 등을 위하여 전승공예품의 구입·대여 및 전시 등의 업무를 수행하는 "전승공예품은행"을 운영할 수 있다. (○, ×)
② 국가와 지방자치단체는 무형유산 전승자의 창업·제작·유통 및 해외시장의 진출 등을 추진하기 위하여 필요한 지원을 할 수 있다. (○, ×)
③ 국가는 국제기구 및 다른 국가와의 협력을 통하여 전통공연·예술분야 무형유산의 해외공연, 전승공예품의 해외 전시·판매 등 무형유산의 국제교류를 적극 추진하여야 한다. (○, ×)
④ 국가유산청장은 무형유산의 진흥에 관한 사업과 활동을 효율적으로 지원하기 위하여 국가유산진흥원에 한국무형유산진흥센터를 둔다. (○, ×)

정답 ① ○, ② ○, ③ ○, ④ ○

제8장　유네스코 협약 이행

31 무형유산의 보전 및 진흥에 관한 법령상, 유네스코 아시아・태평양 무형문화유산 국제 정보네트워킹센터의 설치에 관하여 틀린 것을 찾으시오.

① 유네스코 아・태무형유산센터는 법인으로 한다.
② 유네스코 아・태무형유산센터에 관하여 이 법에서 규정한 것 외에는 「민법」 중 사단법인에 관한 규정을 준용한다.
③ 유네스코 아・태무형유산센터의 운영에 필요한 경비는 국고에서 지원할 수 있다.
④ 국가는 유네스코 아・태무형유산센터의 업무 수행을 위하여 필요한 경우 국가 또는 지방자치단체는 국유재산이나 공유재산을 무상으로 사용・수익하게 할 수 있다.

해설 ② 「민법」 중 재단법인

정답 ②

32 무형유산의 보전 및 진흥에 관한 법령상, 유네스코 아・태무형유산의 사업 중에서 거리가 있는 것을 고르시오.

① 무형유산・정보공유의 체계・구축 및 활동을 위한 활동 지원
② 공유된 무형유산 정보의 국내활용을 위한 사업
③ 국가・지방자치단체 또는 공공기관 등으로부터 위탁받은 사업
④ 국외소재문화유산의 취득 및 보전・관리

해설 ④ 「문화유산의 보존 및 활용에 관한 법률」상, 국외문화유산재단의 설립 목적을 달성하기 위한 사업의 내용 중 하나이다.

정답 ④

제9장 보칙

33 무형유산의 보전 및 진흥에 관한 법령상, 보칙에 대한 내용으로 다음의 내용에서 ○, ×로 답하시오.

① 국가유산청장 및 시·도지사는 조사 및 기록화에서 수집·작성된 기록을 디지털 자료로 구축하여 누구나 이용이 가능하도록 하여야 한다. (○, ×)
② 국가유산청장은 무형유산의 전승활성화를 위하여 무형유산의 진보된 지식 또는 기술이 창출될 수 있도록 노력하여야 한다. (○, ×)
③ 국가는 보유자 및 명예보유자의 전승활동을 촉진하기 위하여 세제상의 조치, 공공시설 이용료 감면 및 그 밖에 필요한 정책을 강구하여야 한다. (○, ×)
④ 무형유산의 보전 및 진흥에 관한 법률에 따른 전승교육사 및 이수자가 아닌 자는 전승교육사, 이수자 또는 이와 유사한 명칭을 사용하지 못한다. (○, ×)
⑤ 국가무형유산의 지정을 하는 경우 위원회의 해당 분야 위원에게 필요한 조사를 하게 하여야 한다. (○, ×)

정답 ① ○, ② ○, ③ ○, ④ ○, ⑤ ○

34 「무형유산의 보전 및 진흥에 관한 법률」의 보칙상 「행정절차법」에 따른 청문을 하여야 하는 사항이 아닌 것은?

① 국가유산청장의 전수교육학교 선정 취소
② 지정 과정에 부정한 방법이 있어서 행하는 국가긴급보호무형유산의 지정 취소
③ 가치의 소멸을 사유로 행하는 국가무형유산의 지정 해제
④ 해당 전승자가 인증표시의 사용 기준을 위반하여 행하는 무형유산 전승공예품 인증의 취소

해설 국가유산청장은 전수교육학교의 전수교육 실태를 점검하고 그 성과를 평가할 수 있으며 그 결과에 따라 차등하여 재정적 지원을 할 수 있다.

청문
국가유산청장은 다음 각 호의 어느 하나에 해당하는 처분을 하려면 「행정절차법」에 따른 청문을 하여야 한다.
1. (지정 또는 인정의 취소에 따른)지정 또는 인정의 취소
   (1) 국가무형유산의 지정
   (2) 국가긴급무형유산의 지정
   (3) 보유자 등의 인정
   (4) 명예보유자의 인정
   (5) 전승교육사의 인정

2. 국가무형유산 등의 지정 해제에 따른 지정의 해제
　　　　(1) 가치의 소멸
　　　　(2) 전승의 단절 · 불가능
　　　　(3) 소멸위험이 현저히 없어졌을 경우
　　3. (전승자 등의 인정 해제에 따른)인정의 해제
　　4. (인증의 취소에 따른)인증의 취소
　　　　(1) 거짓이나 그 밖의 부정한 방법으로 인증을 받은 경우
　　　　　(인증을 취소하여야 한다)
　　　　(2) 인증기준에 맞지 아니하게 제작된 전승공예품에 인증표시를 한 경우
　　　　(3) 해당 전승자가 인증표시의 사용 기준을 위반한 경우

정답 ①

제10장　벌칙

35 3년 이하의 징역이나 3천만 원 이하의 벌금에 처하는 것을 고르시오.

① 행정명령 위반 등의 죄
② 정기조사 등에 따른 협조를 특별한 사유 없이 거부한 사람
③ 거짓 또는 부정한 사람으로 보유자, 보유단체, 명예보유자 또는 전승교육사로 인정된 사람
④ 거짓의 신고 또는 보고를 한 사람

해설 ②, ③, ④ : 2년 이하의 징역이나 2천만 원 이하의 벌금에 처하는 경우

정답 ①

36 다음은 과태료에 대한 내용이다. 물음에 답하시오.

> ㄱ. 누구든지 인증을 받지 아니한 상품에 국가유산청장이 정한 인증표시와 동일하거나 유사한 표시를 하여서는 아니 된다.
> ㄴ. 유사명칭 사용의 금지로 보유자, 보유단체, 명예보유자, 전승교육사 및 이수자가 아닌 자는 보유자, 보유단체, 명예보유자, 전승교육사, 이수자 또는 이와 유사한 명칭을 사용하지 못한다.

① 위 보기 내용을 위반한 자는 (　　　)원 이하의 과태료를 부과한다.
② 위에 따른 과태료는 대통령령 또는 조례로 정하는 바에 따라 국가유산청장 또는 시 · 도지사가 부과 · 징수한다. (○, ×)

정답 ① 1천만, ② ○

기출문제

2025년도 제43회 기출문제

2025년도 제43회 기출문제

01 문화유산의 보존 및 활용에 관한 법령상 문화유산기본계획(이하 "기본계획"이라 한다)의 수립에 관한 설명으로 옳지 않은 것은?

① 국가유산청장은 관계 중앙행정기관의 장 및 시장·군수·구청장과의 협의를 거쳐 기본계획을 5년마다 수립하여야 한다.
② 기본계획에는 남북한 간 문화유산 교류 협력에 관한 사항이 포함되어야 한다.
③ 국가유산청장은 기본계획을 수립하는 경우 관리자 또는 관리단체 및 관련 전문가 등의 의견을 들어야 한다.
④ 국가유산청장은 기본계획을 수립하면 이를 시·도지사에게 알리고, 관보 등에 고시하여야 한다.

해설

1. 국가유산청장은 관계 중앙행정기관의 장 및 시·도지사와의 협의를 거쳐 문화유산의 보존·관리 및 활용을 위하여 종합적인 기본계획을 5년마다 수립하여야 한다.
2. 종합적인 기본계획에 포함하여야 할 사항
   (1) 문화유산 보존에 관한 기본방향 및 목표
   (2) 이전의 기본계획에 관한 분석 평가
   (3) 문화유산 보수·정비 및 복원에 관한 사항
   (4) 문화유산의 역사문화환경 보호에 관한 사항
   (5) 문화유산 안전관리에 관한 사항
   (6) 문화유산 관련 시설 및 구역에서의 감염병 등에 대한 위생·방역 관리에 관한 사항
   (7) 문화유산 기록정보화에 관한 사항
   (8) 문화유산 지능정보화에 관한 사항
   (9) 문화유산 디지털콘텐츠에 관한 사항
   (10) 문화유산 보존에 사용되는 재원의 조달에 관한 사항
   (11) 국외소재문화유산 환수 및 활용에 관한 사항
   (12) 남북한 간 문화유산 교류 협력에 관한 사항
   (13) 문화유산교육에 관한 사항
   (14) 문화유산의 보존·관리 및 활용 등을 위한 연구개발에 관한 사항
   (15) 그 밖에 문화유산의 보존·관리 및 활용에 필요한 사항
3. 국가유산청장은 기본계획을 수립하는 경우
   (1) 소유자, 관리자 또는 관리단체 및 관련 전문가의 의견을 들어야 한다.
   (2) 문화유산 기본계획수립을 위한 의견청취 대상자

① 지정문화유산이나 등록문화유산의 소유자 또는 관리자
② 지정문화유산이나 등록문화유산의 관리단체
③ 문화유산위원회(법 제8조)의 위원
④ 그 밖에 문화유산과 관련된 전문적인 지식이나 경험을 가진 자로서 국가유산청장이 정하여 고시하는 자

4. 국가유산청장은 기본계획을 수립하면 이를 시·도지사에게 알리고, 관보(官報) 등에 고시하여야 한다.
5. 국가유산청장은 기본계획을 수립하기 위하여 필요하면 시·도지사에게 관할구역의 문화유산에 대한 자료를 제출하도록 요청할 수 있다.

정답 ①

02 문화유산의 보존 및 활용에 관한 법령상 화재 등 대응매뉴얼을 마련하여야 하는 문화유산의 범위에 해당하지 않는 것은?(단, 화장실, 휴게시설 등 중요도가 낮은 건축물은 고려하지 않음)

① 지정문화유산 중 석조건축물류
② 보호구역 안에 있는 목조건축물
③ 「국가유산기본법」에 따른 세계유산 안에 있는 목조건축물
④ 매장유산으로 토지에 분포되어 있는 문화유산

 「매장유산 보호 및 조사에 관한 법률」에서 매장유산의 정의
1. 토지 또는 수중에 매장되거나 분포되어 있는 문화유산
2. 건조물 등의 부지에 매장되어 있는 문화유산
3. 지표·지중·수중(바다·호수·하천을 포함한다) 등에 생성·퇴적되어 있는 천연동굴·화석, 그 밖에 지질학적인 가치가 큰 것

화재 및 재난 대응매뉴얼을 마련하여야 하는 문화유산의 범위
1. 지정문화유산 중 목조건축물류, 석조건축물류, 분묘(墳墓), 조적조(組積造) 및 콘크리트조 건축물류
2. 지정문화유산 안에 있는 목조건축물과 보호구역 안에 있는 목조건축물. 다만, 화장실, 휴게시설 등 중요도가 낮은 건축물은 제외한다.
3. 「국가유산기본법」에 따른 세계유산 안에 있는 목조건축물. 다만, 화장실, 휴게시설 등 중요도가 낮은 건축물은 제외한다.
4. 등록문화유산 중 건축물. 다만, 다른 법령에 따라 화재 및 재난에 대비한 매뉴얼 등을 마련한 경우에는 화재 및 재난 대응매뉴얼을 마련한 것으로 본다.

정답 ④

03 문화유산의 보존 및 활용에 관한 법령상 국가지정문화유산의 지정에 관한 설명으로 옳은 것은?

① 국가유산청장은 해당 문화유산을 국가지정문화유산으로 지정하려면 문화유산위원회의 해당 분야 문화유산위원 등 관계 전문가 2명 이상에게 해당 문화유산에 대한 조사를 요청해야 한다.
② 국보의 지정은 그 문화유산의 소유자, 점유자 또는 관리자에 대하여는 관보에 고시한 날부터 그 효력을 발생한다.
③ 국가유산청장은 지정된 보물이 국가지정문화유산으로서의 가치를 상실하여 지정을 해제할 필요가 있을 때에는 문화유산위원회의 심의를 거치지 않고 지체 없이 그 지정을 해제하여야 한다.
④ 국가유산청장이 문화유산을 중요문화유산으로 임시지정한 경우, 그 효력은 관보에 고시한 날부터 발생한다.

① 국가유산청장은 해당 문화유산을 국가지정문화유산으로 지정하려면 문화유산위원회의 해당 분야 문화유산위원이나 전문위원 등 관계전문가 3명 이상에게 해당 문화유산에 대한 조사를 요청해야 한다.

[국가지정문화유산의 지정절차]

조사요청	문화유산위원회의 해당 분야 문화유산위원이나 전문위원 등 관계전문가 3명 이상에게 조사를 요청
조사	조사요청을 받은 사람은 조사를 한 후 조사보고서를 작성하여 국가유산청장에게 제출
예고	문화유산위원회의 심의 전에 그 심의할 내용과 해당 문화유산(동산에 속하는 문화유산은 제외한다)에 관한 지형도면 또는 지적도를 관보에 30일 이상 예고
문화유산위원회 심의	예고가 끝난 날부터 6개월 안에 문화유산위원회 심의를 거쳐
지정여부결정	국가지정문화유산 지정여부결정
이해관계자의 이의제기 등	이해관계자의 이의제기 등 부득이한 사유로 6개월 안에 지정여부를 결정하지 못한 경우에 그 지정여부를 다시 결정할 필요가 있으면 관보에 30일 이상 예고를 하는 절차를 다시 거쳐야 한다.

② 보물 및 국보의 지정·사적의 지정·국가민속문화유산 지정·보호물 또는 보호구역의 지정의 규정에 따른 지정은 그 문화유산의 소유자, 점유자 또는 관리자에 대하여는 관보에 고시한 날부터 그 효력을 발생한다.
③ 지정의 해제
국가유산청장은 보물 및 국보의 지정·사적의 지정·국가민속문화유산 지정에 따라 지정된 문화유산으로서의 가치를 상실하거나 가치평가를 문화유산위원회의 심의를 거쳐 그 지정을 해제할 수 있다.
④ 임시지정의 효력
임시지정의 효력은 임시지정된 문화유산의 소유자, 점유자 또는 관리자에게 통지한 날부터 발생한다.

정답 ②

04 문화유산 보존 및 활용에 관한 법령상 국가지정문화유산, 보호물 또는 보호구역 안에서 하는 행위 중 국가유산청장의 허가를 받아야 하는 사항을 모두 고른 것은?

ㄱ. 토지 및 수면의 매립
ㄴ. 수로, 수질 및 수량에 변경을 가져오는 행위
ㄷ. 국가지정문화유산 보호구역에 안내판을 설치하는 행위
ㄹ. 동물을 사육하는 행위

① ㄱ, ㄷ
② ㄱ, ㄴ, ㄹ
③ ㄴ, ㄷ, ㄹ
④ ㄱ, ㄴ, ㄷ, ㄹ

해설 허가사항
국가지정문화유산에 대하여 아래의 어느 하나에 해당하는 행위를 하려는 자는 국가유산청장의 허가를 받아야 하며, 허가사항을 변경하려는 경우에도 국가유산청장의 허가를 받아야 한다. 다만, 국가지정문화유산 보호구역에 안내판 및 경고판을 설치하는 행위 등 경미한 행위에 대해서는 특별자치시장, 특별자치도지사, 시장·군수 또는 구청장의 허가(변경허가를 포함한다)를 받아야 한다.

1. 국가지정문화유산(보호물 및 보호구역을 포함한다)의 현상을 변경하는 행위
   (1) 국가지정문화유산, 보호물 또는 보호구역을 수리, 정비, 복구, 보존처리 또는 철거하는 행위
   (2) 국가지정문화유산, 보호물 또는 보호구역 안에서 하는 다음의 행위
      ① 건축물 또는 도로·관로·전선·공작물·지하구조물 등 각종 시설물을 신축, 증축, 개축, 이축행위 또는 용도변경(지목변경의 경우는 제외한다)하는 행위

② 수목을 심거나 제거하는 행위
③ 토지 및 수립의 매립·간척·땅파기·구멍뚫기·땅깎기·흙쌓기 등 지형이나 지질의 변경을 가져오는 행위
④ 수로, 수질 및 수량에 변경을 가져오는 행위
⑤ 소음·진동을 유발하거나 대기오염물질·화학물질·먼지 또는 열 등을 방출하는 행위
⑥ 오수·분뇨·폐수 등을 살포, 배출, 투기하는 행위
⑦ 동물을 사육하거나 번식하는 등의 행위
⑧ 토석, 골재 및 광물과 그 부산물 또는 가공물을 채취, 반입, 반출, 제거하는 행위
⑨ 광고물 등을 설치, 부착하거나 각종 물건을 쌓는 행위
2. 국가지정문화유산의 보존에 영향을 미칠 우려가 있는 행위
3. 국가지정문화유산을 탁본 또는 영인(影印 : 원본을 사진 등의 방법으로 복제하는 것)하거나 그 보존에 영향을 미칠 우려가 있는 촬영 행위

정답 ②

05 문화유산의 보존 및 활용에 관한 법령상 문화유산매매업의 허가를 받을 수 없는 자는?
① 국가, 지방자치단체, 박물관 또는 미술관에서 2년 이상 문화유산을 취급한 사람
② 전문대학에서 문화유산관리학 계통의 전공과목을 18학점 이상 이수한 사람
③ 문화유산매매업자에게 고용되어 2년간 문화유산을 취급한 사람
④ 「학점인정 등에 관한 법률」에 따라 문화유산 관련 전공과목을 18학점 이상 이수한 것으로 학점인정을 받은 사람

문화유산매매업자의 자격요건에 따라 문화유산매매업의 허가를 받으려는 자는 아래의 어느 하나에 해당하는 자이어야 한다.
1. 국가, 지방자치단체, 박물관 또는 미술관에서 2년 이상 문화유산을 취급한 사람
2. 전문대학 이상의 대학(대학원을 포함한다)에서 역사학·고고학·인류학·미술사학·민속학·서지학·전통공예학 또는 문화유산관리학 계통의 전공과목을 18학점 이상 이수한 사람
3. 「학점인정 등에 관한 법률」에 따라 민속유산 관련 전공과목을 18학점 이상을 이수한 것으로 학점인정을 받은 사람
4. 문화유산매매업자에게 고용되어 3년 이상 문화유산을 취급한 사람
5. 고미술품 등의 유통·거래를 목적으로 「상법」에 따라 설립된 법인으로서 1.부터 4.까지의 자격 요건 중 어느 하나를 갖춘 대표자 또는 인원을 1명 이상 보유한 법인

정답 ③

06 자연유산의 보존 및 활용에 관한 법령상 "자연유산"에 해당하는 것은?

① 동물(그 서식지, 번식지 및 도래지를 포함한다)
② 식물(그 서식지, 도래지를 포함한다)
③ 자연의 뛰어난 경치에 인문적 가치가 부여된 자연경관
④ 자연환경과 별도로 사회·경제·문화적 요인 상호 간의 조화를 보여주는 역사문화경관

해설 자연물 또는 자연환경과의 상호작용으로 조성된 문화적 유산으로서 역사적·경관적·학술적 가치가 큰 아래의 어느 하나에 해당하는 것을 "자연유산"이라 한다.
1. 동물(그 서식지, 번식지 및 도래지를 포함한다)
2. 식물(그 군락지를 포함한다)
3. 지형, 지질, 생물학적 생성물 또는 자연현상
4. 천연보호구역
5. 자연경관 : 자연 그 자체로서 심미적 가치가 인정되는 공간
6. 역사문화경관 : 자연환경과 사회·경제·문화적 요인 간의 조화를 보여주는 공간 또는 생활장소
7. 복합경관 : 자연의 뛰어난 경치에 인문적 가치가 부여된 공간

정답 ①

07 자연유산의 보존 및 활용에 관한 법령상 국가유산청장의 허가를 받아야 하는 행위가 아닌 것은?

① 명승의 소재지에 경고판을 설치하는 행위
② 천연기념물을 포획하는 행위
③ 천연기념물에 위치추적기를 부착하는 행위
④ 명승을 철거하는 행위

해설 허가
1. 천연기념물 또는 명승에 대하여 아래의 어느 하나에 해당하는 행위를 하려는 자는 국가유산청장의 허가를 받아야 하며, 허가사항을 변경하려는 경우에도 또한 같다. 다만, 천연기념물 또는 명승의 소재지에 안내판 및 경고판을 설치하는 행위 등 경미한 행위에 대해서는 특별자치시장, 특별자치도지사, 시장·군수 또는 구청장의 허가(변경허가를 포함한다)를 받아야 한다.
(1) 천연기념물 또는 명승[보호물, 보호구역과 천연기념물 중 죽은 것 및 신고(제21조 제2항)에 따라 수입·반입 신고된 것을 포함한다]의 보존에 영향을 미칠 우려가 있는 행위로서 아래에 해당하는 행위
① 천연기념물 또는 명승을 수리, 정비, 복구, 보존처리 또는 철거하는 행위
② 천연기념물을 포획, 채취(혈액, 장기, 피부 등의 채취를 포함하며 치료목적의

행위는 제외한다), 사육, 도살, 인공증식·복제, 위치추적기 부착, 자연으로의 방사(구조·치료 후 방사하는 경우는 제외한다), 표본, 박제, 매장, 소각하는 행위

③ 천연기념물 또는 명승 내에서 건축물 등을 신축·개축·증축·이축 및 용도변경(지목변경의 경우는 제외한다)하는 행위, 수목을 심거나 제거하는 행위, 토지·수면의 매립 등으로 정하는 행위

④ 천연기념물 또는 명승 내에서 수질과 수온, 수량 등에 영향을 줄 수 있는 행위

(2) 천연기념물 또는 명승으로 지정되거나 임시지정된 구역 또는 그 보호구역에서 동물, 식물, 광물을 포획·채취하거나 이를 그 구역 밖으로 반출하는 행위

(3) 천연기념물 또는 명승의 보존에 영향을 미칠 수 있는 탁본, 촬영 등으로 정하는 행위

(4) 천연기념물 또는 명승의 역사문화환경 보존지역에서 천연기념물 또는 명승의 보존에 영향을 미칠 우려가 있는 행위로서 역사문화환경 보존지역의 보호(제10조 제4항)에 따라 고시하는 행위기준의 범위를 넘어서는 행위

(5) 그 밖에 천연기념물 또는 명승 외곽 경계의 외부 지역에서 하는 행위로서 국가유산청장이 천연기념물 또는 명승의 역사적·경관적·학술적 가치에 영향을 미칠 우려가 있다고 인정하여 고시하는 행위

2. 국가유산청장은 허가 또는 변경허가를 하는 경우 해당 천연기념물 또는 명승의 역사적·경관적·학술적 가치에 미치는 영향을 최소화하기 위하여 필요한 조건을 붙일 수 있다.

정답 ①

08 자연유산의 보존 및 활용에 관한 법령상 국가유산청장이 명승의 공개를 제한하는 경우 고시하여야 하는 사항을 모두 고른 것은?

> ㄱ. 해당 명승의 명칭 및 소재지
> ㄴ. 공개가 제한되는 기간 및 범위
> ㄷ. 공개가 제한되는 사유
> ㄹ. 공개 제한 위반 시의 제재 내용
> ㅁ. 추가적인 정보를 제공하는 인터넷 홈페이지의 주소

① ㄱ, ㄴ, ㄷ
② ㄱ, ㄹ, ㅁ
③ ㄴ, ㄷ, ㄹ, ㅁ
④ ㄱ, ㄴ, ㄷ, ㄹ, ㅁ

해설 천연기념물 또는 명승의 공개 제한
1. 국가유산청장은 천연기념물 또는 명승의 공개를 제한하려면 아래의 사항을 관보에 고시해야 한다.
    (1) 해당 천연기념물 또는 명승의 명칭 및 소재지
    (2) 공개가 제한되는 기간 및 범위
    (3) 공개가 제한되는 사유
    (4) 공개 제한 위반 시의 제재 내용
    (5) (1)부터 (4)까지의 사항 외의 추가적인 정보를 제공하는 인터넷 홈페이지의 주소
2. 시·도지사 또는 시장·군수·구청장은 천연기념물 또는 명승의 공개 제한을 통보받은 경우에는 해당 천연기념물 또는 명승 주변에 1.의 각 호의 사항을 적은 안내판을 설치해야 한다. 다만, 국가유산청장이 직접 관리하고 있는 천연기념물 또는 명승의 경우에는 국가유산청장이 안내판을 설치해야 한다.

정답 ④

09 국가유산수리 등에 관한 법령상 국가유산수리 등의 기본원칙에 관한 규정의 일부이다. ( )에 들어갈 내용으로 옳은 것은?

> 국가유산수리, 실측설계 또는 감리는 국가유산의 (ㄱ)에 가장 적합한 방법과 기술을 사용하여야 하며, 국가유산수리 등으로 인하여 (ㄴ) 및 천연기념물 등과 그 주변 경관이 훼손되어서는 아니 된다.

① ㄱ : 원형보존, ㄴ : 지정문화유산
② ㄱ : 가치보전, ㄴ : 지정문화유산
③ ㄱ : 원형보존, ㄴ : 매장유산
④ ㄱ : 가치보전, ㄴ : 매장유산

해설 국가유산수리 등의 기본원칙(국가유산수리 등에 관한 법률 제3조)
국가유산수리, 실측설계 또는 감리(이하 "국가유산수리 등"이라 한다)는 국가유산의 원형보존에 가장 적합한 방법과 기술을 사용하여야 하며, 국가유산수리 등으로 인하여 지정문화유산 및 천연기념물 등과 그 주변 경관이 훼손되어서는 아니 된다.

정답 ①

10 국가유산수리 등에 관한 법령상 국가유산수리 등에 관한 기본계획에 포함되어야 할 사항이 아닌 것은?

① 국가유산수리 등에 관한 기본방향
② 국가유산수리 등의 품질 확보 대책
③ 국가유산수리 등에 관한 주요 사업별 세부 추진계획
④ 국가유산수리 등의 기술진흥에 관한 사항

해설 국가유산수리 등의 계획수립
1. 국가유산청장은 기본계획을 수립하면 그 기본계획을 시·도지사에게 통보하여야 하며,
2. 시·도지사는 그 기본계획에 따라 세부 시행계획을 수립·시행하여야 한다.
3. 기본계획·시행계획에 포함되어야 할 사항

국가유산수리, 실측설계 또는 감리에 관한 기본계획 수립 시 포함되어야 할 사항	시행계획에 포함되어야 할 사항
① 국가유산수리 등에 관한 기본방향 ② 국가유산수리 등의 품질 확보 대책 ③ 국가유산수리 등의 기술진흥에 관한 사항 ④ 그 밖에 국가유산수리 등에 필요한 사항	① 해당 연도의 국가유산수리 등에 관한 사업의 기본방향 ② 국가유산수리 등에 관한 주요 사업별 세부 추진계획 ③ 전년도의 시행계획에 따른 추진실적 ④ 그 밖에 국가유산수리 등에 필요한 사항

(1) 국가유산청장은 기본계획을 수립하기 위하여 필요하면 특별시장·광역시장·특별자치시장·도지사 또는 특별자치도지사에게 관할구역의 국가유산수리 등에 관한 자료를 제출하도록 요구할 수 있다.
(2) 시·도지사는 세부 시행계획을 매년 수립하여 3월 31일까지 국가유산청장에게 제출해야 한다.

정답 ③

11 국가유산수리 등에 관한 법령상 국가유산수리 등을 하는 자의 성실의무에 해당하지 않는 것은?

① 국가유산수리 등의 업무를 신의와 성실로써 수행할 것
② 국가유산수리 등의 기준에 맞게 국가유산수리 등의 업무를 수행할 것
③ 국가유산수리 등에 관한 계획을 성실하게 작성하여 발주자에게 제출할 것
④ 국가유산수리 등의 기준에 맞게 작성된 설계도서 또는 인문학적·과학적 조사 및 분석을 통해 수립된 보존처리계획에 따라 국가유산수리 등의 업무를 수행할 것

국가유산수리 등에 관한 법률 제6조(성실의무)

국가유산수리 등을 하는 자는 다음 각 호의 사항을 지켜야 한다.
1. 국가유산수리 등의 업무를 신의와 성실로써 수행할 것
2. 국가유산수리 등의 기준에 맞게 국가유산수리 등의 업무를 수행할 것
3. 국가유산수리 등의 보고서를 성실하게 작성하여 발주자에게 제출할 것
4. 그 밖에 국가유산의 원형을 보존하고 국가유산수리의 품질을 향상시키기 위하여 필요하다고 인정하여 국가유산수리, 실측설계 또는 감리를 하는 자는 국가유산수리 등의 기준에 맞게 작성된 설계도서 또는 인문학적·과학적 조사 및 분석을 통해 수립된 보존처리계획에 따라 국가유산수리 등의 업무를 수행하여야 한다.

국가유산수리 등에 관한 법률 시행규칙 제2조(성실의무)

국가유산수리 등에 관한 법률(이하 "법"이라 한다) 제6조 제4호에 따라 국가유산수리, 실측설계 또는 감리(이하 "국가유산수리 등"이라 한다)를 하는 자는 국가유산수리 등의 기준에 맞게 작성된 설계도서 또는 인문학적·과학적 조사 및 분석을 통해 수립된 보존처리계획에 따라 국가유산수리 등의 업무를 수행해야 한다.

정답 ③

12 국가유산수리 등에 관한 법령상 전통재료의 인증에 관한 설명으로 옳지 않은 것은?

① 문화체육관광부장관은 국가유산수리 등에 관한 전통재료의 품질 관리를 위하여 품질이 우수한 전통재료에 대하여 인증할 수 있다.
② 전통재료의 인증을 받으려는 자는 문화체육관광부령으로 정하는 바에 따라 국가유산청장에게 신청하여야 한다.
③ 전통재료의 인증을 받은 자는 문화체육관광부령으로 정하는 바에 따라 인증의 표시를 할 수 있다.
④ 전통재료의 인증을 받지 아니한 자는 인증표시 또는 이와 유사한 표시를 하여서는 아니 된다.

 전통재료 인증

1. 국가유산청장은 국가유산수리에 관한 전통재료의 품질 관리를 위하여 품질이 우수한 전통재료에 대하여 인증할 수 있다.

  [전통재료의 인증기준은 다음 각 호와 같다.]
  (1) 국가유산수리 등에 필요한 기준이나 자재의 규격·품질에 관한 사항에 따른 품질기준에 적합할 것
  (2) 생산시설은 (1)에 따른 품질 기준을 지속적으로 유지할 수 있는 설비를 갖출 것
  (3) 전통 기법에 따라 전통재료를 생산하는 공정이 마련되어 있을 것

(4) 전문인력이 생산할 것
2. 인증을 받으려는 자는 문화체육관광부령으로 정하는 바에 따라 국가유산청장에게 신청하여야 한다.
3. 인증을 받은 자는 정하는 바에 따라 인증의 표시를 할 수 있다.
   (1) 인증표시는 전통재료의 표면에 한다.
   (2) 다만, 전통재료의 표면에 표시할 수 없는 경우에는 다른 방법으로 표시할 수 있다.
4. 인증을 받지 아니한 자는 인증표시 또는 이와 유사한 표시를 하여서는 아니 된다.
5. 그 밖에 규정한 사항 외에 전통재료 인증의 세부기준, 인증표시 등에 관하여 필요한 사항은 국가유산청장이 정하여 고시한다.

정답 ①

13 국가유산수리 등에 관한 법령상 설계승인한 국가유산수리에 관한 정보 중 국가유산청장 또는 시·도지사가 국가유산수리종합정보시스템을 통하여 공개하여야 하는 것을 모두 고른 것은?

> ㄱ. 참여 기술인력
> ㄴ. 해당 국가유산수리의 개요
> ㄷ. 국가유산수리 착수 전 현황 사진
> ㄹ. 국가유산수리 계획을 나타낸 도면

① ㄱ, ㄴ
② ㄱ, ㄷ, ㄹ
③ ㄴ, ㄷ, ㄹ
④ ㄱ, ㄴ, ㄷ, ㄹ

해설 국가유산수리 정보의 공개
국가유산청장 또는 시·도지사는 국가유산수리의 설계승인(법 제33조의2 ①)에 따라 설계승인한 국가유산수리에 관한 다음 각 호의 정보를 국가유산수리업자등의 정보관리 등(법 제14조의 3)에 따른 국가유산수리종합정보시스템을 통하여 공개하여야 한다.
1. 해당 국가유산수리의 개요
2. 참여 기술인력
3. 그 밖에 정하는 국가유산수리 관련 정보
   (1) 국가유산수리 착수 전 현황 사진
   (2) 국가유산수리 계획을 나타낸 도면
   (3) 그 밖에 국가유산수리 계획과 관련하여 국가유산청장이 공개할 필요가 있다고 인정하는 정보

정답 ④

14 국가유산수리 등에 관한 법령상 국가유산수리업을 등록한 전문국가유산수리업자가 종합국가유산수리업자로부터 국가유산수리의 일부를 하도급 받은 경우 해당 국가유산수리기술자를 배치하지 아니할 수 있는 국가유산수리업은?

① 목공사업 ② 식물보호업
③ 단청공사업 ④ 보존과학업

 국가유산수리기술자의 현장배치 기준 등에도 불구하고 대통령령으로 정하는 국가유산수리업을 등록한 전문국가유산수리업자가 하도급의 제한 등(법 제25조 ①)의 단서에 따라 종합국가유산수리업자로부터 국가유산수리의 일부를 하도급 받은 경우에는 해당 국가유산수리기술자를 배치하지 아니할 수 있다.

[대통령령으로 정하는 국가유산수리업이란 아래의 전문국가유산수리업을 말한다.]
1. 목공사업
2. 석공사업
3. 번와공사업
4. 미장공사업
5. 온돌공사업

※ [법 제25조 ①]
국가유산수리를 도급받은 국가유산수리업자는 그 국가유산수리를 직접 수행하여야 한다. 다만, 종합국가유산수리업자는 도급받은 국가유산수리의 일부를 국가유산수리 내용에 맞는 전문국가유산수리업자에게 하도급할 수 있다.

정답 ①

---

15 국가유산수리 등에 관한 법령상 전통건축수리기술진흥재단의 사업에 해당하지 않는 것은?

① 전통건축의 부재와 재료 등의 수집·보존 및 조사·연구·전시
② 북한 전통건축의 보급확대 및 산업화 지원
③ 전통수리 기법의 조사·연구 및 전승 활성화
④ 지방자치단체의 장이 위탁하는 사업

 전통건축수리기술의 진흥을 위한 아래의 사업을 종합적·체계적으로 수행하기 위하여 국가유산청 산하에 전통건축수리기술진흥재단을 설립한다.

1. 전통건축의 부재(部材 : 구조물의 뼈대로 사용하기 위하여 가공한 목재·석재 등)와 재료 등의 수집·보존 및 조사·연구·전시
2. 전통재료의 수급관리, 보급확대 및 산업화 지원

3. 전통수리기법의 조사 · 연구 및 전승 활성화
4. 국가유산수리
   (국가유산수리의 중요도와 난이도가 높거나 긴급한 조치가 필요한 경우로서 아래와 같이 정하는 경우에 한정한다)
   (1) 국가유산청장이 국가지정문화유산에 대하여 문화유산위원회의 심의를 거쳐 재단으로 하여금 국가유산수리를 하게 한 경우
   (2) 국가유산청장이 천연기념물 및 명승에 대하여 자연유산위원회의 심의를 거쳐 재단으로 하여금 국가유산수리를 하게 한 경우
5. 감리의 시행에 따른 일반감리 또는 책임감리
6. 북한의 전통건축에 대한 조사 · 연구 및 보존 지원
7. 국가유산청장 또는 지방자치단체의 장이 위탁하는 사업
8. 그 밖에 재단의 설립목적에 필요한 사업

정답 ②

16 매장유산 보호 및 조사에 관한 법령상 발견신고된 국가유산의 소유권 판정 및 국가귀속 등에 관한 설명으로 옳지 않은 것은?

① 국가유산청장은 정당한 소유자가 없는 경우 국가에서 직접 보존할 필요가 있는 국가유산이 있으면 「민법」에도 불구하고 국가에 귀속한다.
② 국가유산의 소유권을 판정받으려는 자는 관련 법률에 따른 공고 후 90일 이내에 국가유산청장에게 소유권 판정 신청을 하여야 한다.
③ 국가유산청장은 소유권 판정 신청을 받으면 관련 법률에 따라 공고한 후 60일이 경과한 날부터 90일 이내에 그 소유권의 존재 여부를 판정하여야 한다.
④ 국가유산청장이 국가에 귀속된 국가유산을 대여하는 경우 그 기간은 특별한 사정이 없는 한 1년 이내로 한다.

해설 발견신고된 국가유산의 소유권 판정 절차
1. 국가유산의 소유권을 판정받으려는 자는 공고 후 90일 이내에 해당 국가유산의 소유자임을 증명할 수 있는 자료를 첨부하여 국가유산청장에게 소유권 판정 신청을 하여야 한다.
2. 국가유산청장은 소유권 판정 신청을 받으면 발견신고된 국가유산의 처리방법 및 경찰서장 등에 신고된 국가유산의 처리방법에 따라 공고한 후 90일이 경과한 날부터 60일 이내에 그 소유권의 존재 여부를 판정하여야 한다.

정답 ③

17 매장유산 보호 및 조사에 관한 법령상 보상금과 포상금에 관한 설명으로 옳지 않은 것은?

① 국가유산청장은 국가유산을 국가에 귀속하는 경우 그 국가유산의 발견자에게 「유실물법」에 따라 포상금을 지급한다.
② 포상금을 지급하는 경우 지급 기준에 관하여 필요한 사항은 국회에서 법률로 정하여야 한다.
③ 국가유산청장은 국가유산 발견신고자로서 발굴의 원인을 제공한 자에게 포상금을 지급할 수 있다.
④ 국가유산청장은 국가유산을 국가에 귀속하는 경우 발견자나 습득자가 토지 또는 건조물 등의 소유자와 동일인이 아니면 보상금을 균등하게 분할하여 지급한다.

1. 포상금의 지급 기준
   매장유산 보호 및 조사에 관한 법률 시행령 제23조 ② 관련 [별표 3]
2. 보상금이나 포상금을 지급하는 경우, 국가유산청장은 문화유산위원회의 심의를 거쳐 그 지급액을 결정할 수 있다.

정답 ②

18 매장유산 보호 및 조사에 관한 법령상 매장유산의 발굴의 변경허가를 받아야 하는 중요한 사항에 해당하지 않는 것은?

① 발굴기간
② 발굴면적
③ 매장유산 발굴조사의 유형
④ 조사단장

매장유산의 발굴허가 등
1. 매장유산 유존지역은 발굴할 수 없다. 다만, 아래의 어느 하나에 해당하는 경우로서 국가유산청장의 허가를 받은 때에는 발굴할 수 있다.
   (1) 연구 목적으로 발굴하는 경우
   (2) 유적의 정비사업을 목적으로 발굴하는 경우
   (3) 토목공사, 토지의 형질 변경 또는 그 밖에 건설공사를 위하여 부득이 발굴할 필요가 있는 경우
   (4) 멸실·훼손 등의 우려가 있는 유적을 긴급하게 발굴할 필요가 있는 경우
2. 1.의 단서에 따라 발굴허가를 받은 자는 허가사항 중 중요한 사항을 변경하려는 때에는 국가유산청장의 변경허가를 받아야 한다.

[변경허가를 받아야 하는 중요한 사항]
(1) 발굴 기간
(2) 발굴 면적
(3) 매장유산 발굴조사의 유형

정답 ④

19 매장유산 보호 및 조사에 관한 법령상 국가유산청장의 발굴허가를 받아야 하는 사항을 모두 고른 것은?

> ㄱ. 연구 목적으로 발굴하는 경우
> ㄴ. 유적의 정비사업을 목적으로 발굴하는 경우
> ㄷ. 토목공사를 위하여 부득이 발굴할 필요가 있는 경우
> ㄹ. 멸실의 우려가 있는 유적을 긴급하게 발굴할 필요가 있는 경우

① ㄱ, ㄴ
② ㄱ, ㄷ, ㄹ
③ ㄴ, ㄷ, ㄹ
④ ㄱ, ㄴ, ㄷ, ㄹ

해설 매장유산 유존지역은 발굴할 수 없다.
(예외인 경우 : 18번 문제 해설 참조)

정답 ④

20 매장유산 보호 및 조사에 관한 법령상 발굴허가를 받은 자가 매장유산 유존지역에서 출토된 역사적·학술적 자료로 그 현상을 변경하지 말고 지체 없이 그 출토된 사실을 국가유산청장에게 신고하여야 하는 것에 해당하지 않는 것은?

① 인골·미라 등 인체유래물
② 동물 뼈
③ 목재·초본류
④ 서적류

중요출토자료의 연구 및 보관 등

1. 발굴허가를 받은 자는 매장유산 유존지역에서 인골, 미라 등 역사적·학술적 자료가 출토되면 그 현상을 변경하지 말고 지체 없이 그 출토된 사실을 국가유산청장에게 신고하여야 한다.

   [인골(人骨), 미라 등 역사적·학술적 자료]
   (1) 인골·미라 등 인체유래물
   (2) 동물 뼈
   (3) 목재·초본류

2. 국가유산청장은 신고를 받은 자료가 연구 또는 보관할 필요가 인정되어 중요자료에 해당하는 경우 이를 연구하거나 보관하도록 조치할 수 있다. 다만, 인골 또는 미라에 대하여는 아래의 어느 하나에 해당하는 경우에만 조치할 수 있다.
   (1) 연고자가 없거나 연고자를 알 수 없는 경우
   (2) 연고자의 동의를 얻은 경우
   (3) 중요자료(에 해당하는 경우)
      ① 당대의 문화·생활·환경 등을 추정하기 유용한 자료
      ② 복원·보존을 통한 전시·교육 등에 활용할 필요성이 높은 자료

3. 국가유산청장은 아래의 기관 중 중요출토자료의 연구·보관 역량이 뛰어나다고 인정하는 기관을 중요출토자료 전문기관으로 지정할 수 있다.
   (1) 조사기관
   (2) 「고등교육법」에 따른 학교
   (3) 「박물관 및 미술관 진흥법」에 따른 박물관
   (4) 「의료법」에 따른 병원급 의료기관

4. 국가유산청장은 중요출토자료 전문기관에 대하여 연구 또는 보관 등에 필요한 비용의 전부 또는 일부를 지원할 수 있다.

정답 ④

---

21 고도 보존 및 육성에 관한 특별법령상 고도의 지정 등에 관한 설명으로 옳지 않은 것은?

① 시장·군수·구청장은 고도로 지정하는 것을 검토할 필요가 있는 지역에 대하여 타당성조사를 할 수 있다.
② 고도의 지정을 위한 타당성조사에는 고도로 지정하는 것을 검토할 필요가 있다고 인정되는 지역의 경관에 관한 사항이 포함되어야 한다.
③ 특정 시기의 경제의 중심지는 고도의 지정기준 중 중요한 요소이다.
④ 시장·군수·구청장이 고도의 지정을 요청하기 위해서는 법령이 정하는 서류를 갖추어 시·도지사를 거쳐 해당 서류를 국가유산청장에게 제출해야 한다.

해설 고도의 지정 등

1. 타당성조사(및 기초조사)
   (1) 국가유산청장, 특별시장·광역시장·도지사, 특별자치시장·특별자치도지사 또는 시장·군수·구청장은 고도로 지정하는 것을 검토할 필요가 있는 지역에 대하여 타당성조사를 할 수 있다.
   (2) 타당성조사에는 고도로 지정하는 것을 검토할 필요가 있다고 인정되는 지역에 대한 다음 각 호의 사항이 포함되어야 한다.
      ① 국가유산(보호구역을 포함한다)의 현황
      ② 국가유산의 분포 예상지역 현황
      ③ (①과 ②에 따른) 국가유산과 국가유산의 분포예상지역 주변 토지의 이용 현황 및 계획
      ④ 지질, 환경 및 경관 등에 관한 사항
      ⑤ 「국토의 계획 및 이용에 관한 법률」에 따른 도시·군기본계획 및 도시·군관리계획에 관한 사항과 기반시설의 현황·계획
      ⑥ 해당 지역의 역사적·학술적 중요성
      ⑦ 해당 지역의 역사문화환경 보존의 필요성
      ⑧ 고도 지정이 주변지역 등에 미치는 영향
      ⑨ 그 밖에 국가유산청장, 특별시장·광역시장·도지사, 특별자치시장·특별자치도지사 또는 시장·군수·구청장이 필요하다고 인정하는 사항
   (3) 국가유산청장, 시·도지사, 특별자치시장·특별자치도지사 또는 시장·군수·구청장은 관계 행정기관의 장에게 타당성 조사에 필요한 자료 제출을 요청할 수 있다.

2. 고도의 지정 등
   (1) 국가유산청장이 타당성조사 결과에 따라 고도로 지정하기 위해서는 중앙심의위원회의 심의 절차를 거쳐야 한다.
   (2) 고도의 지정 기준 등에 따른 고도의 지정 기준은 아래와 같다.
      ① 역사적 가치가 큰 지역으로서 다음 각 목의 어느 하나에 해당하는 지역일 것
         ㉠ 특정 시기의 수도 또는 임시 수도
         ㉡ 특정 시기의 정치·문화의 중심지
      ② 해당 지역에 고도와 관련된 유형·무형의 문화유산이 보존되어 있을 것
   (3) 고도의 지정 요청
      ① 시·도지사, 특별자치시장·특별자치도지사 또는 시장·군수·구청장은 고도의 지정을 요청하려는 경우에는 아래의 서류를 국가유산청장에게 제출하여야 한다.
         ㉠ 타당성조사 결과서
         ㉡ 지역주민 등의 의견 수렴 결과를 적은 서류
         ㉢ 관할 시·도지사와의 협의 결과를 적은 서류(시장·군수·구청장만 해당한다)

ⓒ 해당 시장·군수·구청장의 의견 청취 결과를 적은 서류(시·도지사만 해당한다.)
　　ⓓ 고도 지정 요청지역의 보존·육성을 위한 기본계획서
② 다만, 시장·군수·구청장은 시·도지사를 거쳐 해당 서류를 국가유산청장에게 제출하여야 한다.

정답 ③

22 고도 보존 및 육성에 관한 특별법령상 국가유산청장이 역사문화환경 특별보존지구에서 중앙심의위원회의 심의를 거치지 않고 허가할 수 있는 경미한 행위에 해당하지 않는 것은?

① 지구 지정 당시의 건축물을 층수의 변경 없이 바닥면적 합계의 10퍼센트를 초과하지 아니하는 범위에서 1회에 한정하여 증축하는 행위
② 총 330제곱미터를 초과하지 아니하는 범위에서 수목을 심는 행위
③ 폭이 9미터인 도로를 확장하는 행위
④ 병충해 방제 또는 수목의 생육을 위한 벌채

해설 역사문화환경 특별보존지구에서의 경미한 행위
1. 「건축법」에 따른 가설건축물을 존치기간 3년, 최고높이 5미터(경사지붕의 경우에는 7.5미터) 및 바닥면적 50제곱미터를 초과하지 아니하는 범위에서 신축하거나 이축하는 행위
2. 지구 지정 당시의 건축물을 층수의 변경 없이 바닥면적 합계의 10퍼센트를 초과하지 아니하는 범위에서 1회 한정하여 증축하는 행위
3. 총 330제곱미터를 초과하지 아니하는 범위에서 수목을 심거나 벌채하는 행위
4. 병충해 방제 또는 수목의 생육을 위하여 벌채나 솎아 베는 행위
5. 존치기간 2년, 최고높이 2미터 및 바닥면적 25제곱미터를 초과하지 아니하는 범위에서 토석류를 적치하는 행위
6. 도로의 폭이 6미터를 초과하지 아니하는 범위에서 도로를 확장하거나 재포장하는 행위

정답 ③

23 문화유산과 자연환경자산에 관한 국민신탁법령상 재산의 보전 및 운용 등에 관한 설명으로 옳지 않은 것은?

① 지정기탁재산은 지정된 용도별로 다른 일반재산과 구분하여 회계처리하여야 한다.
② 보전재산은 이를 매각·교환·양여·담보 또는 신탁하거나 출자의 목적으로 제공할 수 있다.
③ 일반재산은 문화유산 및 자연환경자산의 매입 및 보전·관리와 국민신탁법인의 운영에 소요되는 경비 등으로 사용할 수 있다.
④ 국민신탁법인은 취득한 보전재산이 부동산인 경우 국민이 이를 쉽게 알 수 있도록 안내판 등을 설치하여 관리할 수 있다.

> **해설** 국민신탁법인의 재산 등
> 1. 재산의 보전 및 운용
>   (1) 국민신탁법인은 보전재산 및 일반재산을 신의에 따라 성실하게 보전·운용하여야 한다.
>   (2) 보전재산은 이를 매각·교환·양여·담보 또는 신탁하거나 출자의 목적으로 제공하지 못하며, 이를 위반한 행위는 무효로 한다.
>   (3) 일반재산은 문화유산 및 자연환경자산의 매입 및 보전·관리와 국민신탁법인의 운영에 소요되는 경비 등으로 사용할 수 있다.
>   (4) 국민신탁법인은 취득한 보전재산 및 보전협약을 체결한 문화유산 또는 자연환경자산이 부동산인 경우 국민이 이를 쉽게 알 수 있도록 안내판 등을 설치하여 관리할 수 있다(이 경우 국가 및 지방자치단체는 안내판 등의 설치 비용을 지원할 수 있다).
> 2. 지정기탁재산
>   (1) 문화유산 및 자연환경자산의 매입·보전 또는 관리로 용도를 지정하여 기탁된 현금·유가증권 또는 부동산 등의 재산은 기탁자와 합의한 경우를 제외하고는 그 용도를 변경할 수 없다. 다만, 기탁자의 사망 등의 사유로 합의할 수 없는 경우에 한정하여 이사회 및 총회의 의결을 거친 때에는 그러하지 아니하다.
>   (2) 지정기탁재산은 지정된 용도별로 다른 일반재산과 구분하여 회계처리하여야 한다.

 ②

24 무형유산의 보전 및 진흥에 관한 법령상 지정된 국가긴급보호무형유산에 대하여 국가유산청장이 할 수 있는 지원에 해당하지 않는 것은?

① 예술적, 기술적, 과학적 연구
② 무형유산 간의 통합·개선
③ 전수교육 및 전승활동
④ 무형유산의 기록

해설 국가긴급보호무형유산의 지정
1. 국가유산청장은 무형유산 중에서 위원회의 심의를 거쳐 특히 소멸할 위험에 처한 무형유산을 긴급히 보전하기 위하여 국가긴급보호무형유산으로 지정할 수 있다.
2. 국가유산청장은 지정된 국가긴급보호무형유산에 대하여는 다음 각 호에 해당하는 지원을 할 수 있다.
   (1) 예술적, 기술적, 과학적 연구
   (2) 전승자 발굴
   (3) 전수교육 및 전승활동
   (4) 무형유산의 기록
3. 국가유산청장은 다음 각 호의 어느 하나에 해당하는 국가무형유산을 국가긴급보호무형유산으로 지정할 수 있다.
   (1) 전승여건 및 생활환경의 변화로 인하여 소멸할 위험성이 커진 국가무형유산
   (2) 보유자 또는 보유단체로 인정할 만한 사람 또는 단체가 상당한 기간 동안 없는 국가무형유산
   (3) 국가무형유산으로서의 전형이 현저히 상실되어 그 전승이 불가능하거나 어려워진 국가무형유산

정답 ②

25 무형유산의 보전 및 진흥에 관한 법령상 국가유산청장이 국가무형유산의 보유자 인정을 해제하여야만 하는 경우는?

① 국가무형유산의 지정이 해제된 경우
② 신체상 또는 정신상의 장애 등으로 인하여 해당 국가무형유산의 보유자로 적당하지 아니한 경우
③ 정기조사 결과 보유자, 보유단체 및 전승교육사의 기량이 현저하게 떨어져 해당 국가무형유산을 전형대로 실현·강습하지 못하는 것이 확인된 경우
④ 국가무형유산 보유자가 스스로 본인에 대한 인정 해제를 요청하는 경우

해설 전승자 등의 인정 해제

[국가유산청장은 국가무형유산의 보유자, 보유단체, 명예보유자 또는 전승교육사가 다음 각 호의 어느 하나에 해당하는 경우 위원회의 심의를 거쳐 인정을 해제하여야 한다.]

1. 보유자, 명예보유자 또는 전승교육사가 사망한 경우
2. 전통문화의 공연·전시·심사 등과 관련하여 벌금 이상의 형을 선고받거나 그 밖의 사유로 금고 이상의 형을 선고받고 그 형이 확정된 경우
3. 전승자 등의 결격사유에 따른 결격사유에 해당하게 된 경우
4. 국외로 이민을 가거나 외국 국적을 취득한 경우
5. 국가무형유산의 지정이 해제된 경우

정답 ①

모의고사

제1회 | 모의고사 문제
제2회 | 모의고사 문제

제1회 | 모의고사 정답 및 해설
제2회 | 모의고사 정답 및 해설

제1회 모의고사

01 다음은 문화유산의 보존 및 활용에 관한 법령상 문화유산의 정의이다. (   ) 안에 들어갈 내용으로 옳은 것을 고르시오.

> 우리 역사와 전통의 산물로서 문화의 고유성, 겨레의 정체성 및 국민생활의 변화를 나타내는 유형의 문화적 유산에 해당하는 (가), (나), (다)을(를) 말한다.

	가	나	다
①	유형문화유산	기념물	민속문화유산
②	무형문화유산	보물	천연기념물
③	유형문화유산	명승	문화유산자료
④	무형문화유산	국보	사적

02 문화유산의 보존 및 활용에 관한 법령상 신고사항에 있어서 소유자와 관리자가 각각 신고서에 서명을 하여야 하는 경우를 고르시오.

① 소유자 또는 관리자의 성명이 변경된 경우
② 보관장소가 변경된 경우
③ 관리자를 해임한 경우
④ 국가지정문화유산의 소유자가 변경된 경우

03 문화유산의 보존 및 활용에 관한 법령상 문화유산매매업 등에 대한 내용으로 옳은 것을 고르시오.
① 매매 등 영업의 허가를 받은 자는 다음 해 1월 31일까지 국가유산청장에게 문화유산의 보존상황, 매매 또는 교환의 실태를 신고하여야 한다.
② 매매 등 영업의 허가를 받은 자는 상호 변경 등의 사항이 변경된 때에는 국가유산청장에게 변경신고를 하여야 한다.
③ 문화유산매매업자로서의 지위를 승계받은 자는 정하는 바에 따라 국가유산청장에게 신고하여야 한다.
④ 문화유산매매업자는 매매·교환 등에 관한 장부를 갖추어 두고 그 거래내용을 기록하며, 해당 문화유산을 확인할 수 있도록 실물사진을 촬영하여 붙여 놓아야 한다.

04 문화유산의 보존 및 활용에 관한 법령상 정기조사에 대한 내용으로 옳지 않은 것을 고르시오.
① 국가유산청장은 국가지정문화유산의 현상, 관리 그 밖의 보존상황 등에 관하여 정기적으로 조사하여야 한다.
② 정기조사는 3년마다 실시한다.
③ 건물 안에 보관하여 관리하는 국가지정문화유산에 대해서는 5년마다 실시한다.
④ 국가유산청장은 정기조사와 재조사의 전부 또는 일부를 지방자치단체에 위임하거나 전문기관 또는 단체에 위탁할 수 없다.

05 문화유산의 보존 및 활용에 관한 법령상 문화유산의 상시적 예방관리에 대한 것으로 옳은 것을 고르시오.
① 국가는 지정문화유산 등에 해당하는 문화유산의 보존을 위하여 상시적인 예방관리 사업을 실시하여야 한다.
② 국가유산청장은 문화유산돌봄사업에 관한 문화유산돌봄사업의 관리 및 지원 등의 업무를 종합적이고 효율적으로 수행하기 위하여 중앙문화유산돌봄센터를 설치·운영할 수 있다.
③ 시·도지사는 지역여건에 적합한 문화유산돌봄사업 등의 업무를 효율적으로 실시하기 위하여 문화유산 관련 기관 또는 단체를 지역문화유산돌봄센터로 지정하여야 한다.
④ 국가유산청장은 지역문화유산돌봄센터가 추진지침에 따라 적정하게 운영되었는지를 평가하여야 한다.

06 다음은 자연유산의 보존 및 활용에 관한 법률의 목적이다. (   ) 안에 들어갈 내용으로 옳은 것을 고르시오.

> 자연유산의 보존 및 활용에 관한 법률은 (가)·경관적·학술적 가치를 지닌 자연유산을 체계적으로 (나)·관리하고 지속가능하게 활용하는 것을 목적으로 한다.

	가	나		가	나
①	지역적	보전	②	역사적	보존
③	문화적	보전	④	향토적	보존

07 자연유산의 보존 및 활용에 관한 법령상 천연기념물 수출 등의 금지에서 옳은 것을 고르시오.

① 천연기념물은 국외로 수출할 수 있다.
② 학술 연구의 목적으로 천연기념물을 반출하는 것에 해당하는 경우에는 그 반출한 날부터 3년 이내에 다시 반입할 것을 조건으로 국가유산청장의 허가를 받아 천연기념물을 반출할 수 있다.
③ 국가유산청장은 허가의 신청을 받은 날부터 50일 이내에 허가여부를 신청인에게 통지하여야 한다.
④ 국가유산청장이 정한 기간 내의 허가나 민원처리 관련 법령에 따른 처리기한의 연장을 신청인에게 통지하지 아니하면 그 기간이 끝난 날의 다음 날에 허가를 한 것으로 본다.

08 자연유산의 보존 및 활용에 관한 법령상 자연유산 관리협약에서 옳지 않은 것을 고르시오.

① 국가는 천연기념물 등의 소유자 등과 교육 등 천연기념물 등의 보존·관리 및 활용을 내용으로 하는 협약을 체결할 수 있다.
② 국가유산청장은 관리협약의 이행에 필요한 비용의 전부 또는 일부를 지원할 수 있다.
③ 국가는 관리협약을 체결한 당사자가 그 협약을 이행하지 아니하거나 협약을 준수하지 못할 경우에는 관리협약을 해지할 수 있다.
④ 관리협약을 해지하려는 경우, 그 사실을 상대방에게 90일 전에 통보하여야 한다.

09 다음은 국가유산수리 등에 관한 법률의 목적이다. (   ) 안에 들어갈 내용으로 옳은 것을 고르시오.

> 국가유산을 (가)으로 보존 · (나)하기 위하여 국가유산수리 · 실측설계 · 감리와 국가유산수리업의 등록 및 기술 관련 등에 필요한 사항을 정함으로써 국가유산수리의 품질 향상과 국가유산수리업의 건전한 발전을 목적으로 한다.

	가	나		가	나
①	원형	계승	②	기본	계승
③	원형	정비	④	기본	정비

10 국가유산수리 등에 관한 법령상 국가유산수리 등의 계획에 관한 설명으로 옳은 것을 고르시오.
① 국가유산청장은 국가유산수리 등에 관한 기본계획을 3년마다 수립하여야 한다.
② 국가유산청장이 국가유산수리 등에 관한 기본계획을 수립하는 경우에는 국가유산수리기술위원회의 심의를 거쳐야 한다.
③ 시 · 도지사는 국가유산수리 등에 관한 기본계획에 따라 매년 세부 시행계획을 수립하여 2월 말일까지 국가유산청장에게 제출하여야 한다.
④ 국가유산수리 등에 관한 기본계획에는 국가유산수리 등에 관한 주요 사업별 세부 추진계획이 포함되어야 한다.

11 국가유산수리 등에 관한 법령상 국가유산수리업의 양도 및 상속에 관한 내용으로 옳은 것을 찾으시오.
① 시행 중인 국가유산수리가 있는 때에는 해당 국가유산수리의 발주자의 동의가 없어도 국가유산수리업을 양도할 수 있다.
② 국가유산수리업을 양도하려는 자는 정하는 바에 따라 그 사실을 25일 이상 공고하여야 한다.
③ 상속인이 국가유산수리업자의 결격사유에 해당하는 경우에는 상속개시일부터 3개월 이내에 그 국가유산수리업을 다른 사람에게 양도하여야 한다.
④ 국가유산수리업을 양도하려는 자가 국가유산수리에 관한 하자담보 책임기간 중에 있는 경우에는 그 국가유산수리의 하자보수에 관한 권리 · 의무를 양도할 수 없다.

12 국가유산수리 등에 관한 법령상 하도급에 관한 설명으로 옳은 것을 고르시오.

① 종합국가유산업자로부터 국가유산수리의 일부를 하도급 받은 전문국가유산수리업자는 하도급받은 국가유산수리의 전부를 다시 하도급할 수 있다.
② 하도급계약 금액이 하도급 부분에 대한 발주자의 예정가격의 100분의 70에 미달하는 경우에 발주자는 하도급 계약 내용의 적정성을 심사할 수 있다.
③ 수급인은 하수급인으로부터 하도급 국가유산수리의 완료 통지를 받은 경우에는 30일 이내에 이를 확인하기 위한 검사를 하여야 한다.
④ 발주자가 지방자치단체인 경우, 수급인이 하도급 대금의 지급을 3회 이상 지체하였다면 발주자는 하도급 대금을 하수급인에게 직접 지급할 수 있다.

13 국가유산수리 등에 관한 법령상 국가유산수리기술자의 배치에 관한 내용으로 옳은 것을 고르시오.

① 국가유산수리기술자를 배치할 때에 두 종류 이상의 전문분야가 복합된 국가유산수리의 경우에는 발주자가 원하는 기술분야의 국가유산수리기술자를 배치하여야 한다.
② 국가유산수리기술자를 국가유산수리 현장에 배치한 국가유산수리업자는 배치일부터 7일 이내에 해당 발주자의 확인을 받도록 하여야 한다.
③ 국가유산수리 현장에 배치된 국가유산수리기술자는 발주자의 승낙을 받지 아니하고는 정당한 사유 없이 그 현장을 이탈하여서는 아니 된다.
④ 국가유산수리 현장에 배치된 국가유산수리기술자의 업무수행 능력이 현저히 부족하다고 인정되는 경우에는 발주자에게 그 국가유산수리기술자를 교체하도록 요청할 수 있다.

14 국가유산수리 등에 관한 법령상 국가유산수리 현장의 공개에 대한 내용으로 옳은 것을 고르시오.

① 발주자는 국가유산수리 현장을 공개하여야 한다.
② 다만, 국가유산수리의 설계승인에 따라 국가유산청장으로부터 설계승인을 받은 경우에는 국가유산수리 현장을 공개할 수도 있다.
③ 국가유산수리 현장의 공개에 필요한 사항은 문화체육관광부장관이 정하여 고시한다.
④ 발주자는 공개를 하는 경우 안전사고 예방에 필요한 조치를 하고 해당 국가유산수리 관련 안내 자료를 갖추어야 한다.

15 국가유산수리 등에 관한 법령에 관한 내용 중에서 옳지 않은 것을 고르시오.
① 국가유산수리업자 등이 도급받은 국가유산수리에 관한 도급금액 중 그 국가유산수리에 종사한 근로자에게 지급하여야 할 임금에 상당하는 금액에 대하여는 압류할 수 없다.
② 국가유산청장은 평가결과가 우수한 국가유산수리업자에 대하여는 1년 동안 우수업자로 지정할 수 있다.
③ 국가유산수리기술자는 전문교육 중, 신규교육은 국가유산수리기술자 자격증을 발급받은 날부터 1년이 되기 전까지 23시간 이상 받아야 한다.
④ 국가유산수리기술자의 자격 취소는 국가유산청장이 청문을 하여야 하는 경우이다.

16 매장유산 보호 및 조사에 관한 법령상 매장유산의 정의에 대하여 옳은 것을 고르시오.
① 「내수면어업법」에 따른 내수면에 존재하는 문화유산
② 건조물 등의 부지에 매장되어 있는 문화유산
③ 「영해 및 접속수역법」에 따른 영해에 존재하는 문화유산
④ 공해에 존재하는 대한민국 기원 문화유산

17 매장유산 보호 및 조사에 관한 법령상 매장유산의 발굴 및 조사에서 발굴의 정지나 중지를 면할 수 있는 경우로서 옳은 것을 고르시오.
① 학술적으로 중요한 유물·유구가 출토되는 경우
② 매장유산 발굴의 예외인 경우, 허가를 한 경우에는 발굴의 정지를 명할 수 없다.
③ 발굴을 계속할 수 없는 사유가 발생하면 기간의 정함이 없이 발굴의 중지를 명할 수 있다.
④ 해당 사업지역을 관할하는 지방자치단체의 장은 중지를 명할 수 있는 사유가 발생한 것을 알게 된 경우에는 국가유산청장에게 발굴의 중지를 요청하여야 한다.

18 매장유산 보호 및 조사에 관한 법령상 매장유산의 발굴 및 조사에서 중요출토자료의 연구 및 보관 등에 관한 내용으로 옳은 것을 찾으시오.
① 발굴허가를 받은 자는 매장유산 유존지역에서 인골, 미라 등 역사적·학술적 자료가 출토되면 그 현상을 변경하지 말고 지체 없이 그 출토된 사실을 국가유산청장에게 신고하여야 한다.

② 국가유산청장은 신고를 받은 자료가 연구 또는 보관할 필요에 따른 연구 및 보관 여부를 결정하기 위하여 관련 전문가 3인 이상의 자문을 받아야 한다.
③ 국가유산청장은 중요출토자료의 체계적인 연구 및 보관을 위하여 전문기관을 지정하여 중요출토자료의 연구 또는 보관업무를 수행하게 하여야 한다.
④ 국가유산청장은 중요출토자료 전문기관에 대하여 연구 등에 필요한 비용의 전부를 지원하여야 한다.

19 매장유산 보호 및 조사에 관한 법령상 발견신고된 매장유산의 처리 등에서 옳은 것을 고르시오.
① 매장유산을 발견한 때에는 그 발견자나 매장유산 유존지역의 소유자·점유자 또는 관리자는 그 현상을 변경하지 말고 그 발견된 사실을 국가유산청장에게 신고하여야 한다.
② 발견신고는 매장유산을 발견한 날부터 14일 이내에 방문 또는 전화 등의 연락 수단을 통하여 하여야 한다.
③ 발견신고는 정하는 기관을 통하여 할 수 있다. 이 경우 해당 기관에 신고가 접수된 다음 날에 국가유산청장에게 신고한 것으로 본다.
④ 발견신고를 받은 특별자치시장, 특별자치도지사, 시장·군수·구청장은 7일 이내 관할 경찰서장에게 그 발견된 사실을 알려야 한다.

20 매장유산 보호 및 조사에 관한 법령상 매장유산의 기록·작성 등에 관하여 옳은 것을 고르시오.
① 확인된 매장유산의 기록을 작성·유지하고, 포장된 지역에 대한 적절한 보상방안을 국가와 지방자치단체는 강구할 수 있다.
② 수해 등 유물 발견 등으로 훼손의 우려가 큰 매장유산의 발굴조사의 경우에는 조사비용을 지원하여야 한다.
③ 매장유산의 보호방안에서 지정문화유산으로 지정하기 위하여 필요한 매장유산에 대한 조사 시에는 그 조사비용을 지원할 수 있다.
④ 매장유산의 기록을 전자적인 방법을 통하여 상시적으로 유지·관리를 할 수 있다.

21 고도 보존 및 육성에 관한 특별법령상 고도의 지정 등에서 옳은 것을 고르시오.
① 국가유산청장은 고도로 지정하는 것을 검토할 필요가 있는 지역에 대하여 타당성조사를 하여야 한다.
② 타당성조사에는 고도로 지정하는 것을 검토할 필요가 있다고 인정되는 지역에 대한 지질, 환경 및 경관 등에 관한 사항이 포함되어야 한다.
③ 국가유산청장은 타당성조사를 관련 전문기관에 의뢰하여야 한다.
④ 국가유산청장은 타당성조사 및 기초조사를 할 때에 시장·군수·구청장에게 해당 조사를 실시하도록 하고 그 결과를 요청하도록 하여야 한다.

22 고도 보존 및 육성에 관한 특별법령상 지정지구에서의 행위제한의 내용 중 보존육성지구 안에서 허가를 받지 아니하고 할 수 있는 행위로 옳지 않은 것을 고르시오.
① 건조물의 외부 형태를 변경시키지 아니하는 내부 시설의 개·보수
② 66제곱미터 이하의 형질 변경
③ 고사한 수목의 벌채
④ 시설물의 외형을 변형시키지 아니하는 개·보수

23 문화유산과 자연환경자산에 관한 국민신탁법령상 모금에 대한 설명으로 옳은 것을 고르시오.
① 국민신탁법인은 문화유산 및 자연환경자산의 매입·보전·관리를 위하여 필요하다고 인정되는 때에는 해당 중앙행정기관의 장의 승인을 얻어 모금을 할 수 있다.
② 국민신탁법인은 모금 목적 외에 기부금품을 사용할 수 없다. 기부금품의 모금을 중단 또는 완료한 때에는 그 결과를 공개할 수 있다.
③ 국민신탁법인은 모금의 승인을 얻으려는 때에는 모금목적 및 그 사용계획 등의 서류를 갖추어 모금 개시일 30일 이전에 해당 중앙행정기관의 장에게 제출하여야 한다.
④ 국민신탁법인은 모금이 중단되거나 완료하는 때에는 해당 중앙행정기관의 장에게 모금실적보고서를 1개월 이내에 제출하고 인터넷 등을 통하여 공개하여야 한다.

24 무형유산의 보전 및 진흥에 관한 법령상 문화유산의 보전 및 진흥은 전형 유지를 기본원칙으로 한다. 다음 중 기본원칙에 포함되어야 할 사항으로 옳은 것을 고르시오.
① 민족정체성 함양   ② 기본방향
③ 전문인력 육성   ④ 국제화

25 무형유산의 보전 및 진흥에 관한 법령상 무형유산의 진흥에 대한 내용으로 옳지 않은 것을 고르시오.

① 국가는 무형유산의 보전 및 진흥을 위하여 예산의 범위에서 전승자의 전승공예품 원재료 구입 지원을 할 수 있다.
② 국가유산청장은 무형유산 중 공예, 미술 등에 관한 전통기술의 진흥을 위하여 원재료, 제작 공정 등의 기술개발 및 디자인·상품화 등에 필요한 지원을 할 수 있다.
③ 국가유산청장은 인증심사를 거쳐 전승공예품에 대하여 인증할 수 있다.
④ 국가유산청장은 인증과 관련하여 거짓으로 인증을 받은 경우에는 그 인증을 취소할 수 있다.

제2회 모의고사

01 다음은 「문화유산의 보존 및 활용에 관한 법률」의 목적이다. (   )에 들어갈 내용으로 옳은 것을 고르시오.

> 문화유산을 보존하여 민족문화를 (   )하고 이를 활용할 수 있도록 함으로써 국민의 문화적 향상을 도모함과 아울러 인류문화의 발전에 기여함을 목적으로 한다.

① 계승
② 통달
③ 전통
④ 업적

02 문화유산의 보존 및 활용에 관한 법령상 문화유산기본계획의 수립에 대한 내용으로 옳지 않은 것을 고르시오.

① 문화유산 안전관리에 관한 사항은 종합적인 기본계획에 포함하여야 할 사항이다.
② 국가유산청장이 문화유산기본계획을 수립하는 경우에 소유자의 의견을 들어야 한다.
③ 국가유산청장은 시·도지사와 협의를 거쳐 종합적인 기본계획을 10년마다 수립하여야 한다.
④ 국가유산청장은 문화유산기본계획을 수립하면 관보 등에 고시하여야 한다.

03 문화유산의 보존 및 활용에 관한 법령상 국가지정문화유산의 허가사항에 대한 내용으로 옳은 것을 찾으시오.

① 국가지정문화유산에 대한 허가사항은 국가유산청장의 허가를 받아야 한다. 허가사항을 변경하려는 경우에는 허가사항이 아니다.
② 국가지정문화유산에 대한 허가사항은 보물, 국보, 국가무형문화유산, 기념물, 국가민속문화유산에 대하여 적용된다.
③ 국가지정문화유산과 시·도지정문화유산의 역사문화환경 보존지역이 중복되는 지역에서 국가유산청장의 허가를 받은 경우에는 시·도지사의 허가를 받지 아니한 것으로 본다.
④ 국가지정문화유산의 보존에 영향을 미칠 우려가 있는 행위에 관하여 허가할 사항 중 경미한 사항의 변경허가에 대하여는 시·도지사에게 위임할 수 있다.

04 문화유산의 보존 및 활용에 관한 법령상 국외소재문화유산에서 금전 등의 기부에 대한 내용으로 옳은 것을 찾으시오.

① 누구든지 국외소재문화유산의 환수·활용을 위하여는 금전만을 국외문화유산재단에 기부할 수 있다.
② 국외문화유산재단은 기부가 있을 때에는 접수한 기부금을 별도 계정으로 관리할 수 있다.
③ 국외문화유산재단은 기부금품의 접수 및 처리 상황 등을 국가유산청장에게 보고하여야 한다.
④ 국가유산청장은 기부로 국외문화유산의 환수·활용에 현저한 공로가 있는 자에 대하여 시상 등의 예우를 하여야 한다.

05 문화유산의 보존 및 활용에 관한 법령상 문화유산의 매매 등에 관한 경우로 「민법」의 선의취득에 관한 규정을 적용하지 아니하는 경우로 옳지 않은 것을 고르시오.

① 국가유산청장이나 시·도지사가 지정하는 문화유산
② 도난물품인 사실이 공고된 문화유산
③ 유실물이라는 사실이 국가유산청 홈페이지에 게재된 문화유산
④ 그 출처를 알 수 없는 중요한 부분이나 기록을 인위적으로 훼손한 문화유산

06 다음은 「자연유산의 보존 및 활용에 관한 법률」의 정의에서 사용하는 "자연유산"에 대한 용어의 뜻이다. ( ) 안에 옳은 것을 찾으시오.

> 1. 자연물 또는 자연경관과의 상호작용으로 조성된 문화적 유산으로서
> 2. 역사적·경관적·학술적 가치가 큰 아래의 어느 하나에 해당하는 것을 말한다.
>   ① (가)(그 서식지, 번식지 및 도래지를 포함한다)
>   ② (나)(그 군락지를 포함한다)
>   ③ (다), 지질, 생물학적 생성물 또는 자연현상

	가	나	다
①	문화	천연	단층
②	자연	구역	확인
③	동물	식물	지형
④	복합	유산	지판

07 자연유산의 보존 및 활용에 관한 법령상 질병관리에 대한 내용으로 옳은 것을 고르시오.
① 국가유산청장은 천연기념물인 동물이 질병에 걸리거나 질병을 전파·확산하지 아니하도록 관리할 수 있다.
② 천연기념물인 동물의 소유자 등은 전염병의 예방접종에 관한 사항 등을 포함한 연도별 질병관리계획을 수립·시행할 수 있다.
③ 천연기념물인 동물의 소유자 등은 수립한 질병관리계획을 매년 1월 31일까지 국가유산청장에게 제출하여야 한다.
④ 천연기념물인 동물의 소유자 등은 전염병 등 질병예방을 위하여 정기적인 질병진단 등의 사항을 시행할 수 있다.

08 자연유산의 보존 및 활용에 관한 법령상 명승 정비계획의 수립과 재해의 방지 및 복구에서 옳지 않은 것을 고르시오.
① 명승의 소유자 등은 해당 명승의 효율적인 보존·관리 및 활용을 위하여 국가유산청장과 협의하여 정비계획을 수립할 수 있다.
② 정비계획에는 정비계획의 목적 등이 포함되어야 한다.
③ 명승의 소유자 등이 정비계획을 수립하는 경우 그 계획기간은 7년이다.
④ 명승의 소유자 등은 재해로 인한 각종 피해가 발생하거나 발생이 예상될 경우 국가유산청장에게 즉시 신고하여야 한다.

09 다음은 「국가유산수리 등에 관한 법률」의 목적이다. (   ) 안에 들어갈 내용으로 옳은 것을 고르시오.

> 국가유산을 원형으로 보존·계승하기 위하여 국가유산수리·실측설계·감리와 국가유산수리업의 등록 및 기술 관련 등에 필요한 사항을 정함으로써 국가유산수리의 (가) 향상과 국가유산수리업의 건전한 (나)(을)를 목적으로 한다.

	가	나
①	품질	발전
②	기술	활동
③	기능	성장
④	평가	활용

10 국가유산수리 등에 관한 법령상 국가유산수리 등에 관한 기본계획 수립 시 포함되어야 할 사항으로 옳은 것을 고르시오.

① 국가유산수리 등에 관한 기본방향
② 국가유산수리 등에 관한 주요 사업별 세부 추진계획
③ 해당 연도의 국가유산수리 등에 관한 사업의 기본방향
④ 전년도의 시행계획에 따른 추진실적

11 국가유산수리 등에 관한 법령상 국가유산수리업자 등의 등록에서 등록취소 등을 받은 후의 국가유산수리에 대하여 옳은 것을 고르시오.

① 등록취소처분을 받은 국가유산수리업자는 그 처분을 받기 전에 도급을 체결하여 착수한 국가유산수리에 대하여는 이를 계속하여 시행할 수 없다.
② 등록취소처분을 받은 국가유산수리업자는 그 처분의 내용을 30일 이내에 해당 국가유산수리의 발주자에게 알려야 한다.
③ 국가유산수리업의 등록이 취소된 후 국가유산수리를 계속하는 경우, 국가유산수리업자로 볼 수 없다.
④ 국가유산수리의 발주자는 특별한 사유가 있는 경우 외에는 해당 국가유산수리업자로부터 등록 취소 등에 따른 통지를 받은 날이나 그 사실을 안 날부터 30일 이내에만 도급을 해지할 수 있다.

12 국가유산수리 등에 관한 법령상 발주자가 하수급인의 국가유산수리를 한 부분에 해당하는 대금을 하수급인에게 직접 지급할 수 있는 경우로 옳지 않은 것을 고르시오.

① 하도급 대금을 하수급인에게 직접 지급할 수 있다는 뜻과 그 지급의 방법·절차를 명백히 하여 발주자와 수급인 간에 합의한 경우
② 국가가 발주한 경우로서 수급인이 하도급 대금의 지급을 1회 이상 지체한 경우
③ 수급인의 파산 등으로 인하여 수급인이 하도급 대금을 지급할 수 없는 명백한 사유가 있다고 발주자가 인정하는 경우
④ 국가가 발주한 경우로서 국가유산수리예정가격에 대비하여 80% 이상으로 하도급을 체결한 경우

13 국가유산수리 등에 관한 법령상 국가유산수리기술자의 현장 배치기준에 알맞은 내용을 고르시오.

① 해당 국가유산수리의 종류에 상응하는 국가유산수리기술자로서 국가유산수리의 착수 후에 배치하여야 한다.
② 국가유산수리 공사의 중요성 및 수리기법의 특성을 고려하여 도급계약 당사자 간의 합의가 없어도 따로이 정한 경우에는 그에 따르도록 한다.
③ 국가유산수리기술자를 배치할 때에 두 종류 이상의 전문분야가 복합된 국가유산수리의 경우에는 국가유산수리의 금액이 큰 기술분야의 국가유산수리기술자를 배치하여야 한다.
④ 배치일로부터 10일 이내에 해당 국가유산수리기술자로 하여금 현장 배치 확인표에 발주자의 확인을 받아야 한다.

14 국가유산수리 등에 관한 법령상 국가유산수리업자의 하자담보책임에 대한 것으로 옳은 것을 고르시오.

① 국가유산수리업자는 발주자에 대하여 국가유산수리의 완공일부터 5년 이내의 범위에서 발생하는 하자에 대하여 담보책임이 있다.
② 발주자가 제공한 국가유산수리 재료로 인하여 하자가 발생하여도 하자담보의 책임이 있다.
③ 국가유산수리업자의 하자담보책임에도 불구하고 국가유산수리업자와 발주자 사이에 체결한 도급계약서에 국가유산수리업자의 하자담보책임에 관한 특약을 정한 경우에는 그 특약에 따른다.
④ 그 특약에서 하자담보책임기간을 국가유산수리의 종류별 하자담보책임기간의 3분의 2 미만으로 정한 경우에는 하자담보책임기간으로 정한 것으로 본다.

15 국가유산수리 등의 법령상 벌칙의 내용으로 3년 이하의 징역 또는 3천만 원 이하의 벌금에 처하는 것으로 옳은 것을 고르시오.

① 국가유산수리의 설계승인을 위반하여 설계승인을 받지 아니하고 국가유산수리 등의 수리를 발주한 자
② 둘 이상의 국가유산수리업자 등에 중복하여 취업한 자
③ 하도급 제한 등의 규정을 위반하여 하도급을 한 자
④ 국가유산감리업자로 하여금 일반감리 또는 책임감리를 하게 하지 아니한 발주자

16 다음은 「매장유산 보호 및 조사에 관한 법률」의 목적이다. (   ) 안에 들어갈 내용으로 옳은 것을 고르시오.

> 매장유산 보호 및 조사에 관한 법률의 목적은 매장유산을 보존하여 민족문화의 (   )을 유지·계승하고, 매장유산을 효율적으로 보호·조사 및 관리하는 것을 목적으로 한다.

① 원형
② 미래
③ 현상
④ 가치

17 매장유산 보호 및 조사에 관한 법령에서 지표조사 결과 보고서에 포함되어야 할 내용으로 옳은 것을 고르시오.
① 건설공사 시 매장유산 관련 전문가의 참관조사
② 매장유산 발굴조사
③ 조사를 수행한 조사기관의 의견
④ 현상보존

18 매장유산 보호 및 조사에 관한 법령에서 매장유산 유존지역을 발굴하는 경우에 그 경비의 부담 중에서 해당 국가유산의 발굴을 허가받은 자가 부담해야 할 경우가 아닌 것을 고르시오.
① 연구 목적으로 발굴하는 경우
② 유적의 정비 사업을 목적으로 발굴하는 경우
③ 토목공사, 토지의 형질 변형 또는 그 밖에 건설공사를 위하여 부득이 발굴할 필요가 있는 경우
④ 멸실·훼손 등의 우려가 있는 유적을 긴급하게 발굴할 필요가 있는 경우

19 매장유산 보호 및 조사에 관한 법령상 발견신고된 국가유산의 소유권 판정 및 국가귀속에 대한 내용으로 옳은 것을 고르시오.
① 경찰서장은 공고한 후 60일 이내에 해당 국가유산의 소유자임을 주장하는 자가 있는 경우 소유권 판정절차를 거쳐 정당한 소유자에게 반환한다.
② 국가유산청장은 공고한 후 60일이 경과한 날부터 60일 이내에 그 소유권의 존재 여부를 판정하여야 한다.

③ 소유권 판정절차를 거친 결과 정당한 소유권자가 없는 국가유산으로서 역사적·예술적 또는 학술적 가치가 커서 국가에서 직접 보존할 필요가 있는 국가유산은 국가귀속 대상으로 한다.
④ 국가유산청장은 국가에 귀속된 국가유산의 보관 등 및 대여 등에 관한 사항을 정한 관리규정을 마련할 수 있다.

20 매장유산 보호 및 조사에 관한 법령상 매장유산 조사기관의 등록을 반드시 취소하여야 하는 사유를 고르시오.
① 고의나 중과실로 지표조사 보고서를 사실과 다르게 작성한 경우
② 발굴허가 내용이나 허가 관련 지시를 위반한 경우
③ 지표조사를 거짓이나 그 밖의 부정한 방법으로 행한 경우
④ 매장유산 조사기관의 등록에서 정한 등록기준에 미달한 경우

21 고도 보존 및 육성에 관한 특별법령상 고도보존육성지역위원회의 내용 중에서 옳은 것을 고르시오.
① 고도의 역사문화환경 보존·육성 및 주민지원을 위하여 필요하다고 인정하여 조례로 정하는 사항은 고도보존육성지역심의위원회의 심의사항 중 하나이다.
② 지역심의위원회의 구성은 위원장 1명을 포함한 20명 이내의 위원으로 구성한다.
③ 위원장은 기초지방자치단체의 장이 된다.
④ 지역심의위원회의 업무를 효율적으로 지원하고 전문적인 조사·연구 업무를 수행하기 위하여 전문위원을 두어야 한다.

22 고도 보존 및 육성에 관한 특별법령상 보존육성사업 등에 대한 내용으로 옳지 않은 것을 고르시오.
① 사업시행자는 물건 또는 권리취득에 따른 협의가 성립이 되면 지정지구 외에서 보존육성사업에 필요한 토지 등을 수용하거나 사용할 수 있다.
② 국가는 지정지구에 거주하는 주민의 재산권 보장을 위하여 필요한 행정적·재정적 지원방안을 강구하여야 한다.
③ 시장·군수·구청장은 보존육성사업 및 주민지원사업에 지정지구 내 주민을 우선 고용할 수 있는 방안을 강구하여야 한다.
④ 사업시행자는 보존육성사업으로 인하여 주거용 건축물을 제공함에 따라 생활의 터전을 잃게 되는 자가 있으면 이주대책을 수립하여 시행하여야 한다.

23 문화유산과 자연환경자산에 관한 국민신탁법령상 국민신탁법인의 재산 등에서 회계에 관한 내용으로 옳은 것을 고르시오.

① 국민신탁법인의 회계연도는 자체 규정에 따른 회계연도에 따른다.
② 국민신탁법인은 매 회계연도 종료 전까지 다음 회계연도의 사업계획 및 예산안을 해당 중앙행정기관의 장에게 제출하여야 승인을 얻어야 한다.
③ 국민신탁법인은 회계연도마다 내부 규정에 의한 결산서를 작성하여야 한다.
④ 국민신탁법인은 사업실적 및 작성된 결산서를 회계연도 종료 후 60일 이내에 해당 중앙행정기관의 장에게 제출하여야 한다.

24 무형유산의 보전 및 진흥에 관한 법령상 무형유산에 해당하는 것을 고르시오.

① 구전 전통 및 표현
② 역사 · 교량 · 원지 등 산업 · 교통 · 주거생활에 관한 유적
③ 증답용구, 경방용구, 형벌용구
④ 선사시대 유적 중 역사적 가치가 규명되지 아니한 유물이 흩어진 구역

25 무형유산 보전 및 진흥에 관한 법령상 무형유산의 진흥에 대한 내용으로 거리가 있는 것을 고르시오.

① 국가유산청장은 전통기술의 전승활성화 및 전통공예의 우수성 홍보 등을 위하여 전승공예품의 구입 · 대여 및 전시 등의 업무를 수행하는 은행을 운영할 수 있다.
② 국가유산청장은 전통기술의 전승활성화 및 전통공예의 수요창출을 위하여 국가 및 지방자치단체에 전승공예품을 우선 구매하도록 요청할 수 있다.
③ 국가와 지방자치단체는 무형유산 전승자의 창업 · 제작 · 유통 및 해외시장의 진출 등을 촉진하기 위하여 필요한 지원을 할 수 있다.
④ 국가유산청장은 무형유산의 국제교류 및 협력에 필요한 비용의 전부를 지원하여야 한다.

제1회 모의고사 정답 및 해설

01	02	03	04	05	06	07	08	09	10
①	③	④	④	④	②	④	④	①	②
11	12	13	14	15	16	17	18	19	20
③	②	③	④	③	②	①	①	①	③
21	22	23	24	25					
②	②	①	①	④					

01
문화유산의 보존 및 활용에 관한 법률 제1장 총칙 제2조(정의) ①
이 법에서 "문화유산"이란 「국가유산기본법」 제3조 제2호에 해당하는 다음 각 호의 것을 말한다.
1. 유형문화유산
2. 기념물
3. 민속문화유산

※「국가유산기본법」 제3조(정의) 제2호
　"문화유산"이란 우리 역사와 전통의 산물로서 문화의 고유성, 겨레의 정체성 및 국민생활의 변화를 나타내는 유형의 문화적 유산을 말한다.

02
신고사항
국가지정문화유산(보호물과 보호구역을 포함한다)의 소유자, 관리자 또는 관리단체는 해당 문화유산에 아래의 어느 하나에 해당하는 사유가 발생하면 그 사실과 경위를 국가유산청장에게 신고하여야 한다. 다만, 허가사항에 따라 허가를 받고 그 행위를 착수하거나 완료한 경우에는 특별자치시장, 특별자치도지사, 시장·군수 또는 구청장에게 신고하여야 한다.
1. 관리자를 선임하거나 해임한 경우
　(소유자와 관리자가 각각 신고서에 함께 서명하여야 한다)
2. 국가지정문화유산의 소유자가 변경된 경우
　(신·구 소유자가 각각 신고서에 함께 서명하여야 한다)
3. 소유자 또는 관리자의 성명이나 주소가 변경된 경우
4. 국가지정문화유산의 소재지의 지명, 지번, 지목(地目), 면적 등이 변경된 경우

5. 보관 장소가 변경된 경우
6. 국가지정문화유산의 전부 또는 일부가 멸실, 유실, 도난 또는 훼손된 경우
7. 국가지정문화유산(보호물 및 보호구역을 포함한다)의 현상을 변경하는 행위로서 대통령령으로 정하는 행위에 따라 허가(변경허가를 포함한다)를 받고 그 문화유산의 현상변경을 착수하거나 완료한 경우
8. 수출 등의 금지에 따라 허가받은 문화유산을 반출한 후 이를 다시 반입한 경우

03

①, ②, ③ 특별자치시장, 특별자치도지사, 시장·군수·구청장에게 신고하여야 한다.

문화유산매매업 등

1. 매매 등 영업의 허가
   (1) 동산에 속하는 유형문화유산이나 민속문화유산을 매매 또는 교환하는 것을 업으로 하려는 자(위탁을 받아 매매 또는 교환하는 것을 업으로 하려는 자를 포함한다)는 특별자치시장, 특별자치도지사, 시장·군수 또는 구청장의 문화유산매매업 허가를 받아야 한다.
   (2) 허가를 받은 자는 특별자치시장, 특별자치도지사, 시장·군수 또는 구청장에게 문화유산의 보존 상황, 매매 또는 교환의 실태를 신고하여야 한다.
      ① 문화유산매매업자는 정하는 바에 따라 매년 문화유산의 보존 상황, 매매 또는 교환현황을 기록한 서류를 첨부하여
      ② 다음 해 1월 31일까지 특별자치시장, 특별자치도지사, 시장·군수·구청장에게 그 실태를 신고하여야 한다.
   (3) 허가를 받은 자는 아래의 어느 하나에 해당하는 사항이 변경된 때에는 변경사유가 발생한 날부터 20일 이내에 특별자치시장, 특별자치도지사, 시장·군수 또는 구청장에게 변경신고를 하여야 한다.
      ① 상호 변경
      ② 영업장 주소지의 변경
      ③ 법인의 대표자의 변경
      ④ 문화유산매매업의 허가를 받은 법인의 임원의 변경
2. 영업의 승계
   (1) 매매 등 영업의 허가에 따라 문화유산매매업의 허가를 받은 자가 문화유산매매업을 다른 자에게 양도하거나 법인의 합병이 있는 경우에는 그 양수한 자 또는 합병 후 존속하는 법인이나 합병에 의하여 설립되는 법인은 문화유산매매업자로서의 지위를 승계한다.
   (2) 문화유산매매업자로서의 지위를 승계받은 자는 정하는 바에 따라 특별자치시장, 특별자치도지사, 시장·군수 또는 구청장에게 신고하여야 한다.
3. 준수 사항
   (1) 문화유산매매업자는 매매·교환 등에 관한 장부를 갖추어 두고 그 거래 내용을 기록하며, 해당 문화유산을 확인할 수 있도록 실물 사진을 촬영하여 붙여 놓아야 한다.
   (2) 문화유산매매업자는 정하는 바에 따라 해마다 매매·교환 등에 관한 장부에 대하여 검인을 받아야 한다. 문화유산매매업을 폐업하려는 경우에도 또한 같다.

04

정기조사는 3년마다 실시한다. 다만, 다음의 어느 하나에 해당하는 국가지정문화유산에 대해서는 5년마다 실시한다.
1. 건물 안에 보관하여 관리하는 국가지정문화유산
2. 국가 또는 지방자치단체가 직접 관리하는 국가지정문화유산
3. 소유자 또는 관리자 등이 거주하고 있는 건축물류 국가지정문화유산
4. 직전 정기조사에서 보존상태가 양호한 것으로 조사된 국가지정문화유산

05

① 실시할 수 있다.
② 설치·운영한다.
③ 지정할 수 있다.

1. 국가와 지방자치단체는 아래의 어느 하나에 해당하는 문화유산의 보존을 위하여 상시적인 예방관리 사업을 실시할 수 있다.
   (1) 지정문화유산
   (2) 등록문화유산
   (3) 임시지정문화유산
   (4) 그 밖에 역사적·문화적·예술적 가치가 높은 문화유산으로서 다음 각 호의 요건을 모두 갖춘 문화유산
       ① 시·도지사가 시장·군수·구청장과의 협의를 거쳐 국가유산청장에게 추천한 문화유산일 것
       ② 국가유산청장이 문화유산돌봄사업의 대상으로 할 필요가 있다고 인정하는 문화유산일 것
2. 국가유산청장은 문화유산돌봄사업에 관한 다음 각 호의 업무를 종합적이고 효율적으로 수행하기 위하여 중앙문화유산돌봄센터를 설치·운영한다.
   (1) 문화유산돌봄사업의 관리 및 지원
   (2) 문화유산돌봄사업을 위한 연구 및 조사
   (3) 문화유산돌봄사업을 위한 정보관리시스템 구축 및 운영
   (4) 지역문화유산돌봄센터 평가의 지원
   (5) 지역문화유산돌봄센터 종사자에 대한 전문교육의 관리·지원
   (6) 지역문화유산돌봄센터 상호 간의 연계·협력 지원
   (7) 그 밖에 중앙문화유산돌봄센터의 설치목적 달성에 필요한 사업
3. 시·도지사는 다음 각 호의 업무를 효율적으로 실시하기 위하여 문화유산 관련 기관 또는 단체를 지역문화유산돌봄센터로 지정할 수 있다.
   (1) 지역여건에 적합한 문화유산돌봄사업
   (2) 지역여건에 적합한 문화유산돌봄사업을 위한 연구 및 조사
   (3) 지역문화유산돌봄센터 상호 간의 인적·물적 자원의 교류
   (4) 지역문화유산돌봄센터 종사자에 대한 안전교육 등 직장교육
   (5) 그 밖에 지역문화유산돌봄센터의 지정목적 달성에 필요한 사업

06

「자연유산의 보존 및 활용에 관한 법률」 제1장 총칙 제1조(목적)
이 법은 역사적·경관적·학술적 가치를 지닌 자연유산을 체계적으로 보존·관리하고 지속가능하게 활용하는 것을 목적으로 한다.

07

① 없다.
② 2년
③ 30일

1. 천연기념물은 국외로 수출하거나 반출할 수 없다.
2. 1.에도 불구하고 아래의 어느 하나에 해당하는 경우에는 그 반출한 날부터 2년 이내에 다시 반입할 것을 조건으로 국가유산청장의 허가를 받아 천연기념물을 반출할 수 있다.
   (1) 문화교류의 목적으로 천연기념물을 국외에서 전시하는 경우
   (2) 학술연구의 목적으로 천연기념물을 반출하는 경우

08

④ 3개월 전에

※ 그 밖에 관리협약의 체결 방법·절차 등
   [천연기념물 등(보호물, 보호구역 및 역사문화환경 보존지역을 포함한다)의 소유자, 관리자 또는 관리단체가 관리협약의 체결을 원하는 경우 아래의 사항을 포함한 관리협약안을 작성하여 국가유산청장 또는 지방자치단체의 장에게 제출해야 한다.]
   1. 관리협약의 명칭
   2. 관리협약 대상 지역의 위치 및 범위
   3. 관리협약의 목적
   4. 관리협약의 내용
   5. 관리협약을 체결하는 소유자, 관리자 또는 관리단체의 성명·명칭과 주소
   6. 관리협약의 유효기간
   7. 그 밖에 관리협약에 필요한 사항으로서 국가유산청장이 정하여 고시하는 사항

09

「국가유산수리 등에 관한 법률」 제1장 총칙 제1조(목적)
이 법은 국가유산을 원형으로 보존·계승하기 위하여 국가유산수리·실측설계·감리와 국가유산수리업의 등록 및 기술관리 등에 필요한 사항을 정함으로써 국가유산수리의 품질 향상과 국가유산수리업의 건전한 발전을 도모함을 목적으로 한다.

10

① 5년마다
③ 3월 31일까지
④ 주요 사업별 세부 추진계획은 시행계획에 포함되어야 할 사항

[시행계획에는 아래의 사항이 포함되어야 한다.]
1. 해당 연도의 국가유산수리 등에 관한 사업의 기본방향
2. 국가유산수리 등에 관한 주요 사업별 세부 추진계획
3. 전년도의 시행계획에 따른 추진실적
4. 그 밖에 국가유산수리 등에 필요한 사항

11

1. 국가유산수리업의 권리 · 의무의 양도내용
   국가유산수리업을 양도하려는 자는 국가유산수리업에 관한 다음의 권리 · 의무를 모두 양도하여야 한다.
   (1) 시행 중인 국가유산수리의 도급에 관한 권리 · 의무
   (2) 국가유산수리가 끝났으나 그에 관한 하자담보 책임기간 중에 있는 경우에는 그 국가유산수리의 하자보수에 관한 권리 · 의무
2. 시행 중인 국가유산수리가 있는 때에는 해당 국가유산수리의 발주자의 동의를 받거나 해당 국가유산수리의 도급을 해지한 후가 아니면 국가유산수리업을 양도할 수 없다.
3. 국가유산수리업의 상속
   (1) 국가유산수리업자가 사망한 경우에는 그 상속인은 국가유산수리업자의 모든 권리 · 의무를 승계한다.
   (2) 국가유산수리업등 상속신고서를 상속개시일부터 60일 이내에 시 · 도지사에게 제출하여야 한다.
   (3) 상속인이 국가유산수리업자의 결격사유(법 제15조)에 해당하는 경우에는 상속개시일부터 3개월 이내에 그 국가유산수리업을 다른 사람에게 양도하여야 한다.
4. 국가유산수리업을 양도하려는 자는 그 사실을 30일 이상 공고하여야 한다.

12

① 하도급할 수 없다.
③ 10일 이내에
④ 1회 이상

※ 발주자는 아래의 어느 하나에 해당하는 경우에는 하수급인의 국가유산수리 능력 또는 하도급계약 내용의 적정성을 심사할 수 있다.
  1. 국가유산수리의 규모와 전문성 등을 고려할 때 하수급인의 국가유산수리 능력이 현저히 부족하다고 인정되는 경우(국가유산청장은 하수급인의 국가유산수리 능력, 하도급계약 내용의 적정성 등의 심사 기준을 정하여 고시하여야 한다)

2. 하도급계약 금액이 정하는 비율에 따른 금액에 미달하는 경우
   (1) 하도급계약 금액이 도급금액 중 하도급부분에 상당하는 금액의 100분의 82에 미달하는 경우
   (2) 하도급계약 금액이 하도급부분에 대한 발주자의 예정가격의 100분의 70에 미달하는 경우

13

① 국가유산수리의 금액이 큰 기술분야의 국가유산수리기술자를 배치
② 14일 이내
④ 발주자에게 → 수급인에게

국가유산수리기술자의 현장 배치기준 등
1. 국가유산수리업자(전통건축수리기술진흥재단을 포함한다)는 국가유산수리에 관한 기술적인 업무를 수행하도록 하기 위하여
2. 국가유산수리 현장(동산문화유산의 경우에는 실제로 보존처리가 이루어지는 장소를 말한다)에 해당 국가유산수리기술자 1명 이상을 배치하고 이를 발주자에게 서면으로 알려야 한다. 다만, 발주자의 승낙을 받은 경우에는 해당 국가유산수리업무의 수행에 지장이 없는 범위에서 1명의 국가유산수리기술자를 둘 이상의 국가유산수리 현장에 배치할 수 있다.

14

국가유산수리 현장의 공개
1. 발주자는 국가유산수리 현장을 공개할 수 있다. 다만, 국가유산청장 또는 시·도지사로부터 설계 승인을 받은 경우에는 국가유산수리 현장을 공개하여야 한다.
   (1) 이 단서에 따라 국가유산수리 현장을 공개하려는 경우 국가유산청장 또는 시·도지사와 현장의 공개 방법 등을 협의해야 한다.
   (2) 단서에 따라 국가유산수리 현장을 공개하는 경우 다음의 사항을 고려해야 한다.
      ① 안전 확보를 위하여 작업 공간과 관람 동선을 분리하는 등 필요한 조치를 할 것
      ② 국가유산수리의 품질이 저하되지 않도록 국가유산수리 현장의 공개 범위를 수급인과 협의할 것
      ③ 국가유산수리 관련 안내 자료를 일반인이 쉽게 알 수 있도록 게시할 것
   (3) 위에서 규정한 사항 외에 국가유산수리 현장의 공개에 필요한 사항은 국가유산청장이 정하여 고시한다.
2. 발주자는 공개를 하는 경우 안전사고 예방에 필요한 조치를 하고 해당 국가유산수리 관련 안내 자료를 갖추어야 한다.

15

1. 국가유산수리기술자 및 국가유산감리원의 전문교육
   국가유산수리기술자(국가유산감리원을 포함한다)는 아래의 구분에 따른 전문교육을 정하는 시간 이상 받아야 한다.
   (1) 신규교육 : 국가유산수리기술자 자격증을 발급받은 날부터 1년이 되기 전까지 32시간

(2) 정기교육 : 신규교육의 교육을 받은 날을 기준으로 5년마다 64시간(다만, 정기교육을 받아야 하는 기간 동안 업무에 종사한 사실이 없는 사람은 정기교육 대상에서 제외한다)
2. 청문
   (1) 국가유산청장이나 시·도지사는 아래의 어느 하나에 해당하는 처분을 하려면 청문을 하여야 한다.
   (2) 청문을 하여야 하는 경우
      ① 전통재료 인증의 취소
      ② 국가유산수리기술자의 자격취소 시
      ③ 국가유산수리기능자의 자격취소 시
      ④ 국가유산수리업자 등의 등록취소 시

16

①, ③, ④는 수중에 매장되거나 분포되어 있는 문화유산 범위에 대한 내용이다.

「매장유산 보호 및 조사에 관한 법률」에서 "매장유산"이란 다음 각 호의 것을 말한다.
1. 토지 또는 수중에 매장되거나 분포되어 있는 문화유산
2. 건조물 등의 부지에 매장되어 있는 문화유산
3. 지표·지중·수중(바다·호수·하천을 포함한다) 등에 생성·퇴적되어 있는 천연동굴·화석, 그 밖에 지질학적인 가치가 큰 것

17

② 발굴의 정지 또는 중지를 명하거나 그 허가를 취할 수 있다.
③ 기간을 명시하여
④ 정지나 중지 또는 그 허가의 취소를 요청할 수 있다.

18

② 전문가 2인 이상
③ 수행하게 할 수 있다.
④ 비용의 전부 또는 일부를 지원할 수 있다.

중요출토자료의 연구 및 보관 등
1. 발굴허가를 받은 자는 매장유산 유존지역에서 인골, 미라 등 역사적·학술적 자료가 출토되면 그 현상을 변경하지 말고 지체 없이 그 출토된 사실을 국가유산청장에게 신고하여야 한다.

   [인골(人骨), 미라 등 역사적·학술적 자료]
   (1) 인골·미라 등 인체유래물
   (2) 동물 뼈
   (3) 목재·초본류

2. 국가유산청장은 신고를 받은 자료가 연구 또는 보관할 필요가 인정되어 중요자료에 해당하는 경우 이를 연구하거나 보관하도록 조치할 수 있다.
   다만, 인골 또는 미라에 대하여는 아래의 어느 하나에 해당하는 경우에만 조치할 수 있다.
   (1) 연고자가 없거나 연고자를 알 수 없는 경우
   (2) 연고자의 동의를 얻은 경우
   (3) 중요자료(에 해당하는 경우)
      ① 당대의 문화 · 생활 · 환경 등을 추정하기 유용한 자료
      ② 복원 · 보존을 통한 전시 · 교육 등에 활용할 필요성이 높은 자료
3. 국가유산청장은 아래의 기관 중 중요출토자료의 연구 · 보관 역량이 뛰어나다고 인정하는 기관을 중요출토자료 전문기관으로 지정할 수 있다.
   (1) 조사기관
   (2) 「고등교육법」에 따른 학교
   (3) 「박물관 및 미술관 진흥법」에 따른 박물관
   (4) 「의료법」에 따른 병원급 의료기관
4. 국가유산청장은 중요출토자료 전문기관에 대하여 연구 또는 보관 등에 필요한 비용의 전부 또는 일부를 지원할 수 있다.

19

② 30일 이내에
③ 신고가 접수된 날에
④ 7일 이내 → 즉시

신고기관
신고는 다음의 어느 하나에 해당하는 기관을 통하여 할 수 있다. 이 경우 해당 기관에 신고가 접수된 날에 국가유산청장에게 신고한 것으로 본다.
1. 매장유산이 발견된 장소를 관할하는 경찰서장 또는 자치경찰단을 설치한 제주특별자치도지사
2. 매장유산이 발견된 장소를 관할하는 특별자치시장 · 시장 · 군수 · 구청장(구청장은 자치구의 구청장을 말한다)

20

① 강구하여야 한다.
② 조사비용을 지원할 수 있다.
④ 상시적으로 유지 · 관리하여야 한다.

[국가는 매장유산이 포장된 지역에 대한 보호가 필요한 아래의 어느 하나에 해당하는 경우에는 지방자치단체에 그 조사비용을 지원할 수 있다.]
1. 수해, 사태(沙汰), 도굴 및 유물 발견 등으로 훼손의 우려가 큰 매장유산의 발굴조사
2. 보호 · 관리를 위하여 정비가 필요한 매장유산에 대한 조사
3. 지정문화유산 또는 천연기념물 등으로 지정하기 위하여 필요한 매장유산에 대한 조사

21
① 타당성조사를 할 수 있다.
③ 관련 전문기관에 의뢰할 수 있다.
④ 국가유산청장은 타당성조사 및 기초조사를 할 때에 필요하면 관할 시·도지사, 특별자치시장, 특별자치도지사 또는 시장·군수·구청장에게 해당 조사를 실시하도록 하고 그 결과를 요청할 수 있다.

고도의 지정 등
1. 타당성조사(및 기초조사)
   (1) 국가유산청장, 특별시장·광역시장·도지사, 특별자치시장·특별자치도지사 또는 시장·군수·구청장은 고도로 지정하는 것을 검토할 필요가 있는 지역에 대하여 타당성조사를 할 수 있다.
   (2) 타당성조사에는 고도로 지정하는 것을 검토할 필요가 있다고 인정되는 지역에 대한 다음 각 호의 사항이 포함되어야 한다.
      ① 국가유산(보호구역을 포함한다)의 현황
      ② 국가유산의 분포 예상지역 현황
      ③ (①과 ②에 따른) 국가유산과 국가유산의 분포예상지역 주변 토지의 이용 현황 및 계획
      ④ 지질, 환경 및 경관 등에 관한 사항
      ⑤ 「국토의 계획 및 이용에 관한 법률」에 따른 도시·군기본계획 및 도시·군관리계획에 관한 사항과 기반시설의 현황·계획
      ⑥ 해당 지역의 역사적·학술적 중요성
      ⑦ 해당 지역의 역사문화환경 보존의 필요성
      ⑧ 고도 지정이 주변지역 등에 미치는 영향
      ⑨ 그 밖에 국가유산청장, 특별시장·광역시장·도지사, 특별자치시장·특별자치도지사 또는 시장·군수·구청장이 필요하다고 인정하는 사항
   (3) 국가유산청장, 시·도지사, 특별자치시장·특별자치도지사 또는 시장·군수·구청장은 관계 행정기관의 장에게 타당성 조사에 필요한 자료 제출을 요청할 수 있다.
2. 고도의 지정 등
   (1) 국가유산청장이 타당성조사 결과에 따라 고도로 지정하기 위해서는 중앙심의위원회의 심의 절차를 거쳐야 한다.
   (2) 고도의 지정 기준 등에 따른 고도의 지정 기준은 아래와 같다.
      ① 역사적 가치가 큰 지역으로서 다음 각 목의 어느 하나에 해당하는 지역일 것
         ㉠ 특정 시기의 수도 또는 임시 수도
         ㉡ 특정 시기의 정치·문화의 중심지
      ② 해당 지역에 고도와 관련된 유형·무형의 문화유산이 보존되어 있을 것
   (3) 고도의 지정 요청
      ① 시·도지사, 특별자치시장·특별자치도지사 또는 시장·군수·구청장은 고도의 지정을 요청하려는 경우에는 아래의 서류를 국가유산청장에게 제출하여야 한다.
         ㉠ 타당성조사 결과서

ⓒ 지역주민 등의 의견 수렴 결과를 적은 서류
　　ⓓ 관할 시·도지사와의 협의 결과를 적은 서류(시장·군수·구청장만 해당한다)
　　ⓔ 해당 시장·군수·구청장의 의견 청취 결과를 적은 서류(시·도지사만 해당한다)
　　ⓕ 고도 지정 요청지역의 보존·육성을 위한 기본계획서
　② 다만, 시장·군수·구청장은 시·도지사를 거쳐 해당 서류를 국가유산청장에게 제출하여야 한다.

22

② 60제곱미터 이하의 형질 변경

허가사항 및 비허가 행위 비교표

허가사항		(보존육성지구 안에서의) 비허가 행위
보존육성지구(해당 특별자치시장·특별자치도지사, 시장·군수·구청장)	특별보존지구 (국가유산청장)	
① 건축물이나 각종시설물의 신축·개축·증축 및 이축	① + 용도변경	① 건조물의 외부 형태를 변경시키지 아니하는 내부시설의 개·보수
② 택지의 조성, 토지의 개간 또는 토지의 형질 변경	② 좌측과 동일	② 60제곱미터 이하의 형질 변경
③ 수목을 심거나 벌채 또는 토석류의 채취	③ + 적치(積置)	③ 고사(枯死)한 수목의 벌채
④ 도로의 신설·확장	④ + 포장	④ 그 밖에 시설물의 외형을 변경시키지 아니하는 개·보수
⑤ 그 밖에 고도의 역사 문화환경의 보존에 영향을 미치는 행위로서 아래와 같이 정하는 행위 ㉠ 토지 및 수면의 매립·땅깎기·흙쌓기·땅파기·구멍뚫기 등 지형을 변경시키는 행위 ㉡ 수로·수질 및 수량을 변경시키는 행위	⑤ 그 밖에 고도의 역사 문화환경의 보존에 영향을 미치거나 미칠 우려가 있는 행위로서 정하는 아래의 행위 ㉠ 토지 및 수면의 매립·땅깎기·흙쌓기·땅파기·구멍뚫기 등 지형을 변경시키는 행위 ㉡ 수로·수질 및 수량을 변경시키는 행위 ㉢ 소음·진동을 유발하거나 대기오염물질·화학물질·먼지·열 등을 방출하는 행위 ㉣ 오수·분뇨·폐수 등을 살포·배출·투기하는 행위 ㉤ 옥외 광고물 등의 관리와 옥외광고 산업진흥에 관한 법률 시행령(제4조 ①) 각호의 광고물을 설치·부착하는 행위	-

23
② 그 결과를 공개하여야 한다.
③ 모금 개시일 1개월 이전에
④ 1개월 이내에 → 지체 없이

24
기본원칙
무형유산의 보전 및 진흥은 전형 유지를 기본원칙으로 하며, 다음 각 호의 사항이 포함되어야 한다.
1. 민족정체성 함양
2. 전통문화의 계승 및 발전
3. 무형유산의 가치 구현과 향상

25
인증의 취소
국가유산청장은 인증과 관련하여 다음 각 호의 어느 하나에 해당하는 경우 그 인증을 취소할 수 있다.
1. 거짓이나 그 밖의 부정한 방법으로 인증을 받은 경우(인증을 취소하여야 한다)
2. 인증기준에 맞지 아니하게 제작된 전승공예품에 인증표시를 한 경우
3. 해당 전승자가 인증표시의 사용 기준을 위반한 경우

제2회 모의고사 정답 및 해설

01	02	03	04	05	06	07	08	09	10
①	③	④	③	④	③	③	③	①	①
11	12	13	14	15	16	17	18	19	20
④	④	③	③	①	①	③	③	③	①
21	22	23	24	25					
①	①	②	①	④					

01
「문화유산의 보존 및 활용에 관한 법률」 제1장 총칙 제1조(목적)
이 법은 문화유산을 보존하여 민족문화를 계승하고, 이를 활용할 수 있도록 함으로써 국민의 문화적 향상을 도모함과 아울러 인류문화의 발전에 기여함을 목적으로 한다.

02
문화유산기본계획의 수립
1. 국가유산청장은 관계 중앙행정기관의 장 및 시·도지사와의 협의를 거쳐 문화유산의 보존·관리 및 활용을 위하여 아래의 사항이 포함된 종합적인 기본계획을 5년마다 수립하여야 한다.
   (1) 문화유산 보존에 관한 기본방향 및 목표
   (2) 이전의 기본계획에 관한 분석 평가
   (3) 문화유산 보수·정비 및 복원에 관한 사항
   (4) 문화유산의 역사문화환경 보호에 관한 사항
   (5) 문화유산 안전관리에 관한 사항
   (6) 문화유산 관련 시설 및 구역에서의 감염병 등에 대한 위생·방역 관리에 관한 사항
   (7) 문화유산 기록정보화에 관한 사항
   (8) 문화유산지능정보화에 관한 사항
   (9) 문화유산디지털콘텐츠에 관한 사항
   (10) 문화유산 보존에 사용되는 재원의 조달에 관한 사항
   (11) 국외소재문화유산 환수 및 활용에 관한 사항
   (12) 남북한 간 문화유산 교류 협력에 관한 사항
   (13) 문화유산교육에 관한 사항

(14) 문화유산의 보존·관리 및 활용 등을 위한 연구개발에 관한 사항
(15) 그 밖에 문화유산의 보존·관리 및 활용에 필요한 사항
2. 국가유산청장은 기본계획을 수립하는 경우
   (1) 소유자, 관리자 또는 관리단체 및 관련 전문가의 의견을 들어야 한다.
   (2) 문화유산 기본계획수립을 위한 의견청취 대상자
      ① 지정문화유산이나 등록문화유산의 소유자 또는 관리자
      ② 지정문화유산이나 등록문화유산의 관리단체
      ③ 문화유산위원회의 위원
      ④ 그 밖에 문화유산과 관련된 전문적인 지식이나 경험을 가진 자로서 국가유산청장이 정하여 고시하는 자
3. 국가유산청장은 기본계획을 수립하면 이를 시·도지사에게 알리고, 관보 등에 고시하여야 한다.
4. 국가유산청장은 기본계획을 수립하기 위하여 필요하면 시·도지사에게 관할구역의 문화유산에 대한 자료를 제출하도록 요청할 수 있다.

03

① 변경하려는 경우에도 같다.
② 국가무형문화유산은 제외
③ 허가를 받은 것으로 본다.

허가사항

국가지정문화유산에 대하여 아래의 어느 하나에 해당하는 행위를 하려는 자는 국가유산청장의 허가를 받아야 하며, 허가사항을 변경하려는 경우에도 국가유산청장의 허가를 받아야 한다. 다만, 국가지정문화유산 보호구역에 안내판 및 경고판을 설치하는 행위 등 경미한 행위에 대해서는 특별자치시장, 특별자치도지사, 시장·군수 또는 구청장의 허가(변경허가를 포함한다)를 받아야 한다.

1. 국가지정문화유산(보호물 및 보호구역을 포함한다)의 현상을 변경하는 행위
   (1) 국가지정문화유산, 보호물 또는 보호구역을 수리, 정비, 복구, 보존처리 또는 철거하는 행위
   (2) 국가지정문화유산, 보호물 또는 보호구역 안에서 하는 다음의 행위
      ① 건축물 또는 도로·관로·전선·공작물·지하구조물 등 각종 시설물을 신축, 증축, 개축, 이축행위 또는 용도변경(지목변경의 경우는 제외한다)하는 행위
      ② 수목을 심거나 제거하는 행위
      ③ 토지 및 수립의 매립·간척·땅파기·구멍뚫기·땅깎기·흙쌓기 등 지형이나 지질의 변경을 가져오는 행위
      ④ 수로, 수질 및 수량에 변경을 가져오는 행위
      ⑤ 소음·진동을 유발하거나 대기오염물질·화학물질·먼지 또는 열 등을 방출하는 행위
      ⑥ 오수·분뇨·폐수 등을 살포, 배출, 투기하는 행위
      ⑦ 동물을 사육하거나 번식하는 등의 행위
      ⑧ 토석, 골재 및 광물과 그 부산물 또는 가공물을 채취, 반입, 반출, 제거하는 행위
      ⑨ 광고물 등을 설치, 부착하거나 각종 물건을 쌓는 행위

2. 국가지정문화유산의 보존에 영향을 미칠 우려가 있는 행위
3. 국가지정문화유산을 탁본 또는 영인(影印 : 원본을 사진 등의 방법으로 복제하는 것)하거나 그 보존에 영향을 미칠 우려가 있는 촬영 행위

04

① 금전 및 그 밖의 재산
② 별도 계정으로 관리하여야 한다.
④ 예우를 할 수 있다.

기부금품의 접수절차 등
1. 국외소재문화유산재단은 기부금품을 접수한 때에는 기부자에게 영수증을 발급해야 한다. 다만, 익명으로 기부하거나 기부자를 알 수 없는 경우에는 영수증을 발급하지 않을 수 있다.
2. 국외문화유산재단은 기부자가 기부금품의 용도를 지정한 때에는 그 용도로만 사용해야 한다.
3. 2.에도 불구하고 기부자가 지정한 용도로 사용하기 어려운 특별한 사유가 있는 경우에는 기부자의 동의를 받아 다른 용도로 사용할 수 있다. 다만, 기부자를 알 수 없는 경우 등 기부자의 동의를 받을 수 없는 불가피한 사정이 있을 때에는 국가유산청 및 국외문화유산재단의 인터넷 홈페이지에 각각 해당 내용을 7일 이상 게시한 후에 다른 용도로 사용할 수 있다.
4. 국외문화유산재단은 기부금품의 접수 현황 및 사용 실적 등에 관한 장부를 갖추어 두고 기부자가 열람할 수 있도록 해야 하며, 해당 내용을 매년 국외문화유산재단의 인터넷 홈페이지에 공개해야 한다.

05

문화유산의 매매 등 거래행위에 관하여서 「민법」의 선의취득에 관한 규정을 적용하지 아니하는 경우
1. 국가유산청장이나 시·도지사가 지정한 문화유산
2. 도난물품 또는 유실물(遺失物)인 사실이 공고된 문화유산
3. 그 출처를 알 수 있는 중요한 부분이나 기록을 인위적으로 훼손한 문화유산
   다만, 양수인이 경매나 문화유산매매업자 등으로부터 선의로 이를 매수한 경우에는 피해자 또는 유실자는 양수인이 지급한 대가를 변상하고 반환을 청구할 수 있다.

06

자연유산 용어의 뜻
"자연유산"이란 자연물 또는 자연환경과의 상호작용으로 조성된 문화적 유산으로서 역사적·경관적·학술적 가치가 큰 아래의 어느 하나에 해당하는 것을 말한다.
1. 동물(그 서식지, 번식지 및 도래지를 포함한다)
2. 식물(그 군락지를 포함한다)
3. 지형, 지질, 생물학적 생성물 또는 자연현상
4. 천연보호구역
5. 자연경관 : 자연 그 자체로서 심미적 가치가 인정되는 공간

6. 역사문화경관 : 자연환경과 사회·경제·문화적 요인 간의 조화를 보여주는 공간 또는 생활장소
7. 복합경관 : 자연의 뛰어난 경치에 인문적 가치가 부여된 공간

07

① 관리하여야 한다.
②, ④ 시행하여야 한다.

08

1. 명승 정비계획의 수립
    (1) 명승의 지정에 따라 지정된 명승의 소유자 등은 해당 명승의 효율적인 보존·관리 및 활용을 위하여 국가유산청장과 협의하여 정비계획을 수립할 수 있다.
    (2) 정비계획에 포함하여야 할 사항
        ① 정비계획의 목적과 범위에 관한 사항
        ② 명승의 역사문화환경에 관한 사항
        ③ 명승에 관한 고증 및 학술조사에 관한 사항
        ④ 명승의 보수·복원 등 보존·관리 및 활용에 관한 사항
        ⑤ 명승의 관리·운영에 필요한 인력 및 재원 확보에 관한 사항
        ⑥ 그 밖에 명승의 정비에 필요한 사항
    (3) 명승의 소유자 등이 명승 정비계획을 수립하는 경우 그 계획기간 및 계획범위는 아래의 구분에 따른다.
        ① 계획기간 : 10년
        ② 계획범위 : 명승으로 지정된 면적 및 그 보호구역으로 지정된 면적
2. 재해의 방지 및 복구
    (1) 천연기념물 또는 명승의 소유자 등은 재해로 인한 각종 피해가 발생하거나 발생이 예상될 경우 국가유산청장에게 즉시 신고하여야 한다.
    (2) 국가유산청장은 천연기념물 또는 명승의 소유자 등에게 재해의 방지 또는 복구에 필요한 조치로서 정하는 사항을 이행하도록 요청할 수 있다.

09

「국가유산수리 등에 관한 법률」 제1장 총칙 제1조(목적)
이 법은 국가유산을 원형으로 보존·계승하기 위하여 국가유산수리·실측설계·감리와 국가유산수리업의 등록 및 기술관리 등에 필요한 사항을 정함으로써 국가유산수리의 품질 향상과 국가유산수리업의 건전한 발전을 도모함을 목적으로 한다.

10
②, ③, ④는 시행계획에 포함되어야 할 사항이다.
(시·도지사는 세부 시행계획을 매년 수립하여 3월 31일까지 국가유산청장에게 제출해야 한다.)

국가유산수리 등에 관한 기본계획 수립 시 포함되어야 할 사항
1. 국가유산수리 등에 관한 기본방향
2. 국가유산수리 등의 품질확보 대책
3. 국가유산수리 등의 기술진흥에 관한 사항
4. 그 밖에 국가유산수리 등에 필요한 사항

11
① 시행할 수 있다.
② 30일 이내에 → 지체 없이
③ 국가유산수리업자로 본다.

12
하도급 대금의 직접 지급
1. 발주자는 하수급인이 국가유산수리를 한 부분에 해당하는 하도급 대금을 하수급인에게 직접 지급할 수 있다.
2. 이 경우 발주자의 수급인에 대한 대금 지급채무는 하수급인에게 지급한 한도에서 소멸한 것으로 본다.
3. 발주자가 하수급인에게 직접 지급이 가능한 경우
   (1) 발주자와 수급인 간에 하도급 대금을 하수급인에게 직접 지급할 수 있다는 뜻과 그 지급의 방법·절차를 명백히 하여 합의한 경우
   (2) 하수급인이 수급인을 상대로 그가 국가유산수리한 부분에 대한 하도급 대금의 지급을 명하는 확정판결을 받은 경우
   (3) 국가, 지방자치단체 또는 공공기관이 발주한 경우로서 아래의 어느 하나에 해당하는 경우
      ① 수급인이 하도급 대금의 지급을 1회 이상 지체한 경우
      ② 국가유산수리 예정가격에 대비하여 100분의 82에 미달하는 금액으로 하도급을 체결한 경우
   (4) 수급인의 지급정지·파산 등으로 인하여 수급인이 하도급 대금을 지급할 수 없는 명백한 사유가 있다고 발주자가 인정하는 경우
※ 수급인은 국가, 지방자치단체 또는 공공 기관이 발주한 경우에 해당하는 경우로서 하수급인에게 책임이 있는 사유로 자신이 피해를 입을 우려가 있다고 인정되는 경우에는 그 사유를 분명하게 밝혀 발주자에게 대금의 직접지급을 중지할 것을 요청할 수 있다.

13
① 착수와 동시에 배치
② 당사자 간의 합의에 의하여 따로 정한 경우에는 그에 따른다.
④ 배치일로부터 14일 이내

14
① 10년 이내의 범위에서
② 하자담보의 책임이 없는 경우이다.
④ 3분의 2 미만으로 정한 경우에는 그 기간의 3분의 2로 정한 것으로 본다.

하자담보책임이 없는 경우
국가유산수리업자는 아래의 어느 하나에 해당하는 사유로 발생한 하자에 대하여는 하자담보책임이 없다.(다만, 국가유산수리업자가 그 재료 또는 지시가 적당하지 아니함을 알고도 발주자에게 알리지 아니한 경우에는 그러하지 아니하다.)
1. 발주자가 제공한 국가유산수리 재료로 인한 경우
2. 발주자의 지시에 따라 국가유산수리를 한 경우
3. 발주자가 국가유산수리의 목적물을 통상적인 사용 범위를 넘어서 사용하는 경우

15
②, ③, ④는 모두 1년 이하의 징역 또는 1천만 원 이하의 벌금에 처하는 경우에 해당한다.

3년 이하의 징역 또는 3천만 원 이하의 벌금에 처하는 경우
1. 등록을 하지 아니하거나 거짓 또는 그 밖의 부정한 방법으로 등록을 하고 국가유산수리업 등을 영위한 자
2. 자격정지 처분, 영업정지 처분을 받고 그 정지기간 중에 업무를 한 자 또는 영업을 한 자
3. 다른 사람에게 자기의 성명을 사용하여 국가유산수리 등의 업무를 하게 한 자 또는 다른 국가유산수리기술자·국가유산수리기능자의 성명을 사용하여 국가유산수리 등의 업무를 한 자
4. 자격증을 대여하거나 대여받은 자 또는 이를 알선한 자
5. 설계승인을 받지 아니하고 국가유산수리 등의 수리를 발주한 자

16
「매장유산 보호 및 조사에 관한 법률」 제1장 총칙 제1조(목적)
이 법은 매장유산을 보존하여 민족문화의 원형(原形)을 유지·계승하고, 매장유산을 효율적으로 보호·조사 및 관리하는 것을 목적으로 한다.

17
①, ②, ④는 국가유산 보존을 위하여 해당 건설공사의 시행자에게 국가유산청장이 국가유산 보존 조치를 명할 수 있는 내용이다.

지표조사 보고서에 포함되어야 할 사항
1. 조사지역의 역사, 고고, 민속, 지질 및 자연 환경에 대한 문헌조사 내용
2. 조사지역의 유물·포구 산포지, 민속, 고건축물(근대건축물을 포함한다), 지질 및 자연 환경 등에 대한 현장조사 내용
3. 조사를 수행한 조사기관의 의견

18

매장유산 유존지역의 발굴 예외인 경우와 경비 부담

내용	발굴의 예외인 경우	경비의 부담	
		발굴 허가받은 자가 부담해야 할 경우	시행자가 부담해야 할 경우
연구목적으로 발굴하는 경우	○	○	
유적의 정비사업을 목적으로 발굴하는 경우	○	○	
토목공사, 토질의 형질변경 또는 그 밖에 건설공사를 위하여 부득이 발굴할 필요가 있는 경우	○		○
멸실·훼손 등의 우려가 있는 유적을 긴급하게 발굴할 필요가 있는 경우	○	○	

19

① 90일 이내에
② 90일이 경과한 날부터
④ 관리규정을 마련하여야 한다.

국가에 귀속된 국가유산의 대여
1. 국가유산청장, 관리청 또는 지방자치단체나 비영리법인 또는 법인 아닌 비영리단체는 교육연구기관 및 박물관 등으로부터 국가에 귀속된 국가유산의 대여 신청을 받으면 아래의 어느 하나에 해당하는 경우에는 그 국가유산을 대여할 수 있다.
   (1) 교육 자료로 필요한 경우
   (2) 연구·조사를 위하여 필요한 경우
   (3) 그 밖에 국가유산 전시 등을 위하여 필요한 경우
2. 국가에 귀속된 국가유산을 대여하는 경우 그 기간은 1년 이내로 한다(다만, 특별한 사유가 있는 경우에는 대여기간을 연장할 수 있다).

20
조사기관의 등록 취소 등에서 조사기관의 등록을 반드시 최소하여야 하는 경우는 아래와 같다.
1. 거짓이나 그 밖의 부정한 방법으로 조사기관으로 등록을 한 경우
2. 고의나 중과실로 유물 또는 유적을 훼손한 경우
3. 고의나 중과실로 지표조사 보고서 또는 발굴조사 보고서 또는 진단보고서를 사실과 다르게 작성한 경우

21
② 15명 이내의 위원으로 구성한다.
③ 위원장은 위원 중에서 호선한다.
④ 필요하다고 인정되는 때에는 예산의 범위에서 전문위원을 둘 수 있다.

22
사업시행자는 취득 또는 사용(물건 또는 권리)에 따른 협의가 성립되지 아니하면 지정지구 안에서 보존육성사업 및 주민지원 사업에 필요한 토지 등을 수용하거나 사용할 수 있다.

이주대책에 포함하여야 할 사항
1. 이주지의 위치
2. 이주대책에 필요한 토지 등의 매입계획
3. 택지 조성 및 주택의 건설계획
4. 이주정착지의 기반시설 설치 계획
5. 이주보상액, 보상시기, 보상방법 및 보상기준
6. 이주방법과 이주시기

23
① 정부의 회계연도에 따른다.
③ 공인회계사 또는 회계법인의 회계감사를 받아 결산서를 작성하여야 한다.
④ 90일 이내에

※ ②의 승인을 얻어야 하는 경우의 규정은 사업계획 또는 예산안을 변경하는 경우에는 이를 준용한다.
  1. 다만, 경미한 사항을 변경하는 때에는 그러하지 아니하다.
  2. 경미한 사항
     (1) 사업계획 : 예산안의 변경을 수반하지 아니하는 사항
     (2) 예산 : 예산액의 100분의 30 미만을 변경하는 사항

24

무형유산

여러 세대에 걸쳐 전승되어, 공동체·집단과 역사·환경의 상호작용으로 끊임없이 재창조된 무형의 문화적 유산을 말한다.
1. 전통적 공연·예술
2. 공예, 미술 등에 관한 전통기술
3. 한의약, 농경·어로 등에 관한 전통지식
4. 구전 전통 및 표현
5. 의식주 등 전통적 생활관습
6. 민간신앙 등 사회적 의식(儀式)
7. 전통적 놀이·축제 및 기예·무예

25

국가유산청장은 예산의 범위에서 무형유산의 국제교류 및 협력에 필요한 비용의 전부 또는 일부를 지원할 수 있다.
※ ②의 우선 구매하도록 요청할 수 있는 기관 또는 단체
   1. 국가 및 지방자치단체
   2. 공공기관
   3. 지방공기업
   4. 무형유산 관련 단체

부록
국가유산기본법

제 1 장 | 총칙
제 2 장 | 국가유산 보호 기반 조성
제 3 장 | 국가유산 보존·관리
제 4 장 | 국가유산 활용·진흥
제 5 장 | 국가유산 세계화
제 6 장 | 보칙

CHAPTER 01 총칙

01 목적

국가유산 정책의 기본적인 사항을 정하고, 국가유산 보존·관리 및 활용에 대한 국가와 지방자치단체의 책임을 명확히 함으로써 국가유산을 적극적으로 보호하고 창조적으로 계승하여 국민의 문화향유를 통한 삶의 질 향상에 이바지함을 목적으로 한다.

02 기본이념

국가유산이 우리 삶의 뿌리이자 창의성의 원천이며 인류 모두의 자산임을 인식하고, 국가유산의 가치를 온전하게 지키고 향유하며 창조적으로 계승·발전시켜나감으로써 삶을 풍요롭게 하고 미래 세대에 더욱 가치있게 전해 주는 것을 기본이념으로 한다.

03 정의

1) 국가유산
인위적이거나 자연적으로 형성된 국가적·민족적 또는 세계적 유산으로서 역사적·예술적·학술적 또는 경관적 가치가 큰 문화유산·자연유산·무형유산을 말한다.

2) 문화유산
우리 역사와 전통의 산물로서 문화의 고유성, 겨레의 정체성 및 국민생활의 변화를 나타내는 유형의 문화적 유산을 말한다.

3) 자연유산

동물·식물·지형·지질 등의 자연물 또는 자연환경과의 상호작용으로 조성된 문화적 유산을 말한다.

4) 무형유산

여러 세대에 걸쳐 전승되어, 공동체·집단과 역사·환경의 상호작용으로 끊임없이 재창조된 무형의 문화적 유산을 말한다.

04 국가와 지방자치단체의 책무

1) 국가는 국가유산의 보존·관리 및 활용에 관한 종합적 정책을 수립·시행하여야 한다.
2) 지방자치단체는 국가의 국가유산 정책과 지역적 특성을 고려하여 국가유산 시책을 수립·시행하여야 한다.
3) 지방자치단체는 관할하는 지역에 위치한 국가유산의 보존·관리 및 활용을 위한 조직 또는 부서와 전담인력을 두어야 한다.
4) 국가와 지방자치단체는 국가유산을 보존·관리 및 활용함에 있어 해당 유산의 소유자, 관리자 또는 관리단체의 의견을 들어야 한다.

05 국민의 권리와 의무

1) 모든 국민은 국가유산을 알고 찾고 가꾸어 새로운 가치를 더하며, 이를 차별 없이 자유롭게 향유할 권리를 가진다.
2) 모든 국민은 국가유산의 보존·관리 및 활용을 위한 국가와 지방자치단체의 정책 및 시책에 협조하여야 한다.

06 다른 법률과의 관계

국가유산에 관한 다른 법령 등을 제정하거나 개정하는 경우에는 이 법의 목적과 기본이념에 부합하도록 하여야 한다.

CHAPTER 02 국가유산 보호 기반 조성

01 국가유산 보호 정책의 기본원칙

국가와 지방자치단체는 국가유산에 관한 보호 정책을 수립·시행함에 있어 다음 각 호의 사항이 실현되도록 하여야 한다.
1) 국가유산의 유형적·무형적 가치를 온전히 지키고 전승할 것
2) 국가유산과 주변의 자연경관이나 역사적·문화적 가치가 뛰어난 공간을 함께 보호할 것
3) 적극적인 공개 및 활용을 통하여 국가유산의 가치 증진 및 새로운 가치 창출을 도모할 것
4) 쉽고 다양한 방법을 통하여 국민이 일상에서 능동적으로 참여·향유할 수 있도록 할 것
5) 국가유산의 보존과 활용 간 조화·균형을 이루며, 국민의 사회경제적 활동 및 다른 정책·시책과의 조화를 이룸으로써 국가유산의 지속가능성을 도모할 것
6) 지역의 고유한 역사와 다양성을 존중하며, 다양한 공동체의 활성화와 지역 발전에 이바지할 것

02 기본계획의 수립

1) 국가는 국가유산의 체계적이고 종합적인 보존·관리 및 활용을 위하여 국가유산의 유형에 따른 기본계획을 수립·시행하여야 한다.
2) 제 1)에 따른 유형별 기본계획의 수립·시행에 필요한 사항은 따로 법률로 정한다.

03 위원회의 설치·운영

1) 국가와 지방자치단체는 국가유산의 보존·관리 및 활용에 관한 사항을 전문적으로 조사·심의하기 위하여 국가유산의 유형에 따른 위원회를 설치·운영할 수 있다.
2) 제 1)에 따른 유형별 위원회의 설치·운영에 필요한 사항은 따로 법률로 정한다.

> **참고 ☑ 국가유산기본법 일부개정안**
>
> 1. 제안이유 및 주요내용
>   2024년 5월 국가유산 체제 출범으로 국가유산의 분류 체계에 맞춰 문화유산의 보존 및 활용에 관한 법률에 따른 문화유산위원회, 무형유산의 보전 및 진흥에 관한 법률에 따른 무형유산위원회, 자연유산의 보존 및 활용에 관한 법률에 따른 자연유산위원회가 각각 구성되어 운영되어 오고 있다. 그러나 문화유산, 무형유산, 자연유산이 혼재된 심의 안건의 경우에는 다양한 분야에 대한 복합적인 전문성을 필요로 하고 있어 유형별 위원회 간 심의 기능의 조정·통합이 중요해지고 있다. 또한, 자연유산위원회는 「자연유산의 보존 및 활용에 관한 법률」제7조의4에 따라 2026년 5월 17일까지 한시 존속하게 되어 있다.
>   이에 국가유산의 유형별로 분리·운영되고 있는 문화·무형·자연유산위원회의 보존·관리 및 활용에 대한 일관성 있는 정책을 유지하고, 국보·보물·천연기념물·명승 등 복합적인 요소를 다양하게 포함하고 있는 국가유산에 대한 심의 기능의 연계성을 강화함으로써 위원회 조사·심의가 종합적인 차원에서 효율적으로 이루어질 수 있도록 정비하려는 것이다(안 제9조, 안 제9조의2 신설, 안 제9조의3 신설, 안 제34조의2 신설).
> 2. (시행일) 이 법은 2026년 5월 17일부터 시행한다.

04 조사·연구

1) 국가와 지방자치단체는 조사를 통하여 국가유산의 현황을 파악하고, 확인되지 아니한 국가유산을 발견·발굴하기 위하여 노력하여야 한다.
2) 국가와 지방자치단체는 국가유산의 가치와 성격을 규명하고, 이를 보존·관리할 수 있는 방안을 연구하여야 한다.

05 국가유산에 대한 경비지원

국가와 지방자치단체는 국가유산의 보존·관리 및 활용 등에 필요한 경비를 지원할 수 있다.

06 인력 양성 등

1) 국가와 지방자치단체는 국가유산의 조사·연구 등 전문화된 관리 또는 일상적 활용과 참여를 위한 전문인력 양성에 노력하여야 한다.
2) 국가와 지방자치단체는 국가유산이 지역의 통합과 자긍심의 원천이 될 수 있도록 지역 공동체를 육성하기 위한 정책을 추진하여야 한다.

CHAPTER 03 국가유산 보존·관리

01 국가유산의 지정·등록

1) 국가는 국가유산 중 중요한 것을 국가지정유산으로 지정 또는 국가등록유산으로 등록하여 보호할 수 있다.
2) 지방자치단체는 국가지정유산 또는 국가등록유산으로 지정·등록되지 아니한 국가유산 중 중요한 것을 시·도지정유산 또는 시·도등록유산 등으로 지정·등록하여 보호할 수 있다.

02 포괄적 보호체계의 마련

1) 국가와 지방자치단체는 국가유산의 지정·등록에 따라 지정·등록되지 아니한 국가유산의 현황을 지속적으로 관리하고, 이를 체계적으로 보호할 수 있는 방안을 강구하여야 한다.
2) 국가와 지방자치단체는 미래에 국가유산이 될 잠재성이 있는 자원을 선제적으로 보호할 수 있도록 노력하여야 한다.

03 역사문화환경의 보호

1) 국가와 지방자치단체는 해당 국가유산뿐 아니라 국가유산 주변의 자연경관이나 역사적·문화적인 가치가 뛰어난 공간으로서 국가유산과 함께 보호할 필요성이 있는 주변 환경을 보호하여야 한다.
2) 국가와 지방자치단체는 각종 개발계획·개발사업이 국가유산 및 그 역사문화환경에 미치는 영향을 사전에 진단하고, 영향을 최소화할 수 있는 방안을 마련하여야 한다.

04 고도 및 역사문화권의 보존·육성

1) 국가와 지방자치단체는 과거 우리 민족의 정치적·문화적 중심지로서 역사상 중요한 의미를 지닌 고도(古都)를 보존·육성함으로써 지역의 정체성을 회복하고, 지역 발전에 기여할 수 있도록 하여야 한다.
2) 국가와 지방자치단체는 역사적으로 중요한 유형·무형 유산의 생산 및 축적을 통하여 고유한 정체성을 형성·발전시켜 온 권역을 보존·육성함으로써 지역의 역사적 가치를 조명하고, 이를 체계적으로 정비할 수 있도록 하여야 한다.

05 매장유산의 발굴

1) 국가와 지방자치단체는 토지 또는 수중에 분포·매장된 국가유산의 성격 및 가치 규명을 위하여 매장유산을 발굴하거나 「매장유산 보호 및 조사에 관한 법률」에 따라 발굴허가를 받은 자에게 발굴을 지시할 수 있다.
2) 제 1)에 따른 발굴은 발굴로 인하여 매장유산 및 주변 환경에 필요 이상의 훼손을 가하지 아니하도록 필요한 범위에 한정하여 시행하여야 한다.
3) 국가와 지방자치단체는 효율적이고 안전한 매장유산 발굴을 위하여 발굴의 범위·방법 등에 대한 구체적 방안을 마련하여야 한다.

06 국가유산의 수리

1) 국가와 지방자치단체는 국가유산의 가치 유지 및 회복을 위하여 국가유산을 수리하거나 「국가유산수리 등에 관한 법률」에 따른 소유자 등에게 수리를 지시할 수 있다.
2) 국가와 지방자치단체는 국가유산을 수리하거나 수리를 지시할 경우 전통적 재료와 기법이 활용될 수 있도록 하여야 한다.

07 국가유산의 매매 등

1) 국가와 지방자치단체는 국가유산의 건전하고 투명한 거래질서 확립을 위하여 필요한 제도를 수립·시행하여야 한다.
2) 국가유산은 따로 법률로 정하는 바에 따라 허가를 받은 경우를 제외하고는 국외로 수출 또는 반출할 수 없다.

08 자격 관리

1) 매장유산의 발굴, 국가유산의 수리, 국가유산의 매매 등에 따른 국가유산의 발굴, 수리 및 매매 등은 관계 법령에 따른 일정한 자격을 갖춘 자 또는 단체만이 할 수 있다.
2) 국가와 지방자치단체는 자격을 갖추어 국가유산의 발굴, 수리 및 매매 등의 행위를 하는 자 또는 단체에 대하여 그 자격을 검증·관리하기 위한 정책을 추진하여야 하며, 필요한 경우 준수하여야 할 사항과 관련 소양 등에 대한 교육을 실시할 수 있다.

09 재난 예방 및 대응

1) 국가와 지방자치단체는 재난 및 각종 사고로부터 국가유산을 안전하게 관리하도록 상시적·체계적 예방관리체계를 구축·운영하여야 한다.
2) 국가와 지방자치단체는 국가유산의 안전한 관리에 위협이 되는 상황에 신속하게 대응하기 위한 체계를 구축·운영하여야 한다.

10 기후변화 대응

1) 국가와 지방자치단체는 기후변화에 따른 자연환경 변화나 자연재해 등으로부터 국가유산을 안전하게 관리하도록 기후변화가 국가유산에 미치는 영향과 그에 따른 국가유산의 취약성을 지속적으로 조사하여야 한다.
2) 국가와 지방자치단체는 제 1)에 따라 조사한 내용을 진단하고 이에 대응할 수 있는 방안을 모색하여야 한다.

CHAPTER 04 국가유산 활용·진흥

01 국민의 국가유산복지 증진

1) 국가와 지방자치단체는 국민의 문화적 삶을 보장하기 위하여 국가유산 관람·전시·교육·체험 등의 다양한 향유 프로그램을 제공하여야 한다.
2) 국가와 지방자치단체는 모든 국민이 국가유산을 향유할 수 있도록 필요한 환경을 조성하여야 한다.
3) 국가와 지방자치단체는 신체적·경제적·지리적 제약 등으로 국가유산 향유가 제한되는 취약계층을 위하여 필요한 지원과 시책을 강구하여야 한다.

02 국가유산정보 관리

1) 국가와 지방자치단체는 지능정보기술이나 그 밖의 다른 기술들의 적용·융합을 통하여 국가유산데이터를 생산·수집 및 관리할 수 있다.
2) 국가와 지방자치단체는 국가유산데이터를 효율적으로 관리하고 국민의 정보 접근성을 높이기 위하여 관련 플랫폼 구축·운영 등 국가유산정보 관리에 노력하여야 한다.

03 국가유산 교육

1) 국가와 지방자치단체는 국민이 국가유산의 가치를 이해·습득하고 국가유산 애호의식을 함양할 수 있도록 적절한 교육 기회를 제공하여야 한다.
2) 국가와 지방자치단체는 국민에게 국가유산에 대한 올바른 교육을 제공하기 위하여 관련 실태조사 및 인증제도 등을 실시·운영할 수 있다.

04 국가유산 홍보

국가와 지방자치단체는 국가유산에 대한 이해를 증진하고 가치를 확산하기 위하여 다양한 방법으로 국가유산을 국내외에 널리 홍보하여야 한다.

05 산업 육성

1) 국가와 지방자치단체는 국가유산을 매개로 하는 콘텐츠나 상품의 개발·제작·유통 등을 통하여 새로운 부가가치를 창출할 수 있도록 국가유산을 활용한 산업을 장려하여야 한다.
2) 국가와 지방자치단체는 국가유산을 통한 일자리 창출을 위하여 취업·창업 등을 촉진시키고 국가유산분야 종사자의 고용 안정을 위하여 노력하여야 한다.

CHAPTER 05 국가유산 세계화

01 국가유산 국제교류협력의 촉진 등

국가는 국가유산 관련 국제기구 및 다른 국가와의 협력을 통하여 국가유산에 관한 정보와 기술 교환, 인력교류, 공동 조사·연구 등을 적극 추진하여야 한다.

02 남북한 간 국가유산 교류 협력

1) 국가는 남북한 간 국가유산분야의 상호교류 및 협력을 증진할 수 있도록 노력하여야 한다.
   (1) 국가유산청장은 남북한 간 국가유산분야의 상호교류 및 협력을 증진하기 위하여 예산의 범위에서
   (2) 다음 각 호의 사업에 필요한 경비를 지원할 수 있다.
      ① 국가유산에 대한 공동 조사·연구·수리
      ② 국가유산 보존·관리에 관한 정보·기술의 교류
      ③ 국가유산분야 관계 전문가의 인적 교류
      ④ 북한 국가유산의 유네스코 세계유산 등재 지원
      ⑤ 국가유산 교류 협력 사업의 홍보
      ⑥ 그 밖에 남북한 간 국가유산 분야의 상호교류 및 협력 증진을 위하여 필요한 사업
2) 국가는 남북한 간 국가유산분야의 상호교류 및 협력증진을 위하여 북한의 국가유산 관련 정책·제도 및 현황 등에 관하여 조사·연구하여야 한다.
3) 국가는 정하는 바에 따라 교류 협력사업과 조사·연구 등을 위하여 필요한 경우 관련 단체 등에 협력을 요청할 수 있다.
   (1) 국가유산청장은 관련 단체 등에 협력을 요청하는 경우에는
   (2) 협력 필요 사유, 협력 기간, 협력 내용 등을 구체적으로 명시한 서면으로 해야 한다.

03 외국유산의 보호

1) 인류의 유산을 보존하고 국가 간의 우의를 증진하기 위하여 대한민국이 가입한 유산 보호에 관한 국제조약에 가입된 외국의 법령에 따라 지정·보호되는 유산은 조약과 이 국가유산기본법에서 정하는 바에 따라 보호되어야 한다.
2) 국가유산청장과 관계 중앙행정기관의 장은 국내로 반입하려 하거나 이미 반입된 외국유산이 해당 반출국으로부터 불법반출된 것으로 인정할 만한 상당한 이유가 있으면 그 외국유산을 유치할 수 있다.
3) 국가유산청장과 관계 중앙행정기관의 장은 외국유산을 유치하면 그 외국유산을 박물관 등에 보관·관리하여야 한다.
4) 국가유산청장과 관계 중앙행정기관의 장은 보관 중인 외국유산이 그 반출국으로부터 적법하게 반출된 것임이 확인되면 지체 없이 이를 그 소유자나 점유자에게 반환하여야 한다. 그 외국유산이 불법반출된 것임이 확인되었으나 해당 반출국이 그 유산을 회수하려는 의사가 없는 것이 분명한 경우에도 또한 같다.
5) 국가유산청장과 관계 중앙행정기관의 장은 외국유산의 반출국으로부터 대한민국에 반입된 외국유산이 자국에서 불법반출된 것임을 증명하고 조약에 따른 정당한 절차에 따라 그 반환을 요청하는 경우 또는 조약에 따른 반환 의무를 이행하는 경우에는 관계 기관의 협조를 받아 조약에서 정하는 바에 따라 해당 외국유산이 반출국에 반환될 수 있도록 필요한 조치를 하여야 한다.

04 세계유산등의 등재 및 보호

1) 국가유산청장은 「세계문화유산 및 자연유산의 보호에 관한 협약」, 「무형문화유산의 보호를 위한 협약」 또는 유네스코의 프로그램에 따라 국내의 우수한 국가유산을 유네스코에 세계유산, 인류무형문화유산 또는 세계기록유산으로 등재 신청할 수 있다. 이 경우 등재 신청 대상 선정절차 등에 관하여는 유네스코의 규정을 참작하여 국가유산청장이 정한다.
2) 국가와 지방자치단체는 유네스코에 세계유산, 인류무형문화유산 또는 세계기록유산으로 등재된 국가유산을 비롯한 인류의 유산을 보존하고 국가유산을 국외에 널리 알리기 위하여 적극 노력하여야 한다.
   (1) 국가유산청장은 세계유산 등의 보존을 위하여 필요한 경우에는 세계유산 등의 현황 및 상태에 관한 정기적인 조사·점검을 실시할 수 있다.

  (2) 국가유산청장은 세계유산 등의 소재지를 관할하는 지방자치단체의 장에게 조사·점검에 필요한 자료 및 의견의 제출을 요청할 수 있다. 이 경우 관련 자료 및 의견의 제출을 요청받은 지방자치단체의 장은 특별한 사유가 없으면 그 요청에 따라야 한다.

3) 국가와 지방자치단체는 세계유산 등에 대하여는 등재된 날부터 국가지정유산에 준하여 보호하여야 하며, 국가유산청장은 정하는 바에 따라 세계유산과 그 역사문화환경에 영향을 미칠 우려가 있는 행위를 하는 자에 대하여 세계유산과 그 역사문화환경의 보호에 필요한 조치를 할 것을 명할 수 있다.
 (1) 국가유산청장은 조치명령을 하는 경우에는
 (2) 다음 각 호의 사항이 포함된 서면으로 해야 한다.
   ① 조치명령의 원인이 된 행위
   ② 조치내용 및 조치명령 이행기간
   ③ 조치명령 이행 결과 통보 시기 및 방법

CHAPTER 06 보칙

01 국가유산진흥원의 설치

1) 국가유산의 보존·활용·보급과 전통생활문화의 계발을 위하여 국가유산청 산하에 국가유산진흥원(이하 "진흥원"이라 한다)을 설립한다.

2) 진흥원은 법인으로 한다.

3) 진흥원은 설립목적을 달성하기 위하여 다음 각 호의 사업을 수행한다.
   (1) 공연·전시 등 무형유산 활동 지원 및 진흥
   (2) 국가유산 관련 교육, 출판, 학술 조사·연구 및 콘텐츠 개발·활용
   (3) 「매장유산 보호 및 조사에 관한 법률」 제11조 제1항 및 같은 조 제3항 단서에 따른 매장유산 발굴

   제11조 (매장유산의 발굴허가 등)
   ① 매장유산 유존지역은 발굴할 수 없다. 다만, 다음 각 호의 어느 하나에 해당하는 경우로서 대통령령으로 정하는 바에 따라 국가유산청장의 허가를 받은 때에는 발굴할 수 있다.
      1. 연구 목적으로 발굴하는 경우
      2. 유적(遺蹟)의 정비사업을 목적으로 발굴하는 경우
      3. 토목공사, 토지의 형질변경 또는 그 밖에 건설공사를 위하여 대통령령으로 정하는 바에 따라 부득이 발굴할 필요가 있는 경우
      4. 멸실·훼손 등의 우려가 있는 유적을 긴급하게 발굴할 필요가 있는 경우
   ③ 매장유산 유존지역을 발굴하는 경우 그 경비는 제1항 제1호·제2호 및 제4호의 경우에는 해당 국가유산의 발굴을 허가받은 자가, 같은 항 제3호의 경우에는 해당 공사의 시행자가 부담한다. 다만, 대통령령으로 정하는 건설공사로 인한 발굴에 사용되는 경비는 예산의 범위에서 국가나 지방자치단체가 지원할 수 있다.

   (4) 전통 문화상품·음식·혼례 등의 개발·보급 및 편의시설 등의 운영
   (5) 국가유산 공적개발원조 등 국제교류

(6) 국가유산 보호운동의 지원
(7) 전통문화행사의 복원 및 재현
(8) 국가·지방자치단체 또는 공공기관 등으로부터 위탁받은 사업
(9) 진흥원의 설립목적을 달성하기 위한 수익사업과 그 밖에 정관으로 정하는 사업

4) 진흥원에는 정관으로 정하는 바에 따라 임원과 필요한 직원을 둔다.

5) 진흥원에 관하여 이 국가유산기본법에 규정한 것 외에는 「민법」 중 재단법인에 관한 규정을 준용한다.

6) 진흥원 운영에 필요한 경비는 국고에서 지원할 수 있다.

7) 국가나 지방자치단체는 진흥원의 업무 수행을 위하여 필요하다고 인정하면 국유재산이나 공유재산을 무상으로 사용·수익하게 할 수 있다.

8) 이 국가유산기본법에 따른 진흥원이 아닌 자는 국가유산진흥원 또는 이와 유사한 명칭을 사용하지 못한다.

9) 사업계획서 제출 등
(1) 국가유산진흥원은 다음 사업연도의 사업계획서 및 예산서를 작성하여 매년 11월 30일까지 국가유산청장에게 제출해야 한다.
(2) 진흥원은 매 사업연도의 사업실적 및 결산서를 작성하여 다음 사업연도 2월 말일까지 국가유산청장에게 제출해야 한다.

02 국유에 속하는 국가유산의 관리

1) 국유에 속하는 국가유산은 「국유재산법」 제8조(국유재산 사무의 총괄과 관리) 및 「물품관리법」 제7조(총괄기관)에도 불구하고 국가유산청장이 관리·총괄한다.

「국유재산법」 제8조(국유재산 사무의 총괄과 관리)
① 총괄청은 국유재산에 관한 사무를 총괄하고 그 국유재산을 관리·처분한다.
② 총괄청은 일반재산을 보존용재산으로 전환하여 관리할 수 있다.

「물품관리법」 제7조(총괄기관)
① 기획재정부장관은 물품관리의 제도와 정책에 관한 사항을 관장하며, 물품관리에 관한 정책의 결정을 위하여 필요하면 조달청장이나 각 중앙관서의 장으로 하여금 물품관리 상황

에 관한 보고를 하게 하거나 필요한 조치를 할 수 있다.

② 조달청장은 각 중앙관서의 장이 수행하는 물품관리에 관한 업무를 총괄·조정한다.

2) 국유에 속하는 국가유산의 관리에 필요한 세부사항은 따로 법률로 정한다.

03 국가유산의 날

1) 국가유산에 대한 국민의 이해를 증진하고 국민의 국가유산 보호 의식을 높이기 위하여 매년 12월 9일을 국가유산의 날로 정한다.
2) 국가유산의 날 행사에 관하여 필요한 사항은 국가유산청장 또는 특별시장·광역시장·특별자치시장·도지사·특별자치도지사가 따로 정할 수 있다.

04 과태료

1) 국가유산기본법에 따른 진흥원이 아닌 자는 국가유산진흥원 또는 이와 유사한 명칭을 사용하지 못하는 바,
   (1) 이를 위반하여 국가유산진흥원 또는 이와 유사한 명칭을 사용한 자에게는 400만 원 이하의 과태료를 부과한다.
   (2) 과태료의 부과기준
      ① 일반기준
         ㉠ 위반행위의 횟수에 따른 과태료의 가중된 부과기준은 최근 2년간 같은 위반행위로 과태료 부과처분을 받은 경우에 적용한다. 이 경우 기간의 계산은 위반행위에 대하여 과태료 부과처분을 받은 날과 그 처분 후 다시 같은 위반행위를 하여 적발된 날을 기준으로 한다.
         ㉡ 가목에 따라 가중된 부과처분을 하는 경우 가중처분의 적용 차수는 그 위반행위 전 부과처분 차수(가목에 따른 기간 내에 과태료 부과처분이 둘 이상 있었던 경우에는 높은 차수를 말한다)의 다음 차수로 한다.
         ㉢ 부과권자는 다음의 어느 하나에 해당하는 경우에는 제2호의 개별기준에 따른 과태료의 2분의 1 범위에서 그 금액을 줄여 부과할 수 있다. 다만, 과태료를 체납하고 있는 위반행위자에 대해서는 그렇지 않다.
            ㉮ 위반행위가 사소한 부주의나 오류로 인한 것으로 인정되는 경우

㈏ 위반행위자가 법 위반상태를 시정하거나 해소하기 위하여 노력한 사실이 인정되는 경우
㈐ 그 밖에 위반행위의 정도, 위반행위의 동기와 그 결과 등을 고려하여 과태료 금액을 줄일 필요가 있다고 인정되는 경우
㉣ 부과권자는 다음의 어느 하나에 해당하는 경우에는 제2호의 개별기준에 따른 과태료의 2분의 1 범위에서 늘려 그 금액을 부과할 수 있다. 다만, 늘려 부과하는 경우에도 법 제35조제1항에 따른 과태료의 상한을 넘을 수 없다.
㉮ 법 위반상태의 기간이 6개월 이상인 경우
㉯ 그 밖에 위반행위의 정도, 위반행위의 동기와 그 결과 등을 고려하여 과태료 금액을 늘릴 필요가 있다고 인정되는 경우

② 개별기준

위반행위	근거 법조문	과태료(단위 : 만원)		
		1차 위반	2차 위반	3차 이상 위반
진흥원이 아닌 자는 국가유산진흥원 또는 이와 유사한 명칭을 사용하지 못한다(법 제32조제8항)를 위반하여 국가유산진흥원 또는 이와 유사한 명칭을 사용한 경우	국가유산기본법에 따른 진흥원이 아닌 자는 국가유산진흥원 또는 이와 유사한 명칭을 사용하지 못한다(법 제32조제8항)을 위반하여 국가유산진흥원 또는 이와 유사한 명칭을 사용한 자에게는 400만원 이하의 과태료를 부과한다(법 제35조제1항).	200	300	400

2) 과태료는 국가유산청장이 부과·징수한다.

국가유산관련법령 문제풀이

발행일 | 2011. 8. 5 초판발행
2012. 4. 25 개정1판1쇄
2013. 3. 30 개정2판1쇄
2014. 9. 10 개정3판1쇄
2014. 10. 10 개정4판1쇄
2016. 10. 10 개정5판1쇄
2017. 8. 30 개정6판1쇄
2018. 7. 20 개정7판1쇄
2019. 6. 10 개정8판1쇄
2020. 12. 20 개정9판1쇄
2022. 1. 10 개정10판1쇄
2022. 6. 30 개정11판1쇄
2025. 7. 30 개정12판1쇄

저 자 | 배승현 · 하상삼
발행인 | 정용수
발행처 | 예문사

주 소 | 경기도 파주시 직지길 460(출판도시) 도서출판 예문사
T E L | 031) 955-0550
F A X | 031) 955-0660
등록번호 | 11-76호

- 이 책의 어느 부분도 저작권자나 발행인의 승인 없이 무단 복제 하여 이용할 수 없습니다.
- 파본 및 낙장은 구입하신 서점에서 교환하여 드립니다.
- 예문사 홈페이지 http : //www.yeamoonsa.com

정가 : 21,000원

ISBN 978-89-274-5899-9 13540